有机化学实验

主　编　吴景梅　王传虎
副主编　朱银邦　邰燕芳　周　密

图书在版编目(CIP)数据

有机化学实验/吴景梅,王传虎主编.—合肥:安徽大学出版社,2016.8(2025.1重印)
ISBN 978-7-5664-1179-2

Ⅰ.①有… Ⅱ.①吴… ②王… Ⅲ.①有机化学－化学实验－高等学校－教材 Ⅳ.①O62-33

中国版本图书馆 CIP 数据核字(2016)第 213984 号

有机化学实验

吴景梅　王传虎　主编

出版发行:	北京师范大学出版集团 安 徽 大 学 出 版 社 (安徽省合肥市肥西路 3 号 邮编 230039) www.bnupg.com www.ahupress.com.cn
印　　刷:	安徽利民印务有限公司
经　　销:	全国新华书店
开　　本:	787 mm×1092 mm　1/16
印　　张:	12.75
字　　数:	310 千字
版　　次:	2016 年 8 月第 1 版
印　　次:	2025 年 1 月第 5 次印刷
定　　价:	30.00 元

ISBN 978-7-5664-1179-2

策划编辑:李　梅　武溪溪		装帧设计:李　军	
责任编辑:武溪溪		美术编辑:李　军	
责任印制:赵明炎			

版权所有　侵权必究

反盗版、侵权举报电话:0551—65106311
外埠邮购电话:0551—65107716
本书如有印装质量问题,请与印制管理部联系调换。
印制管理部电话:0551—65106311

前 言

有机化学实验是化学、化工、材料、环境、食品、生物、制药等专业学生的必修课程之一，具有很强的实践性，在应用型人才培养中起着重要作用。随着有机化学实验技术的不断发展，现代分析方法在有机化学领域的广泛应用，有机化学实验教学内容、实验方法和手段的不断更新，特别是社会对人才培养的要求越来越高，原有的有机化学实验教材已不适应新形势下人才培养的需要。因此，我们在2008年编写的"有机化学实验"讲义的基础上，根据学校的实验设备条件，参考了国内外出版的同类教材，吸收了我校近年来有机化学实验教学和教改的经验和成果，同时充分考虑了不同专业对有机化学实验的不同要求，编写了这本实验教材。

本教材共包括五个方面的内容：第一部分为有机化学实验基本知识，包括实验室规则、安全注意事项、有机实验常用仪器装置等。第二部分为有机化学实验基本操作技术，简要介绍了常见操作技术的原理、操作方法和注意事项，有的项目还编写了实验内容。第三部分为有机化合物的制备与提取，本部分选编了30个典型实验，每个实验都提出要达到的目的和要求，说明操作要点和注意事项，并附有针对性的思考题，以提高学生的观察力和推理能力。第四部分为有机化合物的性质实验，主要涉及某些官能团的性质，可以根据教学时数的分配情况，灵活安排。第五部分为综合性设计性实验，有利于学生自主学习，提高实践能力和创新意识。书末的附录给出常用元素的相对原子质量、常用酸碱溶液的密度和浓度表、常用有机溶剂的沸点和密度表、常用有机试剂的配制等内容，可供学习和查阅。

参加本书编写的有周密（第一部分）、朱银邦（第二部分）、吴景梅（第三部分)、王传虎(第四部分)和邰燕芳(第五部分),全书由主编进行统稿、修改和定稿,由王传虎教授审阅。

由于编写时间仓促,加之我们的业务水平有限,书中难免有疏漏与不妥之处,敬请读者批评指正,以不断提高本教材的质量。

编　者

2016 年 6 月

目 录

第一部分　有机化学实验基本知识

1.1　有机化学实验的目的和要求 …………………………………… 1
1.2　有机化学实验室规则 …………………………………………… 2
1.3　有机化学实验室的安全知识 …………………………………… 2
1.4　有机化学实验常用的仪器与装置 ……………………………… 9
1.5　常用玻璃仪器的清洗和干燥 …………………………………… 16
1.6　实验预习、实验记录和实验报告的基本要求 ………………… 17
1.7　有机化学实验文献 ……………………………………………… 21

第二部分　有机化学实验基本操作技术

2.1　加热与冷却 ……………………………………………………… 23
2.2　干燥与干燥剂 …………………………………………………… 25
2.3　塞子的钻孔和简单玻璃加工操作 ……………………………… 27
2.4　熔点测定和温度计的校正 ……………………………………… 30
实验2-1　毛细管法测定尿素和萘的熔点 ………………………… 33
2.5　蒸馏和沸点的测定 ……………………………………………… 34
实验2-2　工业酒精的蒸馏及沸点的测定 ………………………… 37
2.6　减压蒸馏 ………………………………………………………… 38
实验2-3　减压蒸馏 ………………………………………………… 40
2.7　水蒸气蒸馏 ……………………………………………………… 42
实验2-4　水蒸气蒸馏 ……………………………………………… 44
2.8　简单分馏 ………………………………………………………… 46
2.9　萃取 ……………………………………………………………… 47
2.10　重结晶 ………………………………………………………… 50

实验 2-5　粗乙酰苯胺的提纯 ………………………………………………… 53
　2.11　升华 …………………………………………………………………………… 54
　2.12　旋光度的测定 ………………………………………………………………… 56
　　实验 2-6　旋光度的测定 ………………………………………………………… 58
　2.13　折光率的测定 ………………………………………………………………… 60
　　实验 2-7　折光率的测定 ………………………………………………………… 61
　2.14　色谱分离技术 ………………………………………………………………… 63
　　2.14.1　柱色谱 …………………………………………………………………… 64
　　实验 2-8　柱色谱分离亚甲基蓝和荧光黄 ……………………………………… 67
　　2.14.2　薄层色谱 ………………………………………………………………… 69
　　实验 2-9　薄层色谱 ……………………………………………………………… 72
　　2.14.3　纸色谱 …………………………………………………………………… 73
　　实验 2-10　纸色谱 ……………………………………………………………… 75

第三部分　有机化合物的制备与提取

　　实验 3-1　环己烯的制备 ………………………………………………………… 78
　　实验 3-2　溴乙烷的制备 ………………………………………………………… 80
　　实验 3-3　1-溴丁烷的制备 ……………………………………………………… 82
　　实验 3-4　正丁醚的制备 ………………………………………………………… 84
　　实验 3-5　环己酮的制备 ………………………………………………………… 86
　　实验 3-6　己二酸的制备 ………………………………………………………… 87
　　实验 3-7　苯甲酸的制备 ………………………………………………………… 89
　　实验 3-8　乙酸乙酯的制备 ……………………………………………………… 91
　　实验 3-9　乙酸正丁酯的制备 …………………………………………………… 93
　　实验 3-10　苯甲酸乙酯的制备 …………………………………………………… 95
　　实验 3-11　乙酰苯胺的制备 ……………………………………………………… 97
　　实验 3-12　乙酰水杨酸的制备 …………………………………………………… 99
　　实验 3-13　硝基苯的制备 ………………………………………………………… 101
　　实验 3-14　邻硝基酚苯和对硝基苯酚的制备 …………………………………… 103
　　实验 3-15　苯乙酮的制备 ………………………………………………………… 105
　　实验 3-16　2,4-二氯苯氧乙酸的制备 …………………………………………… 107
　　实验 3-17　2-甲基-2-己醇的制备 ………………………………………………… 109
　　实验 3-18　三苯甲醇的制备 ……………………………………………………… 111
　　实验 3-19　苯甲醇和苯甲酸的制备 ……………………………………………… 113
　　实验 3-20　呋喃甲醇和呋喃甲酸的制备 ………………………………………… 115
　　实验 3-21　乙酰乙酸乙酯的制备 ………………………………………………… 117
　　实验 3-22　甲基橙的制备 ………………………………………………………… 119

实验 3-23	肉桂酸的制备	122
实验 3-24	无水乙醇的制备	123
实验 3-25	α-苯乙胺外消旋体的拆分	125
实验 3-26	从茶叶中提取咖啡因	127
实验 3-27	从黄连中提取黄连素	129
实验 3-28	从槐花米中提取芦丁	131
实验 3-29	从麻黄草中提取麻黄碱	132
实验 3-30	从橙皮中提取橙油	134

第四部分 有机化合物的性质实验

实验 4-1	烃的性质	136
实验 4-2	卤代烃的性质	138
实验 4-3	醇、酚和醚的性质	140
实验 4-4	醛和酮的性质	143
实验 4-5	羧酸与取代羧酸的性质	145
实验 4-6	胺的化学性质	146
实验 4-7	糖的性质	149
实验 4-8	氨基酸和蛋白质的性质	151
实验 4-9	未知有机物鉴定	153

第五部分 综合性设计性实验

实验 5-1	水杨酸甲酯的制备	157
实验 5-2	香豆素-3-羧酸的制备	158
实验 5-3	引发剂过氧化环己酮的合成与应用	160
实验 5-4	抗氧剂双酚 A 的合成	161
实验 5-5	Ⅱ号橙染料的合成及染色	162
实验 5-6	相转移催化法合成苯甲醇	164
实验 5-7	丙交酯的制备及聚乳酸的合成	166
实验 5-8	聚乙烯醇缩甲醛胶水的制备	168
实验 5-9	水溶性酚醛树脂胶粘剂的制备	169
实验 5-10	高吸水性树脂的制备	171
实验 5-11	2,3-二甲基吲哚的合成与表征	172
实验 5-12	消炎镇痛药奥沙普秦的合成与表征	173
实验 5-13	咪唑类离子液体的微波合成与表征	175
实验 5-14	十二烷基硫酸钠的合成与性能测定(设计)	177
实验 5-15	菠菜中色素的提取与分离(设计)	179

实验 5-16 复方止痛药片成分的分离与鉴定（设计） …………………………… 181
实验 5-17 多步合成实验——以苯胺为原料合成对溴苯胺（设计） …………… 182
实验 5-18 用官能团反应鉴别未知有机化合物（设计） ………………………… 183

附　录

附录 1　常用元素的相对原子质量表 ……………………………………………… 185
附录 2　常用酸碱溶液的密度和浓度表 …………………………………………… 185
附录 3　水的饱和蒸气压表 ………………………………………………………… 186
附录 4　常用有机溶剂的沸点及相对密度表 ……………………………………… 188
附录 5　常用洗液的配制及其使用 ………………………………………………… 188
附录 6　常见的共沸混合物 ………………………………………………………… 189
附录 7　有机化学文献和手册中常见的中英文对照 ……………………………… 190
附录 8　常用有机试剂的配制 ……………………………………………………… 191
附录 9　一些化学药品的毒性知识 ………………………………………………… 193

主要参考文献 ……………………………………………………………………… 195

第一部分　有机化学实验基本知识

1.1　有机化学实验的目的和要求

　　化学是一门以实验为基础的科学。有机化学实验是有机化学课程不可缺少的一个重要组成部分，是培养学生独立操作、观察记录、分析归纳、撰写报告等多方面能力的重要环节，是高等院校化学、化工、环境、材料、食品、生物、制药等相关专业学生必修的基础课程之一。其基本内容包括基本操作技术，有机物性质实验，有机物的制备、提取和分离等。

　　有机化学实验教学的目的是：

　　(1)使理论课堂中讲授的重要理论和概念得到验证、巩固、充实和提高，并适当地扩大知识面。有机化学实验不仅能使理论知识形象化，并且能说明这些理论和规律在应用时的条件、范围和方法，较全面地反映化学现象的复杂性和多样性。

　　(2)培养学生正确掌握机化学实验的基本操作技能。

　　(3)培养能写出合格的实验报告、初步学会查阅文献的能力。

　　(4)培养学生正确选择有机化合物的合成和鉴定方法，及分析和解决实验中所遇到问题的能力。

　　(5)培养学生理论联系实际、实事求是、严格认真的科学态度和良好的工作习惯。

　　为达到上述目的，要求学生必须做到：

　　(1)重视课前预习。只有经过认真的课前预习，了解实验的目的与要求，理解实验原理，弄清操作步骤和注意事项，设计好记录数据格式，写出简洁扼要的预习报告(对综合性和设计性实验写出设计方案)，才能进入实验室进行各项操作。

　　(2)认真做好实验。实验过程中认真操作，细心观察，如实而详细地记录实验现象和数据。如果发现实验现象和理论不符合，应首先尊重实验事实，并认真分析和检查原因，通过必要手段重做实验。有疑问时力争自己解决问题，也可以相互轻声讨论或询问老师。实验过程中应保持肃静，严格遵守实验室工作规则；实验结束后，洗净仪器，整理药品及实验台。

　　(3)独立撰写实验报告。做完课堂实验只是完成实验的一半，余下更为重要的是分析实验现象，整理实验数据，将直接的感性认识提高到理性思维阶段。实验报告的内容应包括实验目的、实验原理、实验步骤、实验现象和数据记录、数据处理结果和讨论等，对实验中出现的各种现象做好合理的、创新性的解释。

1.2　有机化学实验室规则

为了保证有机化学实验课正常、有效、安全地进行，培养良好的实验方法，并保证实验课的教学质量，学生必须遵守有机化学实验室的下列规则：

(1)必须遵守实验室的各项规章制度，听从教师的指导。

(2)每次做实验前，认真预习有关实验的内容及相关的参考资料，了解每一步操作的目的、意义，实验中的关键步骤及难点，以及所用药品的性质和应注意的安全问题，并写好实验预习报告，还要充分考虑防止事故的发生和发生后所采用的安全措施。没有达到预习要求者，不得进行实验。

(3)实验前要清点仪器，如果发现有破损或缺少，应立即报告教师，按规定手续到实验预备室补领。实验时仪器若有损坏，亦应按规定手续到实验预备室换取新仪器。未经教师同意，不得拿用别人实验台的仪器。

(4)实验中遵从教师的指导，按照实验教材所规定的步骤、仪器及试剂的规格和用量进行实验，如要改变，必须经指导老师同意。实验中要认真、仔细观察实验现象，如实做好记录，积极思考。实验完成后，由指导老师登记实验结果，并将产品回收统一保管。

(5)在实验过程中，不得大声喧哗、打闹，不得擅自离开实验室。不能穿拖鞋、背心等暴露过多的服装进入实验室，实验室内不能吸烟和吃食物。

(6)应经常保持实验室的整洁，做到仪器、桌面、地面和水槽四净。实验装置要规范、美观。固体废弃物及废液应倒入指定容器。

(7)要爱护公物。公用仪器和药品应在指定地点使用，用完后及时放回原处，并保持其整洁。节约药品，药品取完后，及时将盖子盖好，严格防止药品的相互污染。仪器如有损坏，要登记予以补发，并按制度赔偿。

(8)实验结束后，将个人实验台面打扫干净，清洗、整理仪器。学生轮流值日，值日生应负责整理公用仪器、药品和器材，打扫实验室卫生，离开实验室前应检查水、电、气是否关闭。

1.3　有机化学实验室的安全知识

由于有机化学实验所用的药品多数是有毒、可燃、有腐蚀性或有爆炸性的，所用的仪器大部分是玻璃制品，所以，在有机化学实验工作中，若粗心大意，就容易发生事故，如割伤、烧伤乃至火灾、中毒或爆炸等。因此，必须认识到化学实验室是有潜在危险的场所。然而，只要我们重视安全问题，提高警惕，实验时严格遵守操作规程，加强安全措施，事故是可以尽量避免的。下面介绍实验室的安全守则和实验室事故的预防和处理。

一、实验室的安全守则

(1)实验开始前，应检查仪器是否完整无损，装置是否正确，在征得指导教师同意之后，才可进行实验。

(2)在实验进行中,不得离开岗位,要注意反应进行的情况和装置有无漏气和破裂等现象。

(3)当进行有可能发生危险的实验时,要根据实验情况采取必要的安全措施,如戴防护眼镜、面罩或橡皮手套等,但不能戴隐形眼镜。

(4)使用易燃、易爆药品时,应远离火源。实验试剂不得入口。严禁在实验室内吸烟或吃食物。实验结束后要细心洗手。

(5)熟悉安全用具如灭火器材、沙箱以及急救药箱的放置地点和使用方法,并妥善保管。安全用具和急救药品不准移作他用。

二、药品及试剂的使用规则

常用化学试剂根据纯度不同可分为不同的规格,目前常用的试剂一般分为四个级别,见表1-1。

表1-1 试剂的规格及适用范围

级别	规格	代号	瓶标颜色	适用范围
一级	优级纯	GR	绿色	痕量分析和科学研究
二级	分析纯	AR	红色	一般定性定量分析实验
三级	化学纯	CR	蓝色	一般的化学制备和教学实验
四级	实验试剂	LR	棕色或其他颜色	一般的化学实验辅助试剂

除上述一般试剂外,还有一些特殊要求的试剂,如指示剂、生化试剂和超纯试剂(如电子纯和色谱纯)等,这些都会在瓶标上注明,使用时请注意。

表1-1列出的试剂的规格及适用范围供选用试剂时参考,因不同规格试剂的价格相差很大,故选用时应注意节约,防止超级使用,造成浪费。若能达到应有的实验效果,应尽量采用级别较低的试剂。

化学试剂中的部分试剂具有易燃、易爆、腐蚀性或毒性等特性。化学试剂除使用时注意安全和按操作规程操作外,保管时也要注意安全,要防火、防水、防挥发、防爆光和防变质。化学试剂的保存,应根据试剂的毒性、易燃性、腐蚀性和潮解性等不相同的特点,采用不同的保管方法。

(1)一般单质和无机盐类的固体:应放在试剂柜内,无机试剂要与有机试剂分开存放。危险性试剂应严格管理,必须分类隔开放置,不能混放在一起。

(2)易燃液体:主要是有机溶剂,极易挥发成气体,遇明火即燃烧。实验中常用的有苯、乙醇、乙醚和丙酮等,应单独存放,要注意阴凉通风,特别要注意远离火源。

(3)易燃固体:无机物中如硫黄、红磷、镁粉和铝粉等,着火点都很低,也应注意单独存放,应通风、干燥。白磷在空气中可自燃,应保存在水里,并放于避光阴凉处。

(4)与水燃烧的物品:金属锂、钠、钾、电石和锌粉等,可与水剧烈反应,放出可燃性气体。锂要用石蜡密封,钠和钾应保存在煤油中,电石和锌粉等应放在干燥处。

(5)强氧化性的物品:氯酸钾、硝酸盐、过氧化物、高锰酸盐和重铬酸盐等都具有强氧化性,当受热、撞击或混入还原性物质时,就可能引起爆炸。保存这类物质时,一定不能与还原性物质或可燃物放在一起,应存放在阴凉通风处。

(6) 见光分解的试剂,如硝酸银、高锰酸钾等;与空气接触易氧化的试剂,如氯化亚锡、硫酸亚铁等,都应存于棕色瓶中,并放在阴暗避光处。

(7) 容易侵蚀玻璃的试剂:如氢氟酸、含氟盐、氢氧化钠等,应保存在塑料瓶内。

(8) 剧毒试剂:如氰化钾、三氧化二砷(砒霜)、升汞等,应特别注意由专人妥善保管,取用时严格做好记录,以免发生事故。

三、气体钢瓶及注意事项

钢瓶又称"高压气瓶",是一种在加压下储存或运送气体的容器。实验室常用它储存各种气体。钢瓶器壁很厚,一般最高工作压力为 15MPa。使用时为了降低压力并保持压力稳定,必须装置减压阀,各种气体的减压阀不能混用。

钢瓶的材质通常有铸钢、低合金钢和玻璃钢(即玻璃增强塑料)等。氢气、氧气、氮气、空气等在钢瓶中呈压缩气状态,二氧化碳、氨、氯、石油气等在钢中呈液化状态。乙炔钢瓶内装有多孔性物质(如木屑、活性炭等)和丙酮,乙炔气体在压力下溶于其中。为了防止各种钢瓶混用,全国统一规定了瓶身、横条以及标字的颜色,以示区别。气体钢瓶颜色与标记见表 1-2。

表 1-2 常用钢瓶颜色与标记

气体名称	瓶身颜色	字样	横条颜色	标字颜色
氮气	黑	氮	棕	黄
空气	黑	压缩空气		白
二氧化碳	黑	二氧化碳	黄	黄
氧气	天蓝	氧		黑
氢气	深绿	氢	红	红
氯气	草绿	氯	白	白
氨气	黄	氨		黑
其他一切可燃气体	红			
其他一切不可燃气体	黑			

使用钢瓶时应注意:

(1) 气体钢瓶在运输、储存和使用时,注意勿使其与其他坚硬物体撞击,搬运钢瓶时要旋上瓶帽,套上橡皮圈,轻拿轻放,防止因摔碰或剧烈震动而引起爆炸。钢瓶应放置在阴凉、干燥、远离热源的地方,避免日光直晒。氢气钢瓶应存放在与实验室隔开的气瓶房内,实验室中应尽量少放钢瓶。

(2) 原则上有毒气体(如液氯等)钢瓶应单独存放,严防有毒气体逸出,注意室内通风。最好在存放有毒气体钢瓶的室内设置毒气检测装置。

(3) 若两种钢瓶中的气体接触后可能引起燃烧或爆炸,则这两种钢瓶不能存放在一起。气体钢瓶存放或使用时要固定好,防止滚动或跌倒。为确保安全,最好在钢瓶外面装橡胶防震圈。液化气体钢瓶使用时一定要直立放置,禁止倒置使用。

(4)钢瓶使用时要用减压表,一般可燃性气体(氢、乙炔等)钢瓶气门螺纹是反向的,不燃或助燃性气体(氮、氧等)钢瓶气门螺纹是正向的。各种减压表不得混用。开启气门时应站在减压表的另一侧,以防减压表脱出而被击伤。

减压表由指示钢瓶压力的总压力表、控制压力的减压阀和减压后的分压力表三部分组成。使用时应注意,把减压表与钢瓶连接好(勿猛拧)后,将减压表的调压阀旋到最松位置(即关闭状态)。然后打开钢瓶总气阀门,总压力表即显示瓶内气体总压。检查各接头(用肥皂水)不漏气后,方可缓慢旋紧调压阀门,使气体缓缓送入系统。使用完毕后,应首先关紧钢瓶总阀门,排空系统的气体,待总压力表与分压力表均指到 0 时,再旋松调压阀门。如钢瓶与减压表连接部分漏气,应加垫圈使之密封,切不能用麻丝等物堵漏,特别是氧气钢瓶及减压表,绝对不能涂油,这方面应特别注意!

(5)钢瓶中的气体不可用完,应留有 0.5% 表压以上的气体,以防止重新灌气时发生危险。

(6)使用可燃性气体时,一定要有防止回火的装置(有的减压表带有此装置)。在导管中塞细铜丝网、在管路中加液封可以起保护作用。

(7)钢瓶应定期试压检验(一般钢瓶三年检验一次)。逾期未检验或锈蚀严重的,不得使用,漏气的钢瓶不得使用。

(8)严禁油脂等有机物沾污氧气钢瓶,因为油脂遇到逸出的氧气就可能燃烧,若已有油污沾污氧气钢瓶,则应立即用四氯化碳洗净。氢气、氧气或可燃气体钢瓶严禁靠近明火,与明火的距离一般不小于 10m,否则必须采取有效的保护措施;氢气瓶最好放在远离实验室的小屋内;采暖期间,钢瓶与暖气的距离不小于 1m。存放氢气钢瓶或其他可燃性气体钢瓶的房间应注意通风。

四、实验室事故的预防

有机化学实验常使用大量的有机试剂和溶剂,这些有机物大多易燃,有的有机物蒸气与空气的混合物还具有爆炸性,并且这些物质都具有不同程度的毒性。因此,防火、防爆、防中毒是有机化学实验安全运行中的主要问题。当然,和其他化学实验一样,在进行有机化学实验时,也应注意安全用电,防止割伤、烫伤等意外伤害事故的发生。

1. 火灾的预防

实验室中使用的有机溶剂大多是易燃的,着火是有机实验室常见事故之一,应尽可能避免使用明火。

防火的基本原则有下列几点:

(1)在操作易燃溶剂时要特别注意:①应远离火源。②勿将易燃液体放在敞口容器中(如烧杯)直火加热。③加热必须在水浴中进行,切勿使容器密闭,否则易造成爆炸。当附近有露置的易燃溶剂时,切勿点火。

(2)在进行易燃物质试验时,应养成先将酒精等易燃物质搬开的习惯。

(3)蒸馏装置不能漏气,如发现漏气时,应立即停止加热,检查原因。若因塞子被腐蚀,则待冷却后,才能换掉塞子。接收瓶不宜用敞口容器,如广口瓶、烧杯等,而应用窄口容器,如三角烧瓶等。从蒸馏装置接收瓶排出来的尾气的出口应远离火源,最好用橡皮管引入下水道或室外。

(4)回流或蒸馏低沸点易燃液体时应注意:①应放数粒沸石或碎瓷片或一端封口的毛细管,以防止暴沸。若在加热后才发现未放这类物质时,应停止加热,待被蒸馏的液体冷却后才能加入。②严禁直接加热。③瓶内液体量不能超过瓶容积的2/3。④加热速度宜慢,不能快,避免局部过热。总之,蒸馏或回流易燃低沸点液体时,一定要谨慎从事,不能粗心大意。

(5)用油浴加热蒸馏或回流时,必须十分注意,避免由于冷凝用水溅入热油浴中,致使油外溅到热源上而引起火灾。通常发生危险的主要原因是:橡皮管套进冷凝管上不紧密,开动水阀过快,水流过猛而把橡皮管冲出来,或者由于橡皮管套不紧而漏水。所以,要求橡皮管套入冷凝管侧管时要紧密,开动水阀时也要动作缓慢,使水流慢慢通入冷凝管内。

(6)当处理大量的可燃性液体时,应在通风橱中或在指定地方进行,室内应无火源。

(7)不得把燃着或者带有火星的火柴梗或纸条等乱抛乱掷,也不得丢入废物缸中。否则,会发生危险。

2. 爆炸的预防

在有机化学实验里,一般预防爆炸的措施如下:

(1)蒸馏装置必须连接正确,不能造成密闭体系,应使装置与大气相连通。减压蒸馏时,不能用平底烧瓶、锥形瓶、薄壁试管等不耐压容器作为接收瓶或反应瓶,否则,易发生爆炸,而应选用圆底烧瓶作为接收瓶或反应瓶。无论是常压蒸馏还是减压蒸馏,均不能将液体蒸干,以免局部过热或产生过氧化物而发生爆炸。

(2)切勿使易燃易爆的气体接近火源,有机溶剂如醚类和汽油类物质的蒸气与空气相混时极为危险,可能会由一个热的表面或者一个火花、电花而引起爆炸。

(3)使用乙醚等醚类时,必须检查有无过氧化物存在,如果发现有过氧化物存在时,应立即用硫酸亚铁除去过氧化物,才能使用。同时,使用乙醚时应在通风较好的地方或在通风橱内进行。

(4)对于易爆炸的固体,如重金属乙炔化物、苦味酸金属盐、三硝基甲苯等,都不能重压或撞击,以免引起爆炸,对于这些危险的残渣,必须小心销毁。例如,重金属乙炔化物可用浓盐酸或浓硝酸使其分解,重氮化合物可加水煮沸使其分解等。

(5)卤代烷勿与金属钠接触,因为两者反应剧烈,易发生爆炸,钠屑必须放在指定的地方。

3. 中毒的预防

中毒主要是指通过呼吸道和皮肤接触有毒物品而对人体造成的危害。大多数化学药品都具有一定的毒性,因此,预防中毒应做到:

(1)称量药品时应使用工具,不得直接用手接触,尤其是有毒物质。做完实验后,应洗手后再吃东西。任何药品不能用嘴尝。

(2)剧毒药品应妥善保管,不许乱放,实验中所用的剧毒物质应有专人负责收发,并向使用毒物者提出必须遵守的操作规程。实验后的有毒残渣必须做妥善而有效的处理,不准乱丢乱放。

(3)有些剧毒物质会渗入皮肤,因此,接触这些物质时必须戴橡皮手套,操作后应立即洗手,勿让毒品沾及五官或伤口。例如,氰化钠沾及伤口后就会随血液循环至全身,严重的会造成中毒死伤事故。

（4）在反应过程中可能生成有毒或有腐蚀性气体的实验应在通风橱内进行,使用后的器皿应及时清洗。在使用通风橱时,实验开始后不要把头部伸入橱内。

4. 触电的预防

使用电器时,应防止人体与电器导电部分直接接触,不能用湿手或用手握湿的物体接触电插头。为了防止触电,装置和设备的金属外壳等都应连接地线,实验后应切断电源,再将连接电源的插头拔下。

五、事故的急救处理

1. 火灾的处理

实验室一旦发生火灾,室内全体人员都应积极而有秩序地参加灭火,一般采用如下措施：一方面,防止火势扩大。立即关闭煤气灯,熄灭其他火源,断开室内总电闸,搬开易燃物质。另一方面,立即灭火。有机化学实验室灭火常采用使燃着的物质隔绝空气的办法,通常不能用水,否则,反而会引起更大的火灾。在失火初期,不能用口吹,必须使用灭火器、砂、毛毡等。若火势小,可用数层湿布把着火的仪器包裹起来。如小器皿内着火时(如烧杯或烧瓶内),可盖上石棉板或瓷片等,使之隔绝空气而灭火,绝不能用口吹。

如果油类着火,要用沙或灭火器灭火,也可撒上干燥的碳酸氢钠粉末。

如果电器着火,首先应切断电源,然后用二氧化碳灭火器或四氯化碳灭火器灭火(注意：四氯化碳蒸气有毒,在空气不流通的地方使用有危险),因为这些灭火剂不导电,不会使人触电。绝不能用水和泡沫灭火器灭火,因为水能导电,会使人触电甚至造成死亡。

如果衣服着火,切勿奔跑,而应立即往地上打滚或用厚的外衣包裹。较严重的应躺在地上(以免火焰烧向头部)用防火毯紧紧包住,直至火熄灭,或打开附近的自来水开关用水冲淋熄灭。烧伤严重者应立即送往医疗单位治疗。

总之,当失火时,应根据起火的原因和火场周围的情况,采取不同的方法灭火。无论使用哪一种灭火器材,都应从火的四周开始向中心扑灭,把灭火器的喷口对准火焰的底部。在抢救过程中切勿犹豫。

2. 玻璃割伤的处理

玻璃割伤是常见的事故。割伤后要仔细观察伤口上有没有玻璃碎粒,若有,应先把伤口处的玻璃碎粒取出。若伤势不重,可先进行简单的急救处理,如涂卜碘酒,再用纱布包扎；若伤口严重、流血不止,可在伤口上部约10cm处用纱布扎紧,减慢流血,压迫止血,并随即到医院就诊。

3. 药品灼伤的处理

皮肤接触了腐蚀性物质后可能被灼伤,为避免灼伤,在接触这些物质时,最好戴橡胶手套和防护眼镜。发生灼伤时应按下列要求处理：

（1）酸灼伤。

皮肤上——立即用大量水冲洗,再用5%碳酸氢钠溶液洗涤,最后用水洗。严重时要消毒,拭干后涂上烫伤油膏,并将伤口扎好。

眼睛上——抹去溅在眼睛外面的酸,立即用水冲洗,用洗眼杯或将橡皮管套上水龙头用慢水对准眼睛冲洗,然后立即到医院就诊。或者用稀碳酸氢钠溶液洗涤,最后滴入少许蓖麻油。

衣服上——依次用水、稀氨水和水冲洗。

地板上——撒上石灰粉,再用水冲洗。

(2)碱灼伤。

皮肤上——先用水冲洗,然后用饱和硼酸溶液或1%乙酸溶液洗涤,最后用水洗,拭干后再涂上油膏,并包扎好。

眼睛上——抹去溅在眼睛外面的碱,用水冲洗,再用饱和硼酸溶液洗涤,最后滴入蓖麻油。

衣服上——先用水洗,然后用10%乙酸溶液洗涤,再用氨水中和多余的乙酸,最后用水冲洗。

(3)溴灼伤。如溴弄到皮肤上,应立即用水冲洗,涂上甘油,敷上烫伤油膏,将灼伤处包好。如眼睛受到溴的蒸气刺激,暂时不能睁开时,可对着盛有酒精的瓶口注视片刻。

(4)钠灼伤。可见的小块用镊子移去,其余处理与碱灼伤相同。

上述各种急救法仅为暂时减轻疼痛的措施。若伤势较重,在急救之后,应速送至医院诊治。

4. 烫伤的处理

轻伤者涂以玉树油或鞣酸油膏,重伤者涂以烫伤油膏后立即送至医院诊治。

5. 中毒的处理

对溅入口中而尚未咽下的毒物,应立即吐出来,用大量水冲洗口腔;如已吞下,应根据毒物的性质服解毒剂,并立即送到医院急救。

(1)腐蚀性毒物。对于强酸,先饮大量的水,再服氢氧化铝膏、鸡蛋白等;对于强碱,也要先饮大量的水,然后服用醋、酸果汁、鸡蛋白等。不论酸或碱中毒,都需灌注牛奶,不要吃呕吐剂。

(2)刺激性及神经性中毒。先服牛奶或鸡蛋白使之缓和,再服用硫酸铜溶液(约30g溶于一杯水中)催吐,有时也可以用手指伸入喉部催吐,随后立即到医院就诊。

(3)吸入气体中毒。将中毒者移至室外,解开衣领及纽扣。吸入大量氯气或溴气者,可用碳酸氢钠溶液漱口。

六、急救用具

(1)消防器材。消防器材包括泡沫灭火器、四氯化碳灭火器(弹)、二氧化碳灭火器、沙、石棉布、毛毡、棉胎和淋浴用的水龙头等。

(2)急救药箱。实验室应配备急救箱,里面应有以下物品:碘酒、双氧水、饱和硼砂溶液、1%乙酸溶液、5%碳酸氢钠溶液、70%酒精、玉树油、烫伤油膏、万花油、药用蓖麻油、硼酸膏或凡士林、磺胺药粉、洗眼杯、消毒棉花、纱布、胶布、绷带、剪刀、镊子、橡皮管等。

1.4 有机化学实验常用的仪器与装置

一、有机化学实验常用的仪器

有机化学实验常用的仪器包括玻璃仪器、金属用具及其他一些小型仪器设备。这些仪器有些是公用的,有些是由使用者自己保管使用的,现分别介绍如下。

(一)玻璃仪器

使用玻璃仪器时应注意:要轻拿轻放,除试管等少数仪器外,一般都不能直接用明火加热。锥形瓶不耐压,不能用于减压实验,厚壁玻璃器皿(如抽滤瓶)不耐热,不能加热。广口容器(如烧杯)不能贮放有机溶剂。带活塞的玻璃器皿,如分液漏斗、滴液漏斗、水分分离器等,用过洗净后,在活塞与磨口间应垫上纸片,以防粘住;如已粘住,可用水煮后轻敲塞子,或在磨口四周涂上润滑剂后用电吹风吹热风,使之松开。另外,温度计不能代替搅拌棒使用,也不能用来测量超过刻度范围的温度。温度计用后要缓慢冷却,不可立即用冷水冲洗,以免炸裂。

在有机化学实验中,还常用带有标准磨口的玻璃仪器,这些仪器统称"标准口玻璃仪器"。这类仪器可以和相同编号的标准磨口相连接,这样既可免去配塞子及钻孔等手续,又能避免反应物或产物被软木塞(或橡皮塞)所沾污,目前已替代了同类普通仪器。由于玻璃仪器容量大小及用途不一,故有不同编号的标准磨口。常用的有 10、14、19、24、29、34、40、50 等,这里的数字编号是指磨口最大端直径的毫米数。有的磨口玻璃仪器用两个数字表示,例如 10/30,表明磨口最大端直径为 10mm,磨口长度为 30mm。相同编号的磨口、磨塞可以直接紧密连接,有时两玻璃仪器因磨口编号不同而无法直接连接,则可借助于不同编号的磨口接头(又称"大小头")相连接。

现将常用标准口玻璃仪器介绍如下。

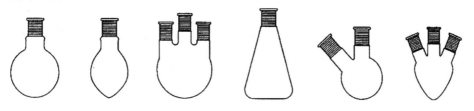

(a)圆底烧瓶　(b)梨形烧瓶　(c)三口烧瓶　(d)锥形烧瓶　(e)二口烧瓶　(f)梨形三口烧瓶

图 1-1　烧　瓶

1. 烧瓶

(1)圆底烧瓶(a)。圆底烧瓶能耐热和承受反应物(或溶液)沸腾以后所发生的冲击震动。在有机化合物的合成和蒸馏实验中最常使用,也常用作减压蒸馏的接收器。

(2)梨形烧瓶(b)。梨形烧瓶的性能和用途与圆底烧瓶相似。它的特点是:在合成少量有机化合物时,使化合物在烧瓶内保持较高的液面,蒸馏时残留在烧瓶中的液体少。

(3)三口烧瓶(c)。三口烧瓶最常用于需要进行搅拌的实验中。中间瓶口装搅拌器,两个侧口装回流冷凝管和滴液漏斗或温度计等。

(4)锥形烧瓶(简称"锥形瓶")(d)。锥形烧瓶常用于有机溶剂重结晶的操作,或有固体产物生成的合成实验中,因为生成的固体物容易从锥形烧瓶中取出来。通常也用作常压蒸馏实验的接收器,但不能用作减压蒸馏实验的接收器。

(5)二口烧瓶(e)。二口烧瓶常用于半微量、微量制备实验作为反应瓶,中间瓶口接回流冷凝管、微型蒸馏头、微型分馏头等,侧口接温度计、加料管等。

(6)梨形三口烧瓶(f)。梨形三口烧瓶的用途似三口烧瓶,主要在半微量、小量制备实验中用作反应瓶。

2. 冷凝管

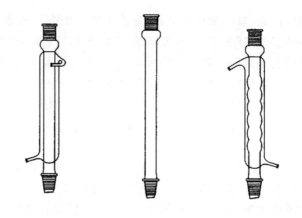

(a)直形冷凝管　　(b)空气冷凝管　　(c)球形冷凝管

图 1-2　冷凝管

(1)直形冷凝管(a)。直形冷凝管常用于沸点低于140℃的物质的蒸馏。蒸馏物质的沸点在140℃以下时,在夹套内通水冷却;但沸点超过140℃时,冷凝管往往会在内管和外管的接合处炸裂。在微量合成实验中,直形冷凝管用于冷凝装置上。

(2)空气冷凝管(b)。当蒸馏物质的沸点高于140℃时,常用空气冷凝管代替通冷却水的直形冷凝管。

(3)球形冷凝管(c)。球形冷凝管内管的冷却面积较大,对蒸气的冷凝有较好的效果,适用于加热回流的实验。

3. 漏斗

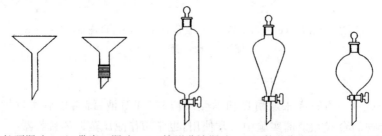

(a)长颈漏斗　(b)带磨口漏斗　(c)筒形分液漏斗　(d)梨形分液漏斗　(e)圆形分液漏斗

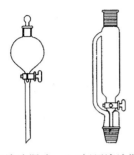  

(f)滴液漏斗　(g)恒压滴液漏斗　(h)保温漏斗　(i)布氏漏斗　(j)小型多孔板漏斗

图 1-3　漏　斗

(1)漏斗(a)和(b)。在普通过滤时使用。

(2)分液漏斗(c)、(d)和(e)。用于液体的萃取、洗涤和分离；有时也可用于滴加物料。

(3)滴液漏斗(f)。能把液体一滴一滴地加入反应器中，即使漏斗的下端浸没在液面下，也能够明显地看到滴加的快慢。

(4)恒压滴液漏斗(g)。用于合成反应实验的液体加料操作，也可用于简单的连续萃取操作。

(5)保温漏斗(h)。保温漏斗又称"热滤漏斗"，用于需要保温的过滤。它是在普通漏斗的外面装上一个铜质的外壳，外壳中间装水，用煤气灯加热侧面的支管，以保持所需要的温度。

(6)布氏漏斗(i)。布氏漏斗是瓷质的多孔板漏斗，在减压过滤时使用。小型玻璃多孔板漏斗(j)用于减压过滤少量物质。

(7)还有一种类似(b)的小口径漏斗，附带玻璃钉，过滤时把玻璃钉插入漏斗中，在玻璃钉上放滤纸或直接过滤。

4. 常用的配件

这些仪器多用于各种仪器的连接，如图 1-4 所示。

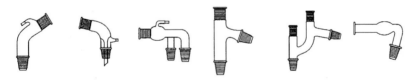

(a) 接引管　(b) 真空接引管　(c) 双头接引管　(d) 蒸馏头　(e) 克氏蒸馏头　(f) 弯形干燥管

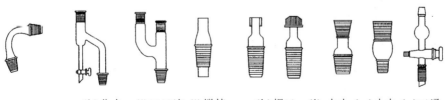

(g)75°弯管　(h)分水器　(i)二口连接管　(j)搅拌套管　(k)螺口接头　(l)大小接头　(m)小大接头　(n)二通旋塞

图 1-4　常用配件

使用标准口玻璃仪器时必须注意:

(1)磨口必须洁净。若有固体物,则磨口对接不密易导致漏气;若杂物很硬,则会损坏磨口。

(2)用后应立即拆卸洗净,特别是经过高温加热的磨口仪器。一旦停止反应,应先移去火源,然后立即活动磨口处,否则,磨口的连接处常会粘牢,不易拆开。

(3)使用磨口仪器时,一般不需要涂润滑剂,以免沾污反应物或产物。但是,如果反应中有强碱,则要涂润滑剂,防止磨口连接处因碱腐蚀粘牢而无法拆开。

(4)安装标准磨口玻璃仪器装置时,要注意保持整齐、正确,使磨口连接处不受歪斜的应力,否则容易将仪器折断。

(二)金属用具

有机化学实验常用的金属用具有铁夹、铁架、铁圈、三脚架、水浴锅、热水漏斗、镊子、剪刀、三角锉刀、圆锉刀、打孔器、不锈钢刮刀、压塞机、水蒸气发生器、升降台等。

(三)小型仪器设备

1. 烘箱

烘箱用来干燥玻璃仪器或烘干无腐蚀性、加热不分解的药品。挥发性易燃物或以酒精、丙酮淋洗过的玻璃仪器不能放入烘箱内,以免发生爆炸。

烘箱使用说明:接上电源后,即可开启加热开关,将控温旋钮由"0"位顺时针旋至一定程度(视烘箱型号而定)此时烘箱内即开始升温,红色指示灯亮。若有鼓风机,可开启鼓风机开关,使鼓风机工作。当温度计升至工作温度时(由烘箱顶上温度计读数得知),即将控温计旋钮按逆时针方向旋至指示灯刚熄灭。在指示灯明灭交替处即为恒温定点。

一般干燥玻璃仪器时应先沥干,无水滴下时才放入烘箱,升温加热,将温度控制在100~120℃。实验室中的烘箱是公用仪器,往烘箱里放玻璃仪器时应自上而下依次放入,以免残留的水滴流下使已烘热的玻璃仪器炸裂。取出烘干后的仪器时,应用干布衬手,以免烫伤。取出后不能碰水,以防炸裂。取出后的热玻璃仪器,若自行冷却,器壁常会凝上水汽,可用电吹风吹入冷风助其冷却。

2. 气流烘干器

气流烘干器是借助热空气将玻璃仪器烘干的一种设备,其特点是快速、方便。将玻璃仪器插到风管上,5~10min后仪器即可烘干。

3. 循环水式真空泵

循环水式真空泵是以循环水作为工作流体的喷射泵。它是射流技术产生负压而设计的一种泵。其特点是体积小、节约水。

4. 旋转蒸发仪

旋转蒸发仪是由发动机带动可旋转的仪器,由蒸发器(圆底烧瓶)冷凝器和接收器组成,能够在常压或减压下操作。既可一次进料,也可分批吸入蒸发料液。由于蒸发器不断旋转,故不加沸石也不会暴沸。蒸发器旋转时,会使料液的蒸发面大大增加,加快了蒸发速度。因此,它是浓缩溶液、回收溶剂的理想装置。

5. 托盘天平与电子天平

在有机合成实验中,常用于称量物体质量的仪器是托盘天平,又称"台秤"。台秤的最大称量为1000g或500g,能称准到1g。药物台秤(又称"小台秤")的最大称量为100g,能称准到0.1g。这些台秤的最大称量虽然不同,但原理是相同的,它们都有一根中间有支点的杠杆,杠杆两边各装一个秤盘。左边秤盘放置被称量物体,右边秤盘放砝码,杠杆支点处连有一指针,指针后有标尺。指针倾斜表示两盘质量不等。台秤上有一根游码尺与杠杆平行,尺上有一个活动的游码。在称量前,先观察两臂是否平衡,指针是否在标尺中央。如不在中央,可调节两端的平衡螺丝,使指针指向标尺中央,两臂即平衡。

称量时,将物体放在左盘上,在右盘上加砝码,用镊子(不要直接用手)先加大砝码,然后加较小的砝码,加到10g(小台秤为5g)以下的质量时,可以移动游码,直至指针在标尺中央,表示两边质量相等。右盘上砝码的克数加上游码在游码尺上所指的克数便是物体的质量。台秤用完后,应将砝码放回盒中,将游码复原至零刻度。

电子天平的出现,使称量大大简化了。电子天平可以通过清零功能使称量物进行累加。无论哪种天平,都应经常保持清洁,所称物体不能直接放在盘上,而应放在清洁、干燥的表面皿、称量纸或烧杯中进行称量。易挥发的液体物质应盛放在带塞子的锥形瓶或圆底烧瓶中进行称量。

二、有机化学实验常用的装置

在进行有机合成实验时,常常需要将多种玻璃仪器组装成一定的装置。使用同一号的标准磨口仪器时,仪器利用率高,互换性强,可在实验室中组合成多种多样的装置。仪器装置的安装顺序一般为:以热源为准,自下而上,自左而右。常用的装置有以下几种。

1. 蒸馏装置

蒸馏是分离两种以上沸点相差较大的液体,或除去有机溶剂的常用方法。图1-5所示是最常用的蒸馏装置。蒸馏装置主要由气化、冷凝(冷却水自下而上)和接收三部分组成。如果蒸馏过程需要防潮,在接收部分与大气相通位置安装干燥管即可。如果蒸馏沸点在140℃以上,应改用空气冷凝管进行蒸馏,因为如使用直形冷凝管,通水后,可能会由于液体蒸气温度较高而使冷凝管炸裂。

(a)普通蒸馏装置

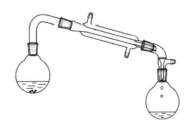
(b)简单蒸馏装置

图1-5 蒸馏装置

2. 分馏装置

分馏装置如图 1-6 所示。在蒸馏装置的烧瓶与蒸馏头之间安装分馏柱,这样上升的热蒸气先进入分馏柱,并在分馏柱中不断与回流的冷凝液发生热量交换和物质交换,最终使沸点相差不大的低沸点组分被蒸出。分馏装置常用来分离沸点相差不太大的混合物。简单地说,分馏就是多次蒸馏,利用分馏技术甚至可以将沸点相差 1～2℃ 的混合物分离开来。

3. 回流冷凝装置

在室温下,有些反应速率很小或难以进行。为了使反应尽快进行,常常需要使反应物质较长时间保持沸腾。这种情况下,就需要使用回流冷凝装置,使蒸气不断地在冷凝管内冷凝而返回反应器中,以防止反应容器中的物质逃逸损失。图 1-7(a) 所示是最简单的回流冷凝装置。如果反应物怕受潮,可在冷凝管端口上装接氯化钙干燥管,来防止空气中湿气侵入,如图 1-7(b) 所示。如果反应中会放出有害气体(如溴化氢),可加接气体吸收装置,如图 1-7(c) 所示。

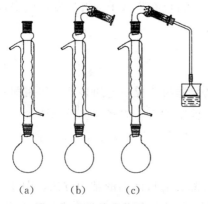

(a)　　(b)　　(c)

图 1-7　回流冷凝装置

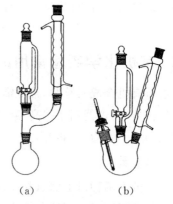

(a)　　(b)

图 1-8　滴加回流冷凝装置

4. 滴加回流冷凝装置

有些反应比较剧烈,放热量大,如将反应物一次加入,会使反应失去控制;有些反应为了控制反应物的选择性,也不能将反应物一次加入。在这些情况下,可采用滴加回流冷凝装置,如图 1-8 所示,将一种试剂逐渐滴加进去。常用恒压滴液漏斗进行滴加。

5. 回流分水反应装置

在进行某些可逆平衡反应时,为了使正向反应进行到底,可将反应产物之一不断地从反应混合物体系中除去,常采用回流分水装置除去生成的水。在图 1-9(a)、(b) 所示的装置中,有一个分水器,回流下来的蒸气冷凝液进入分水器。分层后,有机层被自动送回烧瓶,而生成的水可从分水器中放出去。

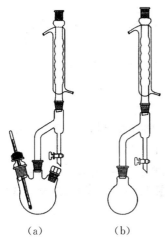
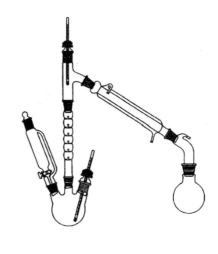

图 1-9　回流分水反应装置　　　　图 1-10　滴加蒸出反应装置

6. 滴加蒸出反应装置

有些有机反应需要边滴加反应物边将产物或产物之一蒸出反应体系，防止产物发生二次反应。对于可逆平衡反应，蒸出产物能使平衡右移，提高反应转化率。这时常用与图 1-10 所示类似的反应装置来进行这种操作。在图 1-10 所示的装置中，反应产物可单独或形成共沸混合物在反应过程中不断蒸馏出去，并可通过滴液漏斗将一种试剂逐渐滴加进去，以控制反应速率或使这种试剂消耗完全。

必要时，可在上述各种反应装置的反应烧瓶外面用冷水浴或冰水浴进行冷却，在某些情况下，也可用热水浴加热。

7. 搅拌反应装置

用固体和液体或互不相溶的液体进行反应时，为了使反应混合物能充分接触，应该进行强烈的搅拌或振荡。在反应物量小、反应时间短且不需要加热或温度不太高的操作中，用手摇动容器就可达到充分混合的目的。用回流冷凝装置进行反应时，有时需做间歇的振荡。这时可将固定烧瓶和冷凝管的夹子暂时松开，一只手扶住冷凝管，另一只手拿住瓶颈做圆周运动；每次振荡后，应把仪器重新夹好。

那些需要用较长时间进行搅拌的实验中，最好用电动搅拌器。电动搅拌的效率高，节省人力，还可以缩短反应时间。图 1-11 所示是适合不同需要的机械搅拌装置。搅拌棒是用电动机带动的。在装配机械搅拌装置时，可采用简单的橡皮管密封(图 1-11 (a)、(b))或用液封管(图 1-11 (c))密封。搅拌棒与玻璃管或液封管应配合得合适，不太松也不太紧，搅拌棒应能在中间自由地转动。根据搅拌棒的长度(不宜太长)选定三口烧瓶和电动机的位置。先将电动机固定好，用短橡皮管(或连接器)把已插入封管中的搅拌棒连接到电动机的轴上，然后小心地将三口烧瓶套上去，至搅拌棒的下端距瓶底约 5mm，将三口烧瓶夹紧。检查这几件仪器安装得是否正直，电动机的轴和搅拌棒应在同一直线上。用手检验搅拌棒转动是否灵活，再以低转速开动电动机，试验运转情况。当搅拌棒与封管之间不发出摩擦声时，才能认为仪器装配合格，否则需要进行调整。最后装上冷凝管和滴液漏斗(或温度计)，用夹子夹紧。整套仪器应安装在同一个铁架台上。

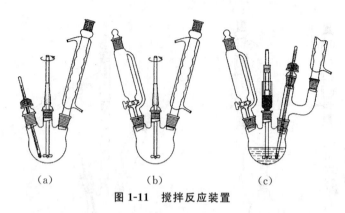

图 1-11 搅拌反应装置

以上介绍了部分有机化学实验常用的实验装置,还有一些实验装置将在相关实验中介绍。

在装配实验装置时,使用的玻璃仪器和配件应该是洁净干燥的。圆底烧瓶或三口烧瓶的大小应使反应物占烧瓶容量的 1/3 至 1/2,最多不超过 2/3。首先将烧瓶固定在合适的高度(下面可以放置煤气灯、电炉、热浴或冷浴),然后逐一安装冷凝管和其他的配件。需要加热的仪器,应夹住仪器受热最少的部位,如圆底烧瓶靠近瓶口处。冷凝管则应夹住其中央部位。

1.5　常用玻璃仪器的清洗和干燥

一、仪器的清洗

在进行实验时,为了避免杂质混入反应物中,必须用清洁的玻璃仪器。有机化学实验中最简单且常用的清洗玻璃仪器的方法是用长柄毛刷(试管刷)和去污粉刷洗器壁,直至玻璃表面的污物除去为止,最后再用自来水清洗。有时去污粉的微小粒子会黏附在玻璃器皿壁上,不易被水冲走,此时可用 2% 盐酸摇洗一次,再用自来水清洗。当仪器倒置时器壁不挂水珠,说明已洗净。

在某些实验中,当需要更洁净的仪器时,则可使用洗涤剂洗涤。用于精制产品或有机分析的仪器,还要用蒸馏水摇洗,以除去自来水冲洗时带入的杂质。

为了使清洗工作简便有效,最好在每次实验结束后,立即清洗使用过的仪器,因为污物的性质在当时是清楚的,容易用合适的方法除去。例如,已知瓶中残渣为碱性时,可用稀盐酸或稀硫酸溶解;反之,酸性残渣可用稀的氢氧化钠溶液除去。如已知残留物溶解于常用的有机溶剂中,可用适量的该溶剂处理。当不清洁的仪器放置一段时间后,往往由于挥发性溶剂的逸去,使洗涤工作变得更加困难。若用过的仪器中有焦油状物,则应先用纸或去污粉擦去大部分焦油状物,然后酌情用各种方法清洗。反对盲目使用各种化学试剂和有机溶剂来清洗仪器。这样不仅造成浪费,而且可能带来危险。

二、仪器的干燥

进行有机化学实验的玻璃仪器除需要洗净外,还需要干燥,仪器的干燥有时甚至是实验成败的关键。因此,每次实验完成后,都应该将仪器洗净并晾干,供下次实验使用,以节省时间。仪器的干燥方法有以下几种。

(1)晾干。先尽量倒净其中的水滴,然后使其晾干。

(2)烘干。用带鼓风机的电烘箱将仪器烘干,烘箱温度保持在100～120℃。注意:别让烘得很热的仪器骤然碰到冷水或冷的金属表面,以免炸裂。厚壁仪器,如量筒、吸滤瓶、冷凝管等,不宜在烘箱中烘干。分液漏斗和滴液漏斗在放进烘箱前,必须拔去盖子和旋塞,并擦去油脂。纸片、布条、橡皮筋等不能放进烘箱。

(3)吹干。用气流干燥器或电吹风将仪器吹干。

(4)用有机溶剂干燥。体积小的仪器急需干燥时,可采用此法。洗净的仪器先用少量酒精洗涤一次,再用少量丙酮洗涤,最后用压缩空气或电吹风(不必加热)将仪器吹干,并回收用过的溶剂。

1.6 实验预习、实验记录和实验报告的基本要求

学生在开始学习本课程时,必须认真地阅读本书第一部分内容,在完成每个实验时,必须做好实验预习、实验记录和实验报告。

一、实验预习

为了使实验能够达到预期的效果,在实验之前要做好充分的预习和准备工作。每个学生都必须准备一本实验记录本,并编上页码,不能用活页本或零星纸张代替。不准撕下记录本的任何一页。文字要简练明确,书写整齐,字迹清楚。写好实验记录是从事科学实验的一项重要训练。

以制备实验为例,预习提纲包括以下内容:

(1)实验目的。

(2)主反应和重要副反应的反应方程式。

(3)原料、产物和副产物的物理常数,原料用量(单位:g、mL 或 mol),计算理论产量。

(4)正确而清楚地画出装置图。

(5)用图表形式表示实验步骤,特别注意本实验的关键事项和实验安全。

(6)理论产量和产率的计算。

在进行一个合成实验时,通常并不是完全按照反应方程式所要求的比例投入各原料,而是增加某原料的用量。究竟过量使用哪一种物质,则要根据其价格是否低廉、反应完成后是否容易去除或回收、能否引起副反应等情况来决定。在计算时,首先要根据反应方程式找出哪一种原料的相对用量最少,以它为基准,产物的理论产量是假定这个作为基准的原料全部转变为产物时所得到的产量。由于有机反应常常不能进行完全,有副反应,以及操作中有损失,故产物的实际产量总比理论产量低。通常将实际产量与理论产量的百分比称为"产率"。产率的高低是评价一种实验方法以及考核实验者的重要指标。

二、实验记录

学生每人必须有一个实验记录本。进行实验时做到操作认真,观察仔细,并随时将测得的数据或观察到的实验现象记在记录本上,养成边实验边记录的好习惯。记录必须忠实详尽,不能弄虚作假。记录的内容包括实验的全部过程,如加入药品的数量,仪器装置,每一步操作的时间、内容和所观察到的现象(包括温度、颜色、体积或质量等数据)。记录要求实事求是,准确反映真实的情况,特别是当观察到的现象和预期的不同,以及操作步骤与教材规定的不一致时,要按照实际情况记录清楚,以便作为总结讨论的依据。其他各项,如实验过程中一些准备工作、现象解释、称量数据以及其他备忘事项等,可以记在备注栏内。应该牢记,实际记录的内容是原始资料,科学工作者必须重视。

三、实验报告

实验完成后应及时写出实验报告。实验报告是学生完成实验的一个重要步骤,通过实验报告,可以培养学生判断问题、分析问题和解决问题的能力。一份合格的实验报告应包括以下内容:

(1)实验名称。通常作为实验题目出现。

(2)实验目的和要求。简述该实验所要求达到的目的和要求。

(3)实验原理。简要介绍实验的基本原理、主要反应方程式及副反应方程式。

(4)实验所用的仪器、药品及装置。要写明所用仪器的型号、数量和规格以及试剂的名称和规格。

(5)主要试剂的物理常数。列出主要试剂的相对分子量、相对密度、熔点、沸点和溶解度等。

(6)仪器装置图。画出主要仪器装置图。

(7)实验内容和步骤。要求简明扼要,尽量用表格、框图和符号表示,不要全盘抄书。

(8)实验现象和数据的记录。在自己观察的基础上如实记录。

(9)结论和数据处理。化学现象的解释最好用化学反应方程式,如果是合成实验,要写明产物的特征和产量,并计算产率。

四、总结讨论

对实验中遇到的疑难问题提出自己的见解。分析产生误差的原因,对实验方法、教学方法、实验内容、实验装置等提出意见或建议,包括回答思考题。

实验报告格式示例

实验六　溴乙烷的制备

一、实验目的

(1)掌握由醇制备卤代烃的方法和原理。
(2)学习低沸点蒸馏的基本操作。
(3)巩固分液漏斗的使用方法。

二、实验原理

主反应：

$$2NaBr + H_2SO_4 \longrightarrow 2HBr + Na_2SO_4$$
$$C_2H_5OH + HBr \rightleftharpoons C_2H_5Br + H_2O$$

副反应：

$$2C_2H_5OH \xrightarrow{H_2SO_4} C_2H_5OC_2H_5 + H_2O$$
$$C_2H_5OH \xrightarrow{H_2SO_4} C_2H_4 + H_2O$$
$$2HBr + H_2SO_4 \longrightarrow Br_2 + SO_2 + 2H_2O$$

三、仪器与药品

仪器：100mL 圆底烧瓶，锥形瓶，烧杯，蒸馏头，直形冷凝管，分液漏斗，量筒，温度计。
药品：浓硫酸，溴化钠(无水)，95%乙醇，饱和亚硫酸氢钠溶液。

主要药品的用量及规格

名称	理论用量	实际用量	过量	理论产量
95%乙醇	0.126mol	10mL(8g,0.165mol)	31%	
溴化钠	0.126mol	13g(0.126mol)		
浓硫酸(96%)	0.126mol	18mL(0.32mol)	154%	
溴乙烷	0.126mol			13.7g

注：试剂用量为实验过程中的真实用量。

四、物理常数

名称	相对分子质量	熔点/℃	沸点/℃	相对密度	溶解度(g/100g 溶剂)
乙醇	46	78.4	78.4	0.7893	水中∞
溴化钠	103	1390	—	3.203	水中79.5(0℃)
溴乙烷	109	38.4	38.4	1.4239	水中1.06(0℃),醇中∞

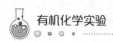

续表

名称	相对分子质量	熔点/℃	沸点/℃	相对密度	溶解度(g/100g 溶剂)
乙醚	74.12	34.5	34.6	0.71378	水中 7.5(20℃),醇中∞
乙烯	28.05	−169	−103.7	0.384	不溶
浓硫酸	98	338	340(分解)	1.384	水中∞

五、实验步骤与现象

时间	实验步骤	实验现象	备注
14:30	安装反应仪器		接收瓶中放 20mL 水,外用冷却水
14:45	在烧瓶中放 9mL 水,小心加入 180mL 浓硫酸,用水浴冷却	放热	
14:55	再加 10mL 95% 乙醇		
15:00	振荡下逐渐加 13g NaBr,同时用水浴冷却	固体成碎粒状,未溶	
15:10	加入几粒沸石,开始加热		
15:20		出现大量细泡沫	
15:25		冷凝管中有馏出液,乳白色油状物沉在水底	
16:15		固体消失	
16:25	停止加热	馏出液中已无油滴,烧瓶中残留物冷却成无色晶体	用试管盛少量水,试验为 $NaHSO_4$
16:30	用分液漏斗分出油层	油层(上层)变透明	油层 8mL
16:35	油层用冷水冷却,滴加 5mL 浓硫酸,振荡后静置,		
16:50	分去下层硫酸		
17:05	安装好蒸馏装置	38℃	接收瓶 53.0g
17:10	水浴加热,蒸馏油层	39.5℃	接收瓶+溴乙烷 63.0g
17:20	开始有馏出液		溴乙烷 10.0g
17:35	蒸馏完毕		

六、实验装置图

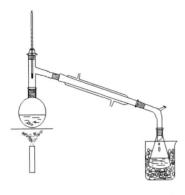

反应装置图

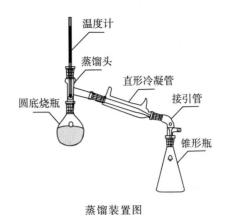

蒸馏装置图

七、产率计算

产品：溴乙烷，无色透明液体，沸程为 38～39.5℃，产量为 10g。

产率：因其他试剂过量，故理论产量应按溴化钠计算。0.126mol 溴化钠能产生 0.126mol（即 $0.126\text{mol} \times 109\text{g} \cdot \text{mol}^{-1} = 13.7\text{g}$）溴乙烷。

八、讨论

本次实验基本成功。加浓硫酸洗涤时发热，说明粗产品中乙醚、乙醇或水分过多。这可能是因为反应过程中加热太猛，使副反应增加；也可能是因为从水中分出粗产品时，夹带了一点水。溴乙烷沸点较低，用硫酸洗涤时，由于发热导致部分产品挥发损失，故操作技术有待熟练。

1.7 有机化学实验文献

有机化合物的物理常数是设计制备实验方案、确定分离提纯化合物方法的重要依据，也常常利用有机化合物的物理性质鉴别有机化合物。因此，熟练使用化学手册和有关参考书对学好有机化学实验是很重要的，尤其在开放实验教学中，显得格外重要。如查找实验用反应试剂的安全数据或获得产物的熔点、沸点等，都必须使用化学手册，做设计性实验和研究性实验就更离不开化学手册。能够熟练地使用手册和参考书，将会大幅度减少准备实验所花费的时间。这里，推荐几种有机化学实验最常用的手册。

《有机化学实验常用数据手册》(第三版)(吕俊民，1997)是针对有机化学实验而编写的。有机化学实验常遇到的"无机化合物的物理常数"和"有机化合物的物理常数"是该手册的重要部分，包括化合物名称(含英文)、化学式、相对分子质量、颜色和晶型、相对密度、熔点、沸点、折光率和在水、醇、醚中的溶解度以及条目来源。在常数表的前面有使用说明，后面有化学式索引。该手册的第二部分内容是与有机化学实验有关的热力学方面的数据，例如水的

饱和蒸气压、共沸混合物,盐在不同温度下的溶解度,无机化合物在有机溶剂中的溶解度,有机化合物的溶解度,溶液浓度与相对密度,水溶液的蒸气压,水溶液沸腾温度,水溶液凝固温度,有机酸碱的解离常数等。该手册的第三部分是关于物质的安全数据,如易燃物质的闪点和爆炸极限,空气中某些化学物质的允许浓度等。

《Handbook of Chemistry and Physics》是美国化学橡胶公司出版的有机化学实验参考图书,又称 CRC 手册。

《Merck Index》是另一本有机化学实验室常用的参考书,主要包括药物、天然化合物和一些常见有机化合物。

有机化合物信息的另一种来源是供应商的化学试剂目录,如各种版本的《化学试剂目录》《化工产品目录》,包括所供应的试剂、产品的物理化学性质及使用安全性等。

有机化合物信息还可来源于互联网,可到相关网站去查找化学资料。

第二部分　有机化学实验基本操作技术

2.1　加热与冷却

一、加热与热源

实验室常用的热源有煤气、酒精和电能。为了加速有机化学反应,往往需要加热,从加热方式来看有直接加热和间接加热。在有机实验室里一般不用直接加热,例如用电热板加热圆底烧瓶,会因受热不均匀而导致局部过热甚至破裂,所以,在实验室安全规则中规定,禁止用明火直接加热易燃的溶剂。

为了保证加热均匀,一般使用热浴间接加热,作为传热的介质有空气、水、有机液体、熔融的盐和金属。根据加热温度、升温速度等需要,常采用下列手段。

1. 水浴

对于低沸点的易燃物质,如乙醇、乙醚、丙酮等,或加热温度不超过100℃,可以选择用水浴锅进行水浴加热。加热温度在90℃以下时,可将盛物料的容器部分浸在水中(注意:勿使容器接触水浴底部),调节加热的速度,把水温控制在需要的范围内。如果需要加热到100℃,可用沸水浴,也可把容器放在水浴的环上,利用水蒸气来加热。由于水浴中的水不断蒸发,因此应适时添加热水,使水浴中的水面稍高于容器内的液面。如要停止加热,只要把水浴的热源断开,水即停止沸腾,容器的温度就会很快地下降。

如果加热温度稍高于100℃,则可选用适当的无机盐类饱和溶液作为热浴液,它们的沸点列于表2-1。

表2-1　某些无机盐作热浴液

盐类	饱和水溶液的沸点/℃
NaCl	109
$MgSO_4$	108
KNO_3	116
$CaCl_2$	180

2. 油浴

加热温度在100～250℃时,可以用油浴。油浴的优点在于温度容易控制在一定范围内,容器内的反应物受热均匀。容器内反应物的温度一般要比油浴温度低20℃左右。

常用的油类有液体石蜡、豆油、棉籽油、硬化油(如氢化棉籽油)等。新用的植物油加热到220℃时,往往有一部分成分因易分解而冒烟,所以加热以不超过200℃为宜;用久以后,可加热到220℃。液体石蜡可加热到220℃,硬化油可加热到250℃左右。

用油浴加热时,要特别当心,防止着火。当油的冒烟情况严重时,应立即停止加热。万一着火,也不要慌张,可先关闭热源,再移去周围易燃物,然后用石棉板盖住油浴口,火即可熄灭。油浴中应悬挂温度计,以便控制加热的温度。

加热完毕后,把容器提离油浴液面,仍用铁夹夹住,放在油浴上面。待附着在容器外壁上的油流完后,用纸或布把容器擦净。

3. 空气浴

空气浴是指通过热源把局部空气加热,空气再把热能传递给反应容器。电热套加热就是一种常见的空气浴加热方式,能从室温加热到300℃左右,圆底烧瓶或三口烧瓶用电加热套加热十分方便和安全。电热套的电阻丝是用玻璃布包裹着的,加热过度会使玻璃布熔化变硬,容易碎裂。不可让有机液体或酸、碱、盐溶液流到电加热套中,否则将造成电阻丝的短路或腐蚀,使电热套损坏。

4. 沙浴

沙浴的加热温度范围较宽,可加热到350℃。一般用铝或不锈钢盘装沙子,将容器半埋在沙子中。沙浴的缺点是沙子的传热性能较差,沙浴温度分布不均匀。容器底部的沙子要深些,四周的沙子要厚些,用温度计控制沙浴的温度,温度计水银球要紧靠容器。如果把沙盘放在带电加热板的电磁搅拌器上使用,很适合微量合成的各种加热过程。

除了以上介绍的几种加热方法外,还可用熔盐浴、金属浴(合金浴)、电热法等加热方法,以满足实验的需要。无论用何法加热,都要求加热均匀而稳定,尽量减少热损失。

二、冷却与冷却剂

在有机实验中,有时须采用一定的冷却剂进行冷却操作,在一定的低温条件下进行反应,分离提纯等。例如,某些反应要在特定的低温条件下进行,才利于有机物的生成,如重氮化反应一般在0~5℃进行;沸点很低的有机物,冷却时可减少损失;冷却可加速晶体的析出。根据不同的要求,选用适当的冷却剂冷却。

最简便的冷却方法是将盛有反应物的容器放在冷水浴中。如果要在低于室温的条件下进行反应,则可用水和碎冰的混合物作冷却剂,它的冷却效果要比单用冰块好,因为它能和容器更好地接触。如果水的存在并不妨碍反应的进行,则可以把碎冰直接投入反应物中,这样能更有效地保持低温。

如果需要把反应混合物保持在0℃以下,常用碎冰(或雪)和无机盐的混合物作冷却剂。在制备冰盐冷却剂时,应把盐研细,然后和碎冰(或雪)按一定比例均匀混合(混合比例参见表2-2)。

表2-2 常用的冰盐冷却剂

常用的盐	100份碎冰(或雪)中加入盐的质量份数	混合物能达到的最低温度/℃
NH_4Cl	25	−15
$NaNO_3$	50	−18

续表

常用的盐	100份碎冰(或雪)中加入盐的质量份数	混合物能达到的最低温度/℃
NaCl	33	−21
$CaCl_2 \cdot 6H_2O$	100	−29
$CaCl_2 \cdot 6H_2O$	143	−55

在实验室中,最常用的冷却剂是碎冰和食盐的混合物,它实际上能冷却到−18~−5℃的低温。用固体二氧化碳(俗称"干冰")和乙醇、乙醚或丙酮的混合物,可达到更低的温度(−78~−50℃)。

2.2 干燥与干燥剂

有机物干燥的方法大致有物理方法(不加干燥剂)和化学方法(加入干燥剂)2种。物理方法有吸收、分馏等,近年来应用分子筛来脱水。在实验室中常用化学干燥法,其特点是在有机液体中加入干燥剂,干燥剂与水起化学反应(例如:$Na + H_2O \rightarrow NaOH + H_2 \uparrow$)或与水结合生成水化物,从而除去有机液体所含的水分,达到干燥的目的。用这种方法干燥时,有机液体中所含的水分不能太多(一般在百分之几以下),否则,必须使用大量的干燥剂,同时,有机液体会因被干燥剂带走而造成较大的损失。

一、常用干燥剂

常用干燥剂的种类很多,选用时必须注意下列几点:①干燥剂与有机物应不发生任何化学变化,对有机物亦无催化作用。②干燥剂应不溶于有机液体中。③干燥剂的干燥速度快,吸水量大,价格便宜。

常用干燥剂有下列几种。

(1)无水氯化钙。无水氯化钙价廉、吸水量大,是最常用的干燥剂之一,与水化合可生成一、二、四或六水化合物(在30℃以下)。它只适于烃类、卤代烃、醚类等有机物的干燥,不适于醇、胺和某些醛、酮、酯等有机物的干燥,因为能与它们形成络合物。无水氯化钙也不宜用作酸(或酸性液体)的干燥剂。

(2)无水硫酸镁。无水硫酸镁是中性盐,不与有机物和酸性物质起反应,可作为各类有机物的干燥剂。它与水生成 $MgSO_4 \cdot 7H_2O$(48℃以下)。无水硫酸镁价较廉、吸水量大,可用于不能用无水氯化钙来干燥的许多化合物。

(3)无水硫酸钠。无水硫酸钠的用途和无水硫酸镁相似,价廉,但吸水能力和吸水速度都差一些,与水生成 $Na_2SO_4 \cdot 10H_2O$(37℃以下)。当有机物中水分较多时,常先用本品处理后,再用其他干燥剂处理。

(4)无水碳酸钾。无水碳酸钾的吸水能力一般,与水生成 $K_2CO_3 \cdot 2H_2O$,作用慢。无水碳酸钾可用于干燥醇、酯、酮、腈等中性有机物和生物碱等一般的有机碱性物质,但不适用于干燥酸、酚或其他酸性物质。

(5)金属钠。醚、烷烃等有机物用无水氯化钙或硫酸镁等处理后,若仍含有微量的水分,可加入金属钠(切成薄片或压成丝)除去水分。金属钠不宜用作醇、酯、酸、卤代烃、醛、酮及某些胺等能与碱起反应或易被还原的有机物的干燥剂。

各类有机物的常用干燥剂见表 2-3。

表 2-3　各类有机物的常用干燥剂

液态有机化合物	适用的干燥剂
醚类、烷烃、芳烃	$CaCl_2$、Na、P_2O_5
醇类	K_2CO_3、$MgSO_4$、Na_2SO_4、CaO
醛类	$MgSO_4$、Na_2SO_4
酮类	$MgSO_4$、Na_2SO_4、K_2CO_3
酸类	$MgSO_4$、Na_2SO_4
酯类	$MgSO_4$、Na_2SO_4、K_2CO_3
卤代烃	$CaCl_2$、$MgSO_4$、Na_2SO_4、P_2O_5
有机碱类(胺类)	$NaOH$、KOH

二、液体的干燥

液态有机化合物的干燥操作一般在干燥的锥形瓶中进行。把按照条件选定的干燥剂投入液体里,塞紧塞子(用金属钠作干燥剂时则例外,此时塞中应插入一个无水氯化钙管,使氢气放空而水汽不致进入),振荡片刻,静置,使所有的水分全被吸去。如果水分太多,或干燥剂用量太少,致使部分干燥剂溶解于水时,可将干燥剂滤出,用吸管吸出水层,再加入新的干燥剂,放置一定时间,将液体与干燥剂分离,进行蒸馏精制。

三、固体的干燥

重结晶得到的固体常带水分或有机溶剂,应根据化合物的性质选择适当的方法进行干燥。

(1)自然晾干。这是最简便、最经济的干燥方法。把要干燥的化合物先在滤纸上面压平,然后在一张滤纸上面薄薄地摊开,用另一张滤纸覆盖起来,在空气中慢慢地晾干。

(2)加热干燥。对于热稳定的固体可以放在烘箱内烘干,加热的温度不要超过该固体的熔点,以免固体变色和分解。

(3)红外线干燥。特点是穿透性强、干燥快。

(4)干燥器干燥。对于易吸湿或在较高温度干燥时会分解或变色的有机物,可用干燥器干燥。干燥器有普通干燥器和真空干燥器 2 种。

四、气体的干燥

在有机实验中,常用气体有 N_2、O_2、H_2、Cl_2、NH_3 和 CO_2,有时要求气体中含很少或几乎不含 CO_2、H_2O 等,因此,就需要对上述气体进行干燥。

干燥气体常用仪器有干燥管、干燥塔、U 形管、各种洗气瓶(常用来盛液体干燥剂)等。常用气体干燥剂列于表 2-4。

表 2-4　用于干燥气体的常用干燥剂

干燥剂	可干燥气体
CaO、碱石灰、NaOH、KOH	NH_3 类
无水 $CaCl_2$	H_2、HCl、CO_2、CO、SO_2、N_2、O_2、低级烷烃、醚、烯烃、卤代烃
P_2O_5	H_2、N_2、O_2、CO_2、SO_2、烷烃、C_2H_4
浓 H_2SO_4	H_2、N_2、HCl、CO_2、Cl_2、烷烃
$CaBr_2$、$ZnBr_2$	HBr

2.3　塞子的钻孔和简单玻璃加工操作

在有机化学实验中,特别是在制备实验中,如果使用普通玻璃仪器,常常要用到不同规格和形状的玻璃管和塞子等配件,才能将各种玻璃仪器正确地装配起来。因此,掌握玻璃管的加工和塞子的选用及钻孔的方法,是进行有机化学实验必不可少的基本操作,只有认真学会它,才能为顺利地进行有机化学实验打下必要的基础。

一、塞子的钻孔

有机化学实验常用的塞子有软木塞和橡皮塞 2 种。软木塞的优点是不易和有机化合物作用,但易漏气和易被酸碱腐蚀;橡皮塞虽然不漏气和不易被酸碱腐蚀,但易被有机物所侵蚀溶胀。究竟选用哪一种塞子,要根据具体情况而定。一般来说,用得比较多的是软木塞,因为在有机化学实验中接触的主要是有机化合物。不论使用哪一种塞子,塞子的选择和钻孔的操作都是必须掌握的。

1. 塞子的选择

选择一个大小合适的塞子,是使用塞子的起码要求。总的要求是塞子的大小应与仪器的口径相适合,塞子进入瓶颈或管颈的部分是塞子本身高度的 1/3～1/2,如图 2-1 所示。使用新的软木塞时,只要能塞入 1/3～1/2 就可以了,因为经过压塞机压紧、打孔后就有可能塞入 2/3 左右。

图 2-1　塞子的选择

2. 钻孔器的选择

钻孔用的工具叫"钻孔器"(也叫"打孔器")。这种钻孔器是靠手力钻孔的,也有把钻孔器固定在简单的机械上,借机械力来钻孔的,这种工具叫"打孔机"。每套钻孔器有 5～6 支直径不同的钻嘴,以供选择。

若在软木塞上钻孔,就应选用比欲插入的玻璃管等的外径稍小或接近的钻嘴。若在橡皮塞上钻孔,则要选用比欲插入的玻璃管的外径稍大的钻嘴,因为橡皮塞有弹性,钻成后会收缩,使孔径变小。总之,塞子孔径的大小应以能使欲插入的玻璃管紧密地贴合固定为度。

3. 钻孔的方法

软木塞在钻孔之前,需用压塞机压紧,防止在钻孔时塞子破裂。钻孔时把塞子小头的一端朝上,平放在桌面上的一块木板上,这块木板的作用是避免塞子被钻通、钻坏桌面。钻孔时,左手握紧塞子稳放在木板上,右手持钻孔器的柄,在选定的位置使劲地将钻孔器以顺时针的方向向下转动,使钻孔器垂直于塞子的平面,不能左右摇摆,更不能倾斜。等到钻至约塞子高度的一半时,按逆时针方向旋转,取出钻嘴,用钻杆通出钻嘴中的塞芯。然后在塞子大头的一面钻孔,要对准小头的孔位,以上述同样的操作钻孔至钻通。拔出钻嘴,通出钻嘴中的塞芯。

为了减少钻孔时的摩擦,特别是对橡皮塞钻孔时,可在钻嘴的刀口上涂一些甘油或水。钻孔后,要检查孔道是否合用,如果不费力就能把玻璃管插入,说明孔道过大,玻璃管和塞子之间不够紧密贴合,会漏气,不能用。若孔道略小或不光滑,可用圆锉修整。

二、简单玻璃加工操作

在有机化学实验中,有时需要自己动手加工制作一些玻璃用品,如滴管、搅拌棒及玻璃钉等。因此,应较熟练地掌握玻璃加工基本操作技能。

1. 玻璃管的截断和熔光

玻璃截断操作有2步:一是锉痕,二是折断。

锉痕的操作:把玻璃平放在桌子边缘上,用拇指按住要截断的地方附近,用三角锉刀棱边用力锉出一道凹痕,约占管周1/6。锉痕时只能向一个方向,即向前或向后锉去,不能来回拉锉。

折断的操作:两手分别握住凹痕的两边,凹痕向外,两个大拇指分别按住凹痕后面的两侧,用力急速轻轻一压带拉,折成两段。折断的玻璃管要进行熔光,即把玻璃管的截面呈45°倾斜放在酒精喷灯(或煤气灯)火焰的边缘上转动加热,直到玻璃管的锋利边缘熔烧圆滑为止(熔烧时间不能太长,以免玻璃管口收缩)。

图 2-2 玻璃管的折断

2. 玻璃管的弯曲

弯曲的操作:双手持玻璃管,手心向外,把需要弯曲的地方放在火焰上预热,然后在鱼尾焰中加热,宽约为5cm。在火焰中使玻璃管缓慢、均匀而不停地向同一个方向转动,至玻璃受热(变黄)即从火焰中取出,轻轻弯成所需要的角度。

有机化学实验中常用的玻璃弯管有 45°、75°、90°、135°等。容易出现的问题有弯曲部分变细了、扭曲了、瘪了等。为此,操作时要注意以下几点:

(1)加热部分要稍宽些,同时要不时转动,使其受热均匀。

(2)不能一面加热一面弯曲,一定要等玻璃管烧软后离开火焰再弯。弯曲时两手用力要均匀,不能有扭力、拉力和推力。

(3)玻璃管弯曲角度较大时,不能一次弯成,先弯曲一定角度,将加热中心部位稍偏离原中心部位,再加热弯曲,直至达到所要求的角度为止。

(4)弯曲好的玻璃弯管不能立即和冷的物件接触,要把它放在石棉网(板)上自然冷却。

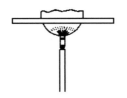 

图 2-3　玻璃管的弯曲

3. 玻璃管的拉细

两肘放在桌面上,两手拿着玻璃管两端,掌心相对,将玻璃管的中部放在火焰上加热,同时不停地向同一方向转动,使其受热均匀。加热时要保持玻璃管平直,待玻璃管变黄变软时,立即将玻璃管从火焰中取出,两肘仍然放在桌面上,两手平稳地沿水平方向做相反方向移动,开始时慢些,逐步加快,拉成内径约为 1mm 的毛细管。注意:在拉细的过程中要边拉边旋转。

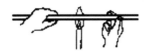 

图 2-4　玻璃管的拉细

图 2-5　拉细后的玻璃管

4. 玻璃搅拌棒的制备

玻璃搅拌棒是指装在电动搅拌头上的搅拌棒。这里介绍一种方法简单、搅拌效果又好的玻璃搅拌棒的制法。取一根一定长度的玻璃棒,在煤气灯火焰上将距一端约 2cm 处烧软后,先弯成 135°倾角,再将弯曲部分烧软后放在石棉网(板)上,用老虎钳等硬物压扁即可。

2.4 熔点测定和温度计的校正

熔点是有机物的重要物理常数之一。测定有机物的熔点可以帮助推断未知的有机物，对已知的有机物可以根据所测的熔点与文献值对照，判断其是否纯净。

一、基本原理

在一定温度和压力下，将某纯物质的固-液两相放于同一容器中，这时可能发生 3 种情况：固体熔化、液体固化、固-液两相并存。我们可以从该物质的蒸气压与温度关系图来理解在某一温度时，哪种情况占优势。图 2-6(a)所示是固体的蒸气压随温度的升高而增大的情况，图 2-6(b)所示是液体的蒸气压随温度变化的曲线，若将图 2-6(a)和图 2-6(b)两曲线加合，可得图 2-6(c)。可以看到，固相蒸气压随温度的变化速率比相应的液相大，最后两曲线相交于 M 点。在特定的温度和压力下，固-液两相并存时的温度 T_m 即为该物质的熔点。不同的化合物有不同的 T_m 值。当温度高于 T_m 时，固相全部转变为液相；当温度低于 T_m 时，液相全部转变为固相；只有固、液并存时，固相和液相的蒸气压才是一致的，这就是纯物质有固定而又敏锐熔点的原因。一旦温度超过 T_m（甚至只有几分之一摄氏度），若有足够的时间，固体就可以全部转变为液体。所以，要精确测定熔点，在接近熔点时，加热速度一定要慢。一般每分钟温度升高不能超过 1~2 ℃。只有这样，才能使熔化过程接近于平衡状态。

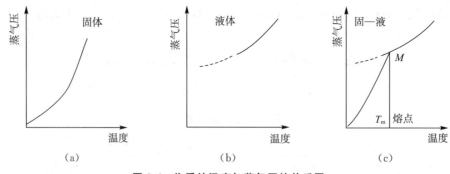

图 2-6　物质的温度与蒸气压的关系图

对于未知有机物，测得的熔点可以通过文献查阅判断可能为何种有机物。也可根据推测，选择出标准样品，与未知物混合（至少要按 1∶9、1∶1、9∶1 这 3 种比例混合），测量混合物的熔点。若熔点值不降低，则认为两化合物相同；若熔点值降低，熔程长，则认为两化合物不相同。对于已知有机物，通过测得的熔点和熔程可以判断其是否含有杂质，这是熔点测定最重要的应用。

测定熔点的方法主要有毛细管熔点测定法和数字显微熔点仪测定法。毛细管熔点测定法的测定装置包括温度计、毛细管、提勒管（Thiele 管）等，其特点是管内液体因温度差而发生对流，省去了人工搅拌的麻烦。

二、测定方法

1. 毛细管熔点测定法

(1)装样。取 0.1～0.2g 样品,放在干净的表面皿上,聚成小堆,将毛细管的开口插入样品堆中,使样品挤入管内,把开口一端向上竖立,轻敲管子,使样品落在管底。也可把装有样品的毛细管,通过一根(长约 40cm)直立于表面皿上的玻璃管,从玻璃管口上端掉到表面皿,重复几次,至样品的高度为 2～3mm 为止。样品要装得均匀、结实,如果有空隙,则不易传热,会影响结果。然后将熔点管用橡皮圈固定在温度计上,样品应靠在水银球中部,如图 2-7 所示。

(2)安装。向 Thiele 管中加入液体石蜡作为加热介质,直到支管上沿。在温度计上附着一支装好样品的毛细管,毛细管中样品与温度计水银球处于同一水平。将温度计带毛细管小心悬于 Thiele 管中,使温度计水银球在 Thiele 管的直管中部。

(3)测定。在 Thiele 管弯曲部位加热。当温度接近熔点时,减慢加热速度,每分钟升温 1℃ 左右,接近熔点温度时,每分钟升温约 0.2℃。观察并记录样品中形成第一滴液体时的温度(初熔温度)和样品完全变成澄清液体时的温度(终熔温度)。熔点测定应有至少两次平行测定的数据,每一次都必须用新的毛细管另装样品测定,而且必须等待液体石蜡冷却到低于此样品熔点 20～30℃ 时,才能进行下一次测定。对于未知样品,可用较快的加热速度先粗测一次,在很短的时间里测出大概的熔点。实际测定时,加热到粗测的熔点温度以下 10～15℃ 时,必须缓慢加热,使温度慢慢上升,这样才能测得准确熔点。

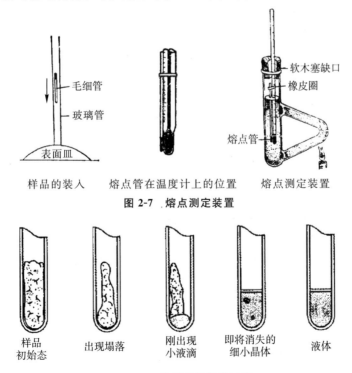

图 2-7 熔点测定装置

图 2-8 固体样品的熔化过程

2. 数字显微熔点仪测定法

用数字显微熔点仪测定熔点的特点是方便、准确、易于操作。以 WRS－1 数字显微熔点仪为例,该熔点仪采用光电检测、数字温度显示等技术,具有初熔、全熔自动显示等特点,可与记录仪配合使用,进行熔点曲线自动记录。该仪器采用集成化的电子线路,能快速达到设定的起始温度,并有六挡可供选择的线性升温、降温速率自动控制,初熔、全熔读数可自动贮存,无需监管。该熔点仪采用毛细管作为样品管。利用熔点仪测定乙酰苯胺和苯甲酸的熔点,操作方法如下:

(1)开启电源开关,稳定 20min。
(2)通过拨盘设定起始温度,再按起始温度按钮,输入此温度,此时预置灯亮。
(3)选择升温速度,把波段开关旋至所需位置。
(4)当预置灯熄灭时,插入装有样品的毛细管,此时初熔灯也熄灭。
(5)把电表调至零,按升温按钮,数分钟后初熔灯先亮,然后显示全熔读数。
(6)按初熔按钮,显示初熔读数,记录初熔和全熔温度。
(7)按降温按钮,使温度降至室温,最后切断电源。

三、温度计的校正

普通温度计的刻度是在温度计的水银线全部均匀受热的情况下刻出来的,但我们在测定温度时,常仅将温度计的一部分插入热液中,有一段水银线露在液面外,这样测定的温度当然会比温度计全部浸入液体中所得的结果稍为偏低。因此,要准确测定温度的话,就必须对外露的水银线造成的误差进行校正,这就是所谓的温度计的读数校正。此外,普通温度计常因其毛细管的不均匀或刻度不准确,加上在使用过程中,反复地受冷和冷却,亦会导致温度计零点的变动,而影响测定的结果,因此要进行校正。

1. 用标准温度计校正普通温度计刻度

把要校正的温度计和标准温度计并排放入液体石蜡或浓硫酸的浴液中,两支温度计的水银球要处于同一水平位置。加热浴液,并用玻璃棒不断搅拌,使浴液温度均匀,控制温度上升速度为 1~2℃/min(不宜过快)。每隔 5℃迅速而准确地记下两支温度计的读数,并计算出 Δt。

Δt＝被校正温度计的温度(t_2)－标准温度计的温度(t_1)

将所得读数记入下表中。

被校正温度计的温度[t_2]	50	55	60	65	70
标准温度计的温度[t_1]	50.6	55.5	60.3	64.7	69.8
Δt	－0.6	－0.5	－0.3	＋0.3	＋0.2

然后,用校正的温度计温度 t_2 对 Δt 作图,从图中便可得出被校正的温度计的正确温度误差值。

2. 用纯有机化合物的熔点校正温度计刻度

选择数种已知准确熔点的标准样品,见表 2-5。测定它们的熔点,以观察到的熔点(t_2)为纵坐标,以此熔点(t_2)与准确熔点(t_1)之差(Δt)为横坐标作图,从图中求得校正后的正确温度误差值。

表 2-5 一些有机化合物的熔点

样品名称	熔点/℃	样品名称	熔点/℃
水一冰	0	D-甘露醇	168
对二氯苯	53.1	对苯二酚	173～174
对二硝基苯	174	马尿酸	188～189
邻苯二酚	105	对羟基苯甲酸	214.5～215.5
苯甲酸	122.4	蒽	216.2～216.4
水杨酸	159		

实验 2-1　毛细管法测定尿素和萘的熔点

一、实验目的

(1) 了解熔点测定的原理和意义。
(2) 掌握毛细管法测定熔点的方法。

二、实验原理

见 2.4 熔点测定和温度计的校正中基本原理部分。

三、仪器与试剂

仪器：温度计，Thiele 管，毛细管，玻璃管，酒精灯，表面皿。
试剂：液体石蜡，尿素（熔点 132.7℃），萘（熔点 80.55℃）。

四、实验步骤

取干燥、研细的待测物样品放在表面皿上，将毛细管开口一端插入样品中，即有少量样品挤入熔点管中。然后取一只长玻璃管，垂直于桌面上，从玻璃管上口将毛细管开口向上放入玻璃管中，使其自由落下，将管中样品蹾实。重复操作，使所装样品高度为 2～3mm。

向 Thiele 管中加入液体石蜡（作为加热介质）直到支管之上。在温度计上附着一支装好样品的毛细管（用橡皮圈捆好贴实，橡皮圈不要浸入溶液中），毛细管中样品与温度计水银球处于同一水平。将温度计带毛细管放入 Thiele 管中，使温度计水银球的位置在 Thiele 管中部，如图 2-7 所示。

在 Thiele 管弯曲部位加热，载热体被加热后在管内呈对流循环，使温度变化比较均匀。在测定已知熔点的样品时，可先以较快速度加热，在距离熔点 15～20℃ 时，以 1～2℃/min 的速度升温。当接近熔点温度时，以 0.2～0.3℃/min 的速度升温，此时应特别注意温度的上升和毛细管中样品的变化情况。当毛细管中样品开始萎缩塌陷，有湿润现象，并出现小液滴时，表示样品已开始熔化（初熔），记下此刻的温度；继续微热至样品完全变成澄清透明液体(终熔),记下此刻的温度,该温度区间即为待测物的熔程。每个待测物平行测定两次(分别以萘和尿素为待测物进行实验)。

五、注意事项

(1)熔点管必须洁净。如含有灰尘等,可产生 4~10℃的误差。
(2)熔点管底端未封好会产生漏管。
(3)样品粉碎要细,填装要实,否则容易产生空隙,不易传热,造成熔程变大。
(4)样品不干燥或含有杂质,会使熔点偏低,熔程变大。
(5)样品量太少,不便观察,会造成熔点偏低;样品量太多,会造成熔程变大,熔点偏高。
(6)升温速度应缓慢,让热传导有充分的时间。升温速度过快,会造成熔点偏高。
(7)熔点测定应有至少两次平行测定的数据,每一次都必须用新的毛细管另装样品测定,而且必须等待液体石蜡冷却到低于此样品熔点 20~30℃时,才能进行下一次测定。

六、思考题

(1)测定熔点时产生误差的因素有哪些?
(2)毛细管法与数字显微熔点仪法测熔点的优缺点各是什么?
(3)两个样品的熔点相同,能否确定它们是同一种物质?
(4)测定熔点时,下列情况对实验结果有何影响?
①加热过快;②经样品中有杂质;③熔点管太厚;④熔点管不干净;⑤温度计未校正。
(5)若样品研磨的不细,对装样品有什么影响?用其测定有机物的熔点所得数据是否可靠?
(6)加热的快慢为什么会影响熔点测定?在什么情况下加热可以快一些?在什么情况下加热则要慢一些?
(7)是否可以使用第一次测定熔点时已经熔化了的有机化合物再做第二次熔点测定?为什么?

2.5 蒸馏和沸点的测定

液体有机化合物的纯化和分离、溶剂的回收经常采用蒸馏的方法来完成,常量法沸点的测定是通过蒸馏来完成的,测定液体有机化合物的沸点也是鉴定有机化合物纯度的一种方法。

一、基本原理

液体的分子由于分子运动有从表面逸出的倾向,这种倾向随着温度的升高而增大,进而在液面上部形成蒸气。当分子由液体逸出的速度与分子由蒸气回到液体中的速度相等时,液面上的蒸气达到饱和,称为"饱和蒸气",它对液面所施加的压力称为"饱和蒸气压"。实验证明,液体的蒸气压只与温度有关,即液体在一定温度下具有一定的蒸气压。当液体的蒸气压增大到与外界施于液面的总压力(通常是大气压力)相等时,就有大量气泡从液体内部逸出,即液体沸腾,这时的温度称为液体的"沸点"。

蒸馏操作是指将液体有机物加热到沸腾状态,使液体汽化变成蒸气,再将蒸气冷凝为液体的过程。通过蒸馏可以把挥发性物质和不挥发性物质分离开来,还可以将沸点不同的物质(沸点相差在30℃以上)加以分离。

在通常状况下,纯物质在一定压力下有确定的沸点。如果在蒸馏过程中,沸点发生变动,那就说明物质不纯。因此,可借蒸馏的方法来测定纯液体有机物的沸点及定性检验液体有机物的纯度。某些有机化合物往往能和其他组分形成二元或三元共沸混合物,它们也有一定的沸点。因此,不能认为沸点一定的物质都是纯物质。

纯液态物质在蒸馏过程中沸点范围很小(0.5~1.0℃),所以,可以利用蒸馏来测定沸点。用蒸馏法测定沸点叫"常量法",此法用量较大,要10mL以上,若样品不多时,可采用微量法。

二、蒸馏装置

蒸馏装置主要由气化、冷凝和接收三部分组成,如图2-9所示。

(1)蒸馏瓶。圆底烧瓶是蒸馏时最常用的容器。它与蒸馏头组合习惯上称为"蒸馏瓶"。圆底烧瓶的选用与被蒸液体的体积有关,通常装入液体的体积应为圆底烧瓶容积的1/3~2/3。如果装入的液体量过多,当加热到沸腾时,液体可能冲出,或者液体飞沫被蒸气带出,混入馏出液中;如果装入的液体量太少,在蒸馏结束时,相对会有较多的液体残留在瓶内蒸不出来。在蒸馏低沸点液体时,选用长颈蒸馏瓶;而在蒸馏高沸点液体时,则选用短颈蒸馏瓶。

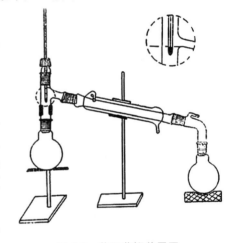

图2-9 普通蒸馏装置图

(2)温度计。温度计应根据被蒸馏液体的沸点来选,沸点低于100℃,可选用100℃温度计;沸点高于100℃,应选用250~300℃水银温度计。

(3)冷凝管。冷凝管可分为水冷凝管和空气冷凝管2类。水冷凝管用于沸点低于140℃的液体;空气冷凝管用于沸点高于140℃的液体。用套管式冷凝器时,套管中应通入自来水,自来水用橡皮管接到下端的进水口,而从上端出来,用橡皮管导入下水道。

(4)接引管和接收瓶。接引管将冷凝液导入接收瓶中。常压蒸馏选用锥形瓶为接收瓶,减压蒸馏选用圆底烧瓶为接收瓶。

蒸馏装置的装配方法:把温度计插入螺口接头中,螺口接头装配到蒸馏头上磨口。调整温度计的位置,使水银球在蒸馏时能完全被蒸气所包围,这样才能正确地测量出蒸气的温度。通常水银球的上端应恰好位于蒸馏头支管的底边所在的水平线上。在铁架台上,首先固定好圆底烧瓶的位置;装上蒸馏头,以后再装其他仪器时,不宜再调整蒸馏烧瓶的位置。在另一铁架台上,用铁夹夹住冷凝管的中上部,调整铁架台与铁夹的位置,使冷凝管的中心线和蒸馏头支管的中心线成一条直线。移动冷凝管,把蒸馏头的支管和冷凝管严密地连接起来;铁夹应调节到正好夹在冷凝管的中央部位,再装上接引管和接收瓶。总之,仪器的安

装顺序为自下而上,自左而右。拆除仪器与安装仪器的顺序相反。

三、蒸馏操作

蒸馏过程由加料、加热、收集馏出液和拆除蒸馏装置 4 个步骤组成。

(1)加料。做任何实验都应先组装仪器,再加料。取下螺口接头,将待蒸液体通过长颈漏斗倒入圆底烧瓶中,漏斗的下端须伸到蒸馏头支管的下面。加入 2～3 粒沸石,防止液体暴沸。当液体加热到沸点时,沸石能产生细小的气泡,成为沸腾中心,使液体保持平稳。如果事先忘了加入沸石,应停止加热,待冷却后加入,决不能在液体加热到近沸腾时补加,这样会引起剧烈的暴沸,使部分液体冲出瓶外,有时还易发生火灾。塞好带温度计的塞子,注意温度计的位置。再检查一次装置是否稳妥与严密。

(2)加热。接通冷凝水,引入水槽且放好热源。开始加热时,注意温度的变化,当液体沸腾,蒸气到达水银球部位时,温度计读数急剧上升。调节热源,让水银球上液滴和蒸气温度达到平衡,蒸馏速度以每秒 1～2 滴为宜。此时温度计读数就是馏出液的沸点。

(3)收集馏出液。准备两个接收瓶,一个接收前馏分,或称"馏头",另一个(需称重)接收所需馏分,并记下该馏分的沸程,即该馏分的第一滴和最后一滴时温度计的读数。

在所需馏分蒸出后,温度计读数会突然下降,此时应停止蒸馏。即使杂质很少,也不要蒸干,以免蒸馏瓶破裂及发生其他意外事故。

(4)拆除蒸馏装置。蒸馏完毕后,应先撤去热源,然后停止通水,最后拆除蒸馏装置(与安装顺序相反)。

整个蒸馏过程分为 3 个阶段。第一阶段,随着不断加热,蒸馏瓶内的混合液不断汽化,当液体的饱和蒸气压与施加给液体表面的外压相等时,液体便会沸腾。在蒸气未达到温度计水银球部位时,温度计读数不变。一旦水银球部位有液滴出现(说明体系正处于气-液平衡状态),温度计内水银柱会急剧上升,直至接近易挥发组分沸点,水银柱上升变缓慢,开始有液体被冷凝而流出。我们将这部分流出液称为"前馏分"。由于这部分液体的沸点低于要收集组分的沸点,因此,应作为杂质弃掉。有时被蒸馏的液体几乎没有馏头,应将蒸馏出来的前 1～2 滴液体作为冲洗仪器的馏头去掉,不要收集到馏分中去,以免影响产品的质量。

第二阶段,馏头蒸出后,温度稳定在沸程范围内,沸程范围越小,组分纯度越高。此时流出来的液体称为"馏分",这部分液体是所要的产品。随着馏分的蒸出,蒸馏瓶内混合液体的体积不断减少,直至温度超过沸程,即可停止接收。

第三阶段,如果混合液中只有一种组分需要收集,此时,蒸馏瓶内剩余液体应作为馏尾弃掉。如果是多组分蒸馏,第一组分蒸完后,温度上升至第二组分沸程前流出的液体,则既是第一组分的馏尾,又是第二组分的馏头,当温度稳定在第二组分沸程范围内时,即可接收第二组分。如果蒸馏瓶内液体很少时,温度会自然下降。此时,应停止蒸馏。无论进行何种蒸馏操作,蒸馏瓶内的液体都不能蒸干,以防蒸馏瓶过热或因有过氧化物存在而发生爆炸。

四、沸点的测定

沸点的测定有常量法和微量法 2 种。液体不纯,沸程则较宽,因此,不管用哪种方法来测定沸点,在测定之前必须先对液体进行纯化。

常量法测沸点用的是蒸馏装置,在操作上也与蒸馏相同。

微量法测沸点的装置如图 2-10 所示,沸点测定管的外管为内径 3mm、长 6~8cm 的一端封闭的小玻璃管;内管为内径 1mm、长 8cm 的一端封闭的毛细管。

测定方法:用吸管将 0.5mL 左右待测液加入外管,将内管(毛细管)开口一端插入外管底部,将外管固定在温度计上,放入热浴中,将热浴慢慢加热,使温度均匀上升,内管内气体受热膨胀,会有小气泡逸出。当加热到该液体的沸点时,将有一连串的小气泡不断逸出。停止加热,让热浴慢慢冷却。液体开始不冒气泡和气泡将要缩入内管时(外液面与内液面等高)的一瞬间,表示毛细管内的蒸气压与外界压力相等,此时的温度即为该液体的沸点。

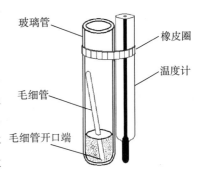

图 2-10 微量法沸点测定管

微量法测沸点应注意三点:加热不能过快,被测液体不宜太少,以防液体全部汽化;沸点内管里的空气要尽量赶干净,正式测定前,让沸点内管里有大量气泡冒出,以此带出空气;观察要仔细及时,并重复几次,其误差不得超过 1℃。

实验 2-2　工业酒精的蒸馏及沸点的测定

一、实验目的

(1) 了解蒸馏和测定沸点的意义。
(2) 掌握蒸馏常用仪器的正确使用方法,初步掌握蒸馏装置的装配和拆卸技能。
(3) 学会正确进行蒸馏操作。

二、实验原理

见 2.5 蒸馏和沸点的测定中基本原理部分。

三、仪器与试剂

仪器:100mL 圆底烧瓶,锥形瓶,蒸馏头,接引管,直形冷凝管,100℃温度计,电热套。
试剂:工业酒精,沸石,水。

四、实验步骤

向 100mL 圆底烧瓶中加入 30mL 工业酒精、10mL 水和 2~3 粒沸石,接通冷凝水,用电热套加热进行蒸馏,装置如图 2-9 所示。控制蒸馏速度为 1~2 滴/秒。分别收集 77℃以下、77~79℃的馏分。蒸馏过程中注意温度计计数的变化,若维持原来的加热速度,温度计的计数突然下降,即可停止蒸馏。称量 77~79℃的馏分,并计算回收率。

五、实验注意事项

(1) 蒸馏开始前一定要加入沸石,若中途补加沸石,一定要等液体冷后再加。

(2)如果维持原来的加热程度,不再有馏出液蒸出,温度突然下降时,就应停止蒸馏,即使杂质量很少,也不能蒸干。特别是蒸馏低沸点液体时,更要注意不能蒸干,否则易发生意外事故。

(3)蒸馏法只能提纯到95%乙醇,因为乙醇和水可形成恒沸化合物(沸点78.1℃)。若要制得无水乙醇,需用生石灰、金属钠或镁条法等化学方法。

(4)接通冷凝水应从下口入水、上口出水,方可达到最好的冷凝效果。

(5)加热速度不能太快,也不能太慢,控制蒸馏速度在1～2滴/秒。加热速度太快,会在圆底烧瓶中出现过热现象,使温度计读数偏高;加热速度太慢,温度及水银球周围蒸气会短时中断,使温度计读数偏低或不规则。

六、思考题

(1)蒸馏时,为什么蒸馏瓶所盛液体的量不应超过其容积的2/3,也不应少于1/3?

(2)蒸馏时加入沸石的作用是什么?如果蒸馏前忘记加入沸石,能否立即将沸石加至将近沸腾的液体中?当重新进行蒸馏时,用过的沸石能否继续使用?

(3)为什么蒸馏时最好控制蒸馏速度为1～2滴/秒?蒸馏时加热的快慢对实验结果有何影响?为什么?

(4)如果液体具有恒定的沸点,那么能否认为它是单纯物质?

2.6 减压蒸馏

很多有机化合物,特别是高沸点的有机化合物,在常压下蒸馏往往发生分解、氧化或聚合反应。在这种情况下,最好采用减压蒸馏方法进行分离和纯化。

一、基本原理

液体的沸点是指液体的蒸气压等于外界压力时的温度,因此,液体的沸点是随外界压力的变化而变化的。从另一个角度来看,由于液体表面分子逸出所需的能量随外界压力的降低而减少,因此,降低蒸馏体系的压力,则液体的沸点下降。在减压下的蒸馏操作称为"减压蒸馏"或"真空蒸馏"。一般的高沸点有机化合物,当压力降低到20mmHg时,沸点比常压沸点要低100～120℃。可利用图2-11所示沸点－压力的经验计算图,近似地找出

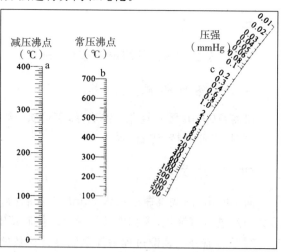

图2-11 沸点－压力的经验计算图

高沸点物质在不同压力下的沸点。例如,水杨酸乙酯常压下的沸点为234℃,现欲找其在20mmHg的沸点,可在图2-11的b线上找出相当于234℃的点,将此点与c线上20mmHg

处的点连成一直线,把此线延长与 a 线相交,其交点所示的温度就是水杨酸乙酯在 20mmHg 时的沸点,约为 118℃。

二、减压蒸馏装置

减压蒸馏装置主要由蒸馏、抽气(减压)、安全保护和测压 4 个部分组成。简单的减压蒸馏装置如图 2-12 所示。

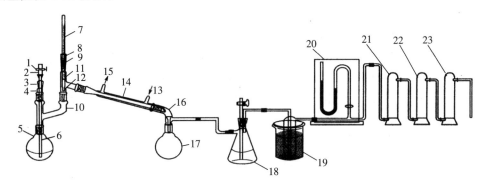

1.旋夹 2.乳胶管 3.单孔塞 4.套管 5.圆底烧瓶 6.毛细管 7.温度计 8.单孔塞 9.套管
10.Y形管 11.蒸馏头 12.水银球 13.进水 14.直形冷凝管 15.出水 16.真空接引管 17.接收瓶
18.安全瓶 19.冷阱 20.压力计 21.无水氯化钙塔 22.氢氧化钠塔 23.石蜡块塔

图 2-12 减压蒸馏装置

蒸馏部分由蒸馏瓶、克氏蒸馏头、毛细管、温度计及冷凝管、接收器等组成。蒸馏烧瓶内蒸馏的液体占其容量的 1/3~1/2,不可超过 1/2。克氏蒸馏头可减少由于液体暴沸而溅入冷凝管的可能性。毛细管的作用则是导入空气,不断形成小气泡并作为气化中心,使蒸馏平稳,避免液体过热而产生暴沸冲出现象,这对减压蒸馏是非常重要的。毛细管口距瓶底 1~2mm,为了控制毛细管的进气量,可在毛细玻璃管上口套一段软橡皮管,橡皮管中插入一段细铁丝,并用螺旋夹夹住。蒸出液接收部分(图 2-12 中 16 和 17)通常用多尾接液管连接 2 个或 3 个厚壁梨形或圆形烧瓶。在接收不同馏分时,只需转动接液管,使不同的馏分流入指定的接收器中,而不中断蒸馏。在减压蒸馏系统中,切勿使用有裂缝或薄壁的玻璃仪器,尤其不能用不耐压的平底瓶(如锥形瓶、平底烧瓶等),以防止内向爆炸。

抽气部分用减压泵,最常见的减压泵有水泵和油泵 2 种。

安全保护部分一般有安全瓶,安全瓶的作用是使仪器装置内不发生太突然的变化以及防止泵油的倒吸。若使用油泵,则要注意油泵的防护保养,不使有机物质、水、酸等的蒸气侵入油泵内。易挥发有机物质的蒸气被泵油吸收,会染污泵油,严重降低泵的效率;水蒸气凝结在油泵里,会使油乳化,也会降低油泵的效率;酸会腐蚀油泵。因此,用油泵进行减压蒸馏时,在接收器和油泵之间,应顺次装上冷阱和分别装有粒状氢氧化钠、块状石蜡、硅胶或无水氯化钙等的吸收干燥塔,以除去低沸点溶剂、酸和水汽,防止其进入油泵。其中,冷阱可放在广口的保温瓶内,用冰-盐或干冰-丙酮冷却剂冷却。

一般在油泵减压蒸馏前,必须在常压或水泵减压下,蒸除所含低沸点液体、水以及酸性和碱性气体。测压部分采用测压计,常用的测压计为 U 形水银压力计。

三、减压蒸馏操作

为使系统的密闭性良好,磨口仪器的所有接口部分都必须用真空油脂润涂好。检查仪器不漏气后,加入待蒸的液体,加入量不要超过蒸馏瓶的一半。仪器安装好后,先检查装置的气密性及装置能减压到何种程度。方法是:关闭毛细管,减压至压力稳定后,观察系统的真空度是否能达到要求;然后夹住连接系统的橡皮管,观察压力计水银柱有无变化,无变化说明不漏气,有变化说明漏气。

若整套系统符合要求,则关好安全瓶上的活塞,开动油泵,调节毛细管导入的空气量,以能冒出一连串小气泡为宜。小气泡作为液体沸腾汽化中心,同时又起一定的搅拌作用,可防止液体暴沸,使沸腾保持平稳。当压力稳定后,开始加热。液体沸腾后,应注意控制温度,并观察沸点变化情况。待沸点稳定时,转动多尾接液管接收馏分,蒸馏速度以 0.5~1.0 滴 1 秒为宜。

在蒸馏过程中,应注意水银压力计的读数,记录时间、压力、液体沸点、油浴温度和馏出液流出速度等数据。蒸馏完毕后,除去热源,慢慢旋开夹在毛细管的橡皮管上的螺旋夹。待蒸馏瓶稍冷后,再慢慢开启安全瓶上的活塞,平衡内外压力(注意:这一操作须特别小心,一定要慢慢地旋开旋塞,使压力计中的水银柱慢慢地恢复到原状,如果引入空气太快,水银柱会很快地上升,有冲破 U 形管压力计的可能),然后关闭抽气泵。

四、注意事项

(1) 用毛细管可起气化中心的作用,用沸石起不到此作用。对于易潮解或易氧化的物质,可在抽气减压后从毛细管通入高纯度的氮气,再抽气减压,如此反复几次,赶走装置内的空气,然后持续从毛细管通入氮气。

(2) 减压蒸馏操作一般要求先用水泵减压蒸除低沸点的有机溶剂和易挥发的酸性气体,再用油泵减压蒸馏收集目标馏分,这样可更好地保护油泵,并防止蒸馏的混合物在减压时暴沸冲出;并可直接加一个干冰-丙酮冷阱保护油泵,而不需要加石蜡块塔、无水氯化钙塔和氢氧化钠塔,从而获得较高的真空度。

(3) 减压蒸馏前先抽真空,待真空稳定后再慢慢升温。

(4) 冷阱要及时清理,最好每次使用后都清洗干净并烘干。注意油泵的保养,油泵要经常换油。

实验 2-3 减压蒸馏

一、实验目的

(1) 了解减压蒸馏的原理。
(2) 掌握减压蒸馏的操作技术和方法。

二、实验原理

见 2.6 减压蒸馏中基本原理部分。

三、仪器与试剂

仪器:100mL 圆底烧瓶,克氏蒸馏头,毛细管,直形冷凝管,真空接引管,接收器,200℃温度计,油浴或可调电加热套,测压计,安全瓶,铁架台,铁夹。

试剂:工业级正丁醇,苯甲醛。

四、实验步骤

1. 实验装置

按图 2-12 所示安装减压蒸馏装置。

2. 减压操作

(1)量取 40mL 待纯化的正丁醇(或苯甲醛),装入圆底烧瓶中。毛细管应在液面下,距烧瓶底部 1~2mm。毛细管上端有一段带螺旋夹的橡皮管,螺旋夹用来调节空气的进入量。实验时使空气进入液体呈微小气泡冒出,作为液体沸腾的气化中心,可使减压蒸馏平稳进行。

在启动减压泵(油泵或水泵)之前,检查各接头是否漏气,然后拧紧螺旋夹,打开安全瓶上的活塞。

(2)开启减压泵,调节毛细管上的螺旋夹,使液体中有连续平稳的小气泡通过。同时调节好安全瓶上的活塞,以符合所需要的压力。

(3)开始加热,使烧瓶内液体平稳沸腾。当冷凝管中有液体流出时,控制好温度,以 1~2 滴/秒的速度馏出。如果使用的是多头接引管,则转动此接引管,即可分别收集不同的馏分。在整个蒸馏过程中,注意温度计和压力计的读数,并及时用活塞或螺旋夹调节,使压力保持相对稳定。在 101.325kPa 下,纯正丁醇的沸点为 117.7℃,纯苯甲醛的沸点为 179.5℃。

(4)当烧瓶内待蒸馏的液体的体积约为原体积的 1/4 时,即可停止加热。移去热源,待稍冷却后,调节毛细管上的螺旋夹,缓慢打开安全瓶上的二通活塞,使压力计中的汞柱缓缓地恢复原状(若速度过快,汞柱会急速上升,有冲出压力计的危险),让系统与大气相通。当瓶内压力与外界压力相同时,关闭减压泵,小心拆卸仪器,并清洗所用玻璃仪器。

(5)量取减压蒸馏收集到的纯液体(正丁醇或苯甲醛)的体积或称量其质量,计算回收率。

回收率 = 收集到的液体质量(或体积)/未蒸馏时的液体质量(或体积)×100%

五、思考题

(1)在减压蒸馏操作中,必须先抽真空,再进行加热,原因何在?
(2)毛细管在减压蒸馏中的作用是什么?减压蒸馏用的圆底烧瓶中还需要加沸石吗?
(3)减压蒸馏已收集完所需的馏分后,停止减压蒸馏的操作顺序是什么?为什么?

2.7 水蒸气蒸馏

水蒸气蒸馏是指将水蒸气通入不溶或难溶于水,但有一定挥发性的有机物质中,使该有机物和水形成共沸混合物,并在低于100℃的温度下一起蒸馏出来的过程。这种方法的优点是蒸馏时的沸点总是低于水的沸点100℃,馏出液中的有机物由于与水不相混溶而易分层析出。

水蒸气蒸馏是分离和纯化有机物的常用方法,尤其是在反应产物中有大量树脂状杂质的情况下,分离和纯化的效果较一般蒸馏或重结晶好。使用这种方法时,被提纯物质应该具备下列条件:不溶或难溶于水;在沸腾下与水长时间共存而不起化学变化;在100℃左右时必须具有一定的蒸气压(一般不小于1.33 kPa)。

水蒸气蒸馏常用于下列几种情况:在沸点附近易发生分解的物质;混合物中含有大量树脂状杂质或不挥发性杂质,采用蒸馏、萃取等方法都难以分离;从较多固体反应物中分离出被吸附的液体。

一、基本原理

当水和不(或难)溶于水的化合物一起存在时,根据道尔顿分压定律,整个体系的蒸气压力应为各组分蒸气压之和,即

$$P = P_A + P_B$$

式中,P 为总蒸气压,P_A 为水的蒸气压,P_B 为不溶于水的化合物的蒸气压。当混合物中各组分的蒸气压总和等于外界大气压时,混合物开始沸腾,这时的温度即为它们的沸点,所以混合物的沸点比其中任何一组分的沸点都要低些。因此,在常压下应用水蒸气蒸馏时,能在低于100℃的情况下将高沸点组分与水一起蒸出来。蒸馏时混合物的沸点保持不变,直到其中一组分几乎全部蒸出为止。混合物蒸气压中各气体分压之比(P_A/P_B)等于它们的物质的量之比,即

$$\frac{n_A}{n_B} = \frac{P_A}{P_B}$$

式中,n_A 为蒸气中含有 A 的物质的量,n_B 为蒸气中含有 B 的物质的量。而

$$n_A = \frac{m_A}{M_A} \qquad n_B = \frac{m_B}{M_B}$$

式中,m_A,m_B 为 A,B 在容器中蒸气的质量;M_A,M_B 为 A,B 的摩尔质量。因此

$$\frac{m_A}{m_B} = \frac{M_A n_A}{M_B n_B} = \frac{M_A P_A}{M_B P_B}$$

两种物质在馏出液中的相对质量(也就是在蒸气中的相对质量)与它们的蒸气压和摩尔质量成正比。以溴苯为例,溴苯的沸点为156.12℃,常压下与水形成的混合物在95.5℃时沸腾,此时水的蒸气压为86.1kPa(646mmHg),溴苯的蒸气压为15.2kPa(114mmHg)。总蒸气压=86.1kPa+15.2kPa = 101.3kPa(760mmHg)。因此,混合物在95.5℃沸腾,馏出液中两物质的质量比为

$$\frac{m_{水}}{m_{溴苯}} = \frac{18 \times 86.1}{157 \times 15.24} = \frac{6.5}{10}$$

也就是说,馏出液中有水 6.5g,溴苯 10g,溴苯占馏出物的 61%。这是理论值,实际蒸出的水量要多一些。因为上述关系式只适用于不溶于水的化合物,但在水中完全不溶的化合物是没有的,所以这种计算的结果只是个近似值。又如,苯胺和水在 98.5℃时蒸气压分别为 5.7kPa(43mmHg)和 95.5kPa(717mmHg),根据计算得到馏出液中苯胺的含量应占 23%,但实际得到的较低,主要是由苯胺微溶于水所引起的。应用过热水蒸气蒸馏可以提高馏出液中化合物的含量。例如,对苯甲醛(沸点 178℃)进行水蒸气蒸馏,在 97.9℃沸腾[这时 P_A = 93.7kPa(703.5mmHg),P_B = 7.5kPa(56.5mmHg)],馏出液中苯甲醛占 32.1%;若导入 133℃过热水蒸气,这时苯甲醛的蒸气压可达 29.3kPa(220mmHg),因而水的蒸气压只要达 71.9kPa(540mmHg)就可使体系沸腾。因此

$$\frac{m_A}{m_B} = \frac{71.9 \times 18}{29.3 \times 106} = \frac{41.7}{100}$$

这样馏出液中苯甲醛的含量提高到了 70.6%。操作中蒸馏瓶应放在比蒸气温度高约 10℃的热浴中。

在实际操作中,过热水蒸气还应用于 100℃时仅具有 0.133~0.666kPa(1~5mmHg)蒸气压的化合物的蒸馏。例如,在分离苯酚的硝化产物中,邻硝基苯酚可用水蒸气蒸馏出来,在蒸馏完邻位异构体以后,再提高水蒸气温度,就可以蒸馏出对位产物。

二、实验装置

常用的水蒸气蒸馏装置如图 2-13 所示,它包括蒸馏装置、水蒸气发生器、冷凝器和接收器 4 个部分。

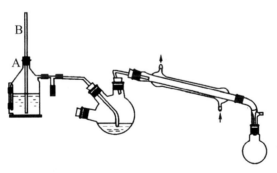

图 2-13 水蒸气蒸馏装置

在水蒸气蒸馏装置图中,A 是水蒸气发生器,通常盛水量以其容积的 2/3 为宜,如果太满,沸腾时水将冲至烧瓶。安全玻璃管 B 几乎插到发生器 A 的底部,当容器内气压太大时,水可沿着玻璃管上升,以调节内压。如果系统发生阻塞,水便会从管的上口喷出。此时应检查导管是否被阻塞。

水蒸气导出管与蒸馏部分导管之间由 T 形管相连接,T 形管用来除去水蒸气中冷凝下来的水;有时在操作发生不正常的情况下,可使水蒸气发生器与大气相通。蒸馏的液体量不能超过其容积的 1/3。水蒸气导入管应正对烧瓶底中央,距瓶底 8~10mm,导出管连接在直

形冷凝管上。

三、水蒸气蒸馏操作

在水蒸气发生器中,加入约占容器体积 2/3 的水,待检查整个装置不漏气后,旋开 T 形管的螺旋夹,加热至沸。当有大量水蒸气产生并从 T 形管的支管冲出时,立即旋紧螺旋夹,水蒸气便进入蒸馏部分,开始蒸馏。在蒸馏过程中,通过水蒸气发生器安全管中水面的高低,可以判断水蒸气蒸馏系统是否畅通。若水平面上升很高,则说明某一部分已被阻塞,这时应立即旋开螺旋夹,移去热源,拆下装置进行检查(通常是由于水蒸气导入管被树脂状物质或焦油状物堵塞)和处理。如由于水蒸气的冷凝而使蒸馏瓶内液体量增加,可适当加热蒸馏瓶。但要控制蒸馏速度,以 2~3 滴/秒为宜,以免发生意外。

当馏出液无明显油珠、澄清透明时,便可停止蒸馏。其顺序是先旋开螺旋夹,然后移去热源,否则可能发生倒吸现象。

四、注意事项

(1)要注意水蒸气发生器的液面和安全管中的水位变化。若水蒸气发生器中的水蒸发将尽,应暂停蒸馏,取下安全管,加水后重新开始蒸馏;若安全管中水位迅速上升,说明蒸馏装置的某一部位发生了堵塞,应停止蒸馏,待疏通后重新开始。

(2)需暂停蒸馏时,应先打开螺旋夹,再移开热源。重新开始时,应先加热水蒸气发生器至水沸腾,当 T 形管开口处有蒸气冲出时,再夹上螺旋夹。

(3)要控制好加热速度和冷却水流速,使蒸气在冷凝管中完全冷却下来。当蒸馏物为较高熔点的有机物时,常在冷凝管中析出固体。此时,应调小(或者暂时关掉)冷却水,使蒸气熔化固体并让有机物流入接收瓶中。当重新开通冷却水时,要缓慢小心,防止冷凝管因骤冷而破裂。

(4)若蒸馏瓶中积水过多,可隔石棉网加热,赶出部分水。

实验 2-4 水蒸气蒸馏

一、实验目的

(1)了解水蒸气蒸馏的原理。
(2)掌握水蒸气蒸馏的操作技术和方法。

二、实验原理

见 2.7 水蒸气蒸馏中基本原理部分。

三、仪器与试剂

仪器:500mL 圆底蒸馏烧瓶,500mL 长颈圆底烧瓶,直形冷凝管,接引管,锥形瓶,T 形管,玻璃安全管,分液漏斗,铁架台,铁夹。

试剂:粗品松节油,邻硝基苯酚,对硝基苯酚,无水氯化钙。

四、实验步骤

1. 实验装置

按图2-13所示安装水蒸气蒸馏装置。圆底蒸馏烧瓶作为水蒸气发生器,一般盛水量为其容积的1/2～2/3,瓶塞上插入一个长的玻璃管作为安全管。此管的下端接近烧瓶的底部,当容器内气压太大时,水可沿安全管上升,以调节内压。水蒸气导管插到长颈圆底烧瓶近底处。长颈圆底烧瓶向水蒸气发生器倾斜45°,以防通入水蒸气时飞溅起来的泡沫随蒸气进入冷凝管。

2. 实验操作

(1)粗品松节油的水蒸气蒸馏。

①向水蒸气发生器中加水,加水量为其容积的1/2～2/3,然后置于热源上。向长颈圆底烧瓶中加入150 mL粗品松节油,不超过长颈圆底烧瓶容量的1/3。检查装置中各部分是否连接好,放松与T形管相连的胶管上的螺旋夹,并向冷凝管通入冷凝水。

②加热圆底蒸馏烧瓶,待水沸腾后,将T形管胶管上的螺旋夹夹紧,使水蒸气均匀地进入长颈圆底烧瓶中。随着长颈圆底烧瓶的温度上升,水蒸气及松节油气体即进入冷凝管。调节蒸馏速度,以2～3滴/秒的速度滴入收集瓶中。

③在整个水蒸气蒸馏过程中,保证蒸馏烧瓶中的水不少于其容积的1/4。在操作中,如果发生不正常现象,应立刻打开T形管胶管上的螺旋夹,使之与大气相通。

④如观察到收集瓶中滴入的冷凝液无油珠且澄清透明时,表明松节油已全部蒸出。此时打开螺旋夹,使之与大气相通,然后停止加热,稍冷却后,停止通冷凝水。

⑤用分液漏斗除去收集液中的水层,将油层放入一只洁净的锥形瓶中,放入少量的无水氯化钙,吸收其中的水分,过滤除去氯化钙,即得到清澈透明的松节油。

⑥计算松节油的回收率。

回收率＝收集到的液体质量(或体积)/蒸馏前的液体质量(或体积)×100%

(2)邻硝基苯酚和对硝基苯酚混合物中邻硝基苯酚含量的测定。按同上方法安装水蒸气蒸馏装置,向长颈圆底烧瓶中加入邻硝基苯酚和对硝基苯酚混合物9g。邻硝基苯酚可以通过水蒸气蒸馏的方法随水蒸气一起蒸馏出来,对硝基苯酚则留在长颈圆底烧瓶中。

从冷凝管中流出的邻硝基苯酚呈黄色油滴状,馏出液冷却后,邻硝基苯酚迅速凝结成黄色固体。纯邻硝基苯酚的熔点为45.3～45.7 ℃。收集固体并称重,计算邻硝基苯酚的含量。

邻硝基苯酚含量 ＝ 邻硝基苯酚的质量/混合物的质量×100%

五、思考题

(1)什么样的物质适用于水蒸气蒸馏?水蒸气蒸馏有何限制条件?

(2)水蒸气蒸馏装置中的安全管及T形管胶管上的螺旋夹起什么作用?在蒸馏过程中发生不正常现象时该怎么办?

(3)简述水蒸气蒸馏的操作程序。

2.8 简单分馏

简单分馏主要用于分离两种或两种以上沸点相近且混溶的有机溶液。分馏在实验室和工业生产中广泛应用,工业上常称为"精馏"。

一、分馏原理

简单蒸馏只能使液体混合物得到初步的分离。为了获得高纯度的产品,理论上采用多次部分汽化和多次部分冷凝的方法,即将简单蒸馏得到的馏出液,再次部分汽化和冷凝,以得到纯度更高的馏出液。将简单蒸馏剩余的混合液再次部分汽化,则得到易挥发组分含量更低、难挥发组分含量更高的混合液。只要上面这一过程重复足够多的次数,就可以将两种沸点相近溶液分离成纯度很高的易挥发组分和难挥发组分的两种产品。简言之,分馏即为反复多次的简单蒸馏。在实验室常采用分馏柱来实现分馏,而工业上则采用精馏塔进行分馏。

分馏是分离提纯沸点相近的有机化合物的一种重要方法,目前最精密的分馏设备已能将沸点相差仅 1~2℃ 的混合物分开。分馏柱的作用是增加蒸气在到达冷凝管前与冷凝液的接触时间,以增加蒸馏次数,提高分馏效率。分馏柱的分离效率取决于回流液体和上升蒸气的接触面积及柱高和种类。接触面积越大,分馏柱越高,则分离效果越好。但分馏柱又不能太高,否则会导致分馏速度太慢。通常在分馏柱中装入具有较大表面积的填充物,以增加回流液体与上升蒸气的接触面积。实验室中常用的分馏柱如图 2-14 所示。

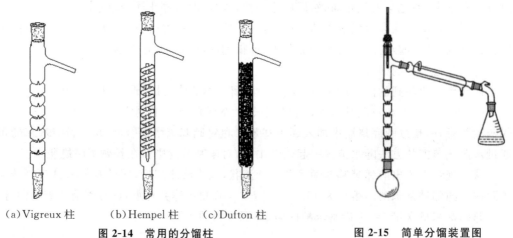

(a) Vigreux 柱　　(b) Hempel 柱　　(c) Dufton 柱

图 2-14　常用的分馏柱　　　　图 2-15　简单分馏装置图

二、分馏装置

分馏装置与简单蒸馏装置类似,不同之处是在蒸馏瓶与蒸馏头之间加了一根分馏柱,如图 2-15 所示。分馏柱的种类很多,实验室常用韦氏分馏柱。半微量实验一般用填料柱,即在一根玻璃管内填上惰性材料,如玻璃、陶瓷或螺旋形、马鞍形等各种形状的金属小片。

三、分馏过程及操作要点

当液体混合物沸腾时,混合物蒸气进入分馏柱(可以是填料塔,也可以是板式塔),蒸气沿柱身上升,通过柱身进行热交换,在塔内进行多次的冷凝－汽化－再冷凝－再汽化过程,以保证达到柱顶的蒸气为纯的易挥发组分,而蒸馏瓶中的液体为难挥发组分,从而高效率地将混合物分离。分馏柱沿柱身存在着动态平衡,不同高度段存在着温度梯度,此过程是一个热和质的传递过程。

为了得到良好的分馏效果,应注意以下几点:

(1) 在分馏过程中,不论使用哪种分馏柱,都应防止回流液体在柱内聚集,否则会减少液体和蒸气的接触面积,或者上升的蒸气将液体冲入冷凝管中,达不到分馏的目的。为了避免这种情况的发生,需在分馏柱外面包上一定厚度的保温材料,以保证柱内具有一定的温度,防止蒸气在柱内冷凝太快。当使用填充柱时,往往由于填料装得太紧或不均匀,造成柱内液体聚集,这时需要重新装柱。

(2) 对分馏来说,在柱内保持一定的温度梯度是极为重要的。在理想情况下,柱温度与蒸馏瓶内液体沸腾时的温度接近。柱内温度自下而上不断降低,直至柱顶接近易挥发组分的沸点。一般情况下,柱内温度梯度的保持是通过调节馏出液速度来实现的,若加热速度快,则蒸出速度也快,会使柱内温度梯度变小,影响分离效果。若加热速度慢,则蒸出速度也慢,则会使柱身被流下来的冷凝液阻塞,这种现象称为"液泛"。为了避免上述情况出现,可以通过控制回流比来实现。所谓"回流比",是指冷凝液流回蒸馏瓶的速度与柱顶馏出液通过冷凝管流出的速度的比值。回流比越大,分离效果越好。回流比的大小根据物系和操作情况而定,一般回流比控制在4:1,即冷凝液流回蒸馏瓶的速度为每秒4滴,柱顶馏出液流出的速度为每秒1滴。

(3) 液泛能使柱身及填料完全被液体浸润,在分离开始时,可以人为地利用液泛将液体均匀地分布在填料表面,充分发挥填料本身的效率,这种情况叫作"预液泛"。一般分馏时,先将电压调得稍大些,一旦液体沸腾,就应将电压调小,当蒸气冲到柱顶还未达到温度计水银球部位时,通过控制电压使蒸气保证在柱顶全回流,这样维持5min,再将电压调至合适的大小。此时,应控制好柱顶温度,使馏出液以每2~3秒1滴的速度平稳流出。

2.9 萃 取

萃取是物质从一相向另一相转移的操作过程。它是有机化学实验中用来分离或纯化有机化合物的基本操作之一。应用萃取可以从固体或液体混合物中提取出所需要的物质,也可以用来洗去混合物中少量的杂质。通常前者称为"萃取"(或"抽提"),后者称为"洗涤"。

随着被提取物质状态的不同,萃取可分为2种:一种是用溶剂从液体混合物中提取所需物质,称为"液－液萃取";另一种是用溶剂从固体混合物中提取所需物质,称为"液－固萃取"。

一、基本原理

萃取是利用物质在两种互不相溶的溶剂中溶解度或分配比的不同来达到分离、提取或纯化目的的一种操作。根据分配定律,在一定温度下,有机物在两种溶剂中的浓度之比为一常数,即

$$\frac{c_A}{c_B} = K$$

式中,c_A,c_B 分别为物质在溶剂 A 和溶剂 B 中的溶解度,K 为分配系数。

利用分配系数的定义式可计算每次萃取后溶液中溶质的剩余量。设 V 为被萃取溶液的体积(mL),近似看作与溶剂 A 的体积相等(因溶质的量不多,故体积可忽略)。W_0 为被萃取溶液中溶质的总质量(g),S 为萃取时所用溶剂 B 的体积(mL),W_1 为第一次萃取后溶质在溶剂 A 中的剩余量(g),$W_0 - W_1$ 为第一次萃取后溶质在溶剂 B 中的含量(g)。

则

$$\frac{W_1/V}{(W_0 - W_1)/S} = K$$

经整理得

$$W_1 = \frac{KV}{KV + S} \cdot W_0$$

设 W_2 为第二次萃取后溶质在溶剂 A 中的剩余量(g),同理

$$W_2 = \frac{KV}{KV + S} \cdot W_1 = \left(\frac{KV}{KV + S}\right)^2 \cdot W_0$$

设 W_n 为经过 n 次萃取后溶质在溶剂 A 中的剩余量(g),则

$$W_n = \left(\frac{KV}{KV + S}\right)^n \cdot W_0$$

因为上式中 $KV/(KV+S)$ 一项恒小于 1,所以 n 越大,W_n 就越小。也就是说,一定量的溶剂分成几份做多次萃取,其效果比用全部溶剂做一次萃取的效果好。但是,萃取的次数也不是越多越好,因为溶剂总量不变时,萃取次数 n 增加,S 就要减小。当 $n>5$ 时,n 和 S 两个因素的影响就几乎相互抵消了,n 再增加,$W_n/(W_n+1)$ 的变化很小,所以一般同体积溶剂分 3~5 次萃取即可。

二、萃取剂的选择

一般从水溶液中萃取有机物时,选择合适萃取溶剂的原则是:要求溶剂在水中的溶解度很小或几乎不溶;被萃取物在溶剂中的溶解度要比在水中的大;溶剂与水和被萃取物都不发生反应;萃取后溶剂易于和溶质分离开。因此,最好用低沸点溶剂,萃取后溶剂可用常压蒸馏回收,此外,价格便宜、操作方便、毒性小、不易着火等因素也应考虑。

经常使用的溶剂有乙醚、苯、四氯化碳、氯仿、石油醚、二氯甲烷、二氯乙烷、正丁醇、乙酸酯等。一般水溶性较小的物质可用石油醚萃取;水溶性较大的物质可用苯或乙醚萃取;水溶性极大的物质用乙酸乙酯萃取。

三、萃取操作

1. 液—液萃取

萃取常用的仪器是分液漏斗。分液漏斗使用前必须检漏,即检查分液漏斗的盖子和旋塞是否严密,以防分液漏斗在使用过程中发生泄漏而造成损失(检查的方法通常是先用水试验)。若分液漏斗漏液或玻璃旋塞不灵活,应拆下旋塞,擦干旋塞和内壁,涂抹凡士林。涂抹方法是用玻璃棒蘸少量凡士林,在旋塞粗的一端轻轻抹一下,注意不要抹多,也不要抹到旋塞的小孔里;在旋塞另一端,将凡士林抹在旋塞槽内壁上;然后将旋塞插入槽内,向同一方向转动旋塞,直至旋转自如、关闭不漏液为止,此时旋塞部位呈现透明;再用小橡皮圈套住旋塞尾部的小槽,防止旋塞滑脱。

在萃取或洗涤时,先将液体与萃取使用的溶剂(或洗液)由分液漏斗的上口倒入,盖好盖子,振荡分液漏斗,使两液层充分接触。振荡的操作方法一般是先把分液漏斗倾斜,使漏斗的上口略朝下,如图 2-16 所示,右手捏住漏斗上口颈部,并用食指根部压紧盖子,以免盖子松开,左手握住旋塞;握持旋塞的方式既要防止振荡时旋塞转动或脱落,又要便于灵活地旋开旋塞。振荡后,使漏斗仍保持倾斜状态,缓慢地旋开旋塞(朝向无人处),放出蒸气或产生的气体,使内外压力平衡;若漏斗内盛有易挥发的溶剂,如乙醚、苯等,可用碳酸钠溶液中和酸液,振荡后,更应注意及时旋开旋塞,放出气体。振

图 2-16 分液漏斗的使用

荡数次后,将分液漏斗放在铁环上静置,使乳浊液分层。有时有机溶剂和某些物质的溶液一起振荡,会形成较稳定的乳浊液。在这种情况下,应避免急剧振荡。如果已形成乳浊液,且一时又不易分层,可加入食盐,使溶液饱和,以减少乳浊液的稳定性;轻轻地旋转漏斗,也可使其加速分层。在一般情况下,长时间静置分液漏斗,也可达到使乳浊液分层的目的。

分液漏斗中的液体分成清晰的两层后,就可以进行分离。下层液体应经旋塞放出,先把顶上的盖子打开(或旋转盖子,使盖子上的凹缝或小孔对准漏斗上的小孔,以便与大气相通),把分液漏斗的下端靠在接收器的壁上,旋开旋塞,让液体流下。当分界面接近旋塞时,关闭旋塞,静置片刻,这时下层液体往往会增多一些,再把下层液体仔细地放出(如有絮状物,也应将其放出)。然后把剩下的上层液体从上口倒出,不可经旋塞放出,否则漏斗旋塞下面茎部所附着的残液会把上层液体弄脏。

在萃取或洗涤时,上下层液体都应保留到实验完毕时。否则,如果中间的操作失误,便无法补救和检查。在萃取过程中,将一定量的溶剂分做多次萃取,其效果比一次萃取为好。

在萃取时,特别是当溶液呈碱性时,常常会产生乳化现象,有时由于存在少量轻质的沉淀、溶剂互溶、两液相的相对密度相差较小等,也可能使两液相不能很清晰地分开。用于破坏乳化的方法有以下几种。

(1)长时间静置。

(2)两种溶剂(水与有机溶剂)能部分互溶而发生乳化,可以加入少量电解质(如氯化

钠),利用盐析效应降低有机物在水中的溶解度,从而加以破坏。在两相相对密度相差很小时,也可以加入食盐,以增加水相的相对密度。

(3) 因溶液碱性而产生的乳化,常可加入少量稀硫酸或采用过滤等方法除去。

2. 液—固萃取

从固体混合物中萃取所需要的物质,实质上是利用固体物质在溶剂中的溶解度不同来达到分离和提取的目的。通常用长期浸出法或采用 Soxhlt 提取器(又称"脂肪提取器"和"索氏提取器")来提取物质。前者是用溶剂长期的浸润溶解而将固体物质中所需物质浸出来,然后用过滤或倾析的方法把萃取液和残留的固体分开。这种方法效率不高,所需时间长,溶剂用量大,实验室不常采用。

Soxhlt 提取器是利用溶剂加热回流及虹吸原理,使固体物质每一次都能被纯的溶剂所萃取,因而效率较高,并节约溶剂,但对受热易分解或变色的物质不宜采用。Soxhlt 提取器由三部分构成,上面是冷凝管,中部是带有虹吸管的提取管,下面是烧瓶。萃取前应先将固体物质研细,以增加液体浸溶的面积。然后将固体物质放入滤纸套内,包好后放入提取筒,溶剂由上部经中部虹吸加入烧瓶中。当溶剂沸腾时,蒸气通过通气侧管上升,被冷凝管凝成液体,滴入提取管中。当液面超过虹吸管的最高处时,产生虹吸,萃取液自动流入烧瓶中,从而萃取出溶于溶剂的部分物质。然后再蒸发溶剂,如此循环多次,直到被萃取物质大部分被萃取为止。固体中可溶物质富集于烧瓶中,然后用适当方法将萃取物质从溶液中分离出来。此法的特点是每次都是用几乎纯的溶剂反复萃取,被萃取物浓缩富集在烧瓶中,溶剂用量少。

图 2-17 Soxhlt 提取器

2.10 重结晶

通过有机物制备或从自然界得到的固体有机物往往是不纯的,必须经过提纯才能得到纯品,重结晶法是提纯固体有机物的常用方法。利用被纯化物质与杂质在同一溶剂中的溶解性能的差异,将其分离的操作称为"重结晶"。

一、基本原理

固体有机物在溶剂中的溶解度受温度的影响很大。一般来说,升高温度会使溶解度增大,而降低温度则使溶解度减小。如果将固体有机物制成热饱和溶液,然后使其冷却,这时由于溶解度减小,原来的热饱和溶液变成了冷的过饱和溶液,因而有晶体析出。同一种溶剂对于不同的固体化合物而言,溶解性是不同的。重结晶操作就是利用混合物各组分在某种溶剂中的溶解度不同,或者经热过滤将溶解性差的杂质滤除;或者让溶解性好的杂质在冷却结晶过程中仍保留在母液中,而使它们互相分离,达到提纯的目的。

二、溶剂的选择

在重结晶过程中,选择一种适当的溶剂是非常重要的,否则就达不到纯化的目的。溶剂的选择原则如下:

(1)不与待提纯的物质发生化学反应。

(2)对待提纯的物质必须具备在较高温度时溶解度较大、在较低温度时溶解度较小的特性。

(3)对杂质的溶解度应非常小或非常大,这样杂质可在趁热过滤时作为不溶解组分或在冷却后抽滤时作为溶解组分而除去。

(4)对待提纯的物质能生成较好的结晶。

(5)溶剂的沸点不宜太低,也不宜太高。沸点太低时,溶解度改变不大,会降低收率,且给操作带来不便;沸点太高时,其挥发性小,附着在晶体表面的溶剂不易除去。

常用的溶剂有水、乙醇、苯、石油醚、氯仿、乙酸乙酯等。如同时有几种溶剂都适用,可根据产品的收率、溶剂的毒性、易燃性、价格高低、操作难易等因素,择优选用。

在选择溶剂时,还必须考虑被溶解物质的结构。因为溶质往往易溶于结构与其近似的溶剂中,即遵循相似相溶原理,当然,其他因素可能会影响这一规律,所以,溶剂的最终选择还要通过实验来决定。常用的方法是:将0.1g待提纯物质的固体粉末置于一支小试管中,逐滴滴加溶剂,不断振荡。当待加入的溶剂体积约为1mL时,小心加热至沸,如能完全溶解且冷却后能析出大量晶体,这种溶剂一般认为是可用的;如样品在冷却或温热时,都溶于1mL的溶剂中,说明这种溶剂不合用。当样品不溶于1mL沸腾的溶剂中时,分批加入溶剂,每次加入约0.5mL,并加热至沸,总共用3mL热溶剂而样品仍未溶解时,说明这种溶剂不合用。若样品溶于3mL以内的热溶剂中,冷却后仍无结晶析出,说明这种溶剂仍不合用。

按照上述方法逐一试验不同的溶剂,如发现冷却后有结晶析出,则比较结晶收率,选择其中最佳的作为重结晶的溶剂。

如难以选择一种合用的溶剂,则使用混合溶剂。其中一种较易溶解待提纯物质,另一种较难溶解待提纯物质,并且两种溶剂能以任何比例完全互溶,使用时两种组分按最佳比例配成。用混合溶剂重结晶时,可将两种溶剂先行混合,其操作与使用单一溶剂时相同,也可先将待提纯物质在接近良溶剂的沸点温度时溶于良溶剂中,若所得溶液无色透明,则向此溶液中缓慢加入已预热好的不良溶剂,边加边小心振摇,直至热溶液中出现浑浊且不消失为止。最后,再加入少许良溶剂或稍加热,使其恰好透明,再将溶液冷却至室温,待晶体析出完全后,抽滤得较纯产品。

常用的混合溶剂有乙醇—水、乙酸—水、丙酮—水、吡啶—水、乙醚—石油醚、苯—石油醚、乙醇—氯仿、乙醇—丙酮等。一般化合物可通过查阅化学手册、化合物制备手册等找出可选择的溶剂或可供选择的溶剂的大致范围。

三、重结晶操作

1. 溶解样品

将待纯化物溶于适当的热溶剂中制成饱和溶液。溶解待纯化物时,常用锥形瓶或圆底烧瓶作容器。为避免溶剂挥发、可燃溶剂着火及有毒溶剂对人体产生伤害,应在容器上装配回流用的冷凝管;如果溶剂是水,可以不用回流装置,添加溶剂时,可由冷凝管的上口加入。此外,还应根据溶剂的沸点及可燃性,选择适当的热浴加热,以确保操作安全进行。

溶解样品操作通常是将样品先装入容器,再加入计算量的溶剂,搅拌并加热至沸,直至样品全部溶解。如无法计算溶剂的量,可先加入少量溶剂,加热至沸。如样品不全溶,再添加少量溶剂。每次加完溶剂后都需加热至沸,直至样品完全溶解。

要使重结晶得到的产品纯度高,收率也高,溶剂的用量很关键。一般来说,溶剂不过量可减少样品溶解时的损失,然而在热过滤的过程中,却经常使晶体在滤纸上或漏斗颈内析出,造成损失和操作上的麻烦。因此,溶剂的实际用量常比制成饱和溶液时所需的溶剂量要多,多用的量往往控制在所需要量的20%以下。

2. 趁热过滤

样品全部溶解后,若溶液无色透明,可趁热过滤除去不溶性杂质;若溶液有色或有树脂状杂质,必须脱色或除去杂质。最常用的方法是:移去热源,待溶液稍冷后(低于沸点),加入粗产品质量5%~10%的活性炭(根据溶液颜色深浅而定),继续煮沸约5min,再趁热过滤。

3. 析出晶体

热滤液冷却后,晶体就会析出。用冷浴迅速冷却并剧烈搅拌时得到的晶体颗粒比在室温下静置、缓缓冷却得到的晶体颗粒小得多。小晶粒内包含的杂质较少,但因总面积大,吸附的杂质却不少。因此,常将滤液在室温或保温的条件下冷却,尽量不搅拌,以期析出颗粒均匀且较大的晶体,提高产品的纯度。容易析出大晶体的有机物,用冷水冷却即可;不易析出大晶体的有机物,应缓慢冷却。

如滤液冷却后晶体还未析出,可用玻璃棒摩擦液面下的容器壁;也可加入事先准备好的晶种;若无晶种,可用玻璃棒蘸些滤液,待溶剂挥发后,即有晶体析出在玻璃棒上,正好合用。如果以上方法都不行,加热浓缩滤液也可促使晶体析出。

4. 晶体洗涤

一般采用减压过滤的方法分离母液,以除去在溶剂中溶解度大的、仍残留在母液中的杂质。用少量溶剂洗涤晶体几次,抽干后将晶体放在表面皿上。

用溶剂冲洗结晶再抽滤,除去附着的母液,需用少量冷溶剂洗涤结晶1~2次。洗涤时,暂时停止抽气,用玻璃棒将结晶搅松,加入少量冷溶剂后再轻轻搅拌,使结晶均匀地被溶剂润湿浸透。待几分钟后,再进行抽滤,并将溶剂抽干。如重结晶溶剂沸点较高,可用原溶剂至少洗涤一次,再用低沸点的溶剂洗涤,使最后的结晶产物易于干燥(要注意,该溶剂必须能和第一种溶剂互溶而对晶体是不溶或微溶的)。抽滤和洗涤后的结晶表面上吸附有少量溶剂,因此,尚需用适当的方法进行干燥。

5. 晶体干燥

经抽滤、洗涤后的晶体表面上还会吸附少量的溶剂,为此,需要将晶体进一步干燥。干燥后的晶体纯度可采用测定其熔点的方法进行鉴定。

晶体干燥的方法很多,要根据重结晶所用溶剂及晶体的性质来选择:

(1)空气晾干。对于不吸潮的低熔点物质,在空气中干燥是最简单的干燥方法。

(2)烘干。对空气和温度稳定的物质可在烘箱中干燥,烘箱温度应比待干燥物质的熔点低 20~50℃。

(3)用滤纸吸干。此方法易将滤纸纤维污染到固体物上。

四、注意事项

(1)选择适当的溶剂是重结晶过程中一个重要的环节。如果所选溶剂是水,则可以不用回流装置。若使用易挥发的有机溶剂,一般都要采用回流装置。

(2)在采用易挥发溶剂时,通常要加入过量的溶剂,以免在热过滤操作中,因溶剂迅速挥发而导致晶体在过滤漏斗上析出。另外,在添加易燃溶剂时,应该注意避开明火。

(3)溶液中若含有色杂质,会污染析出的晶体,这种杂质可以用活性炭来处理;在能满足脱色的前提下,活性炭的用量应尽量少。

(4)热过滤操作是重结晶过程中的另一个重要的步骤。在热过滤前,应将漏斗事先充分预热。热过滤时操作要迅速,以防止由于温度下降而使晶体在漏斗上析出。

(5)热过滤后所得滤液应保持静置,冷却结晶。如果滤液中已出现絮状结晶,可以适当加热使其溶解,然后自然冷却,这样可以获得较好的结晶。

实验 2-5　粗乙酰苯胺的提纯

一、实验目的

(1)了解重结晶法提纯固体有机化合物的原理及意义。
(2)掌握重结晶和减压过滤基本操作。

二、实验原理

重结晶是将固体物质溶解在热的溶剂中,制成饱和溶液,再将溶液冷却,使结晶重新析出的操作过程。

乙酰苯胺在溶剂中的溶解度随温度升高而增大,随温度降低而减小。使乙酰苯胺在热溶剂中溶解,制成接近饱和的溶液,趁热过滤,除去不溶性杂质,再将溶液冷却,让有机物重新结晶析出,与可溶性杂质分离。

三、仪器与试剂

仪器:200mL 烧杯,50mL 量筒,水浴锅,电热套,电子天平,抽滤装置,滤纸,洗瓶。
试剂:粗乙酰苯胺,热水,活性炭。

表 2-6　乙酰苯胺在水中的溶解度

温度/℃	20	25	50	80	100
溶解度 g/100mL	0.46	0.56	0.84	3.45	5.50

四、实验步骤

1. 溶解

称取 4g 粗乙酰苯胺晶体,置于盛有 80mL 热水的烧杯中,加热至沸,使之全部溶解。若烧杯底部有油状物,则为未溶解但已熔化的乙酰苯胺,可补加少量水继续加热,直至油状物消失。稍冷后,加入约 0.4g 活性炭(切不可向正在沸腾的溶液中加入活性炭,以免溶液暴沸而溅出),用玻璃棒搅动,并煮沸几分钟。

2. 趁热过滤(减压过滤)

(1)将布氏漏斗置于水浴锅中预热,在漏斗底部放一张直径大小合适的滤纸,用洗瓶加水润湿,抽吸,使滤纸紧贴漏斗。

(2)暂停抽吸,迅速将溶液趁热分批倒入布氏漏斗中,抽滤。开始时,用手稍稍捏紧抽气管,以免压力过低而使滤纸穿孔或溶液沸腾。漏斗里应一直保持有较多的溶液,不要抽干。

(3)待几乎没有液体滤出时,停止吸滤。注意:要先拔去抽气管,再关闭真空泵。

(4)将滤液从吸滤瓶的上口倒入一只洁净的烧杯中,用少量热蒸馏水冲洗吸滤瓶壁,将所得滤液一并转入滤液中。

3. 结晶析出

将上述滤液静置,自然冷却至析出晶体。若无晶体析出,可用玻璃棒在烧杯液面下摩擦杯壁。若未析出晶体而得油状物,可加热至变为清液后自然冷却,待开始有油状物析出时,立即剧烈搅拌,至油状物分散或消失。

4. 抽滤分离结晶

(1)将上述结晶及溶剂一同转入布氏漏斗中抽滤至干,并用洁净玻璃塞在晶体上挤压,尽量除尽溶剂。

(2)用洗瓶将少量蒸馏水均匀地洒在晶体上,使其能恰好盖住晶体,静置至有滤液从漏斗下端滴下时,重新抽气至干,挤压。反复洗涤几次后,取下漏斗,倒扣在表面皿上,用洗耳球吹出滤纸及晶体,晶体自然晾干。

5. 产品纯度鉴定

取晾干的晶体测定熔点(乙酰苯胺的熔点为 114℃)。若纯度不合格,可再进行一次重结晶,直至获得纯品。

五、思考题

(1)重结晶法提纯固体有机物有哪些主要步骤?简单说明每步的目的。

(2)重结晶时所用溶剂量过多或过少对提纯有何影响?应如何控制所加溶剂的量?

(3)活性炭为什么不能在溶液沸腾时加入?

2.11 升 华

升华是纯化固体物质的方法之一,特别适用于纯化在熔点温度以下蒸气压较高(高于

20mmHg)的固体物质。利用升华可除去不挥发性杂质或分离不同挥发度的固体混合物。升华得到的产品具有较高的纯度,但升华操作所需时间长,损失较大,因此,在实验室里一般用于较少量(1~2g)化合物的提纯。

一、基本原理

与液体相同,固体物质亦有一定的蒸气压,并随温度而变。当加热时,物质自固态不经过液态而直接气化为蒸气,蒸气冷却又直接凝固为固态物质,这个过程称为"升华"。常采用升华的方法提纯某些固体物质,主要是利用固体混合物中的被纯化固体物质与其他固体物质(或杂质)具有不同的蒸气压这一特征。

某一种固体物质在熔点温度以下具有足够大的蒸气压,则可用升华方法来提纯。显然,待纯化物中杂质的蒸气压必须很低,分离的效果才好。但在常压下具有适宜升华蒸气压的有机物不多,常常需要通过减压来增加固体的气化速率,即采用减压升华方法。这与对高沸点液体进行减压蒸馏的道理相同。

二、升华实验操作

将待升华物质研细后置于蒸发皿中,用一张穿有若干小孔的圆滤纸把玻璃漏斗的口包起来,把此漏斗倒盖在蒸发皿上,在漏斗的颈部塞上一团疏松的棉花。用小火隔着石棉网慢慢加热,使蒸发皿中的物质气化,蒸气通过滤纸小孔上升,遇到漏斗的内壁,凝结为晶体附着在漏斗壁上,滤纸面上也会结晶出一部分固体。升华完毕后,可用不锈钢刮匙将凝结在漏斗壁上以及滤纸上的结晶小心刮落并收集起来。较大量物质的升华可在烧杯中进行。在烧杯上放置一个通冷水的烧瓶,使蒸气在烧瓶底部凝结成晶体并附在瓶底上。升华前,必须把待升华的物质充分干燥。

减压条件下的升华操作与上述常压升华操作大致相同。首先将待升华物质置于吸滤管内,然后在吸滤管上配置指形冷凝管,内通冷凝水,用油浴加热,吸滤管支口接水泵或油泵。

图2-18所示为常用的升华装置,其中图a、图b为常压升华装置,图c为减压升华装置。

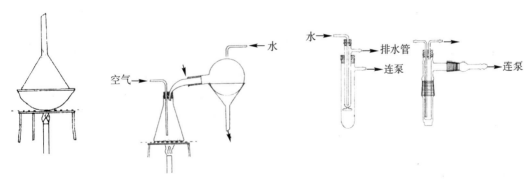

(a)升华少量物质的装置　(b)在空气中或在惰性气体中升华物质的装置　(c)减压升华少量物质的装置

图2-18　升华装置

三、注意事项

(1) 要对待升华物质进行充分干燥,否则,在升华操作时,部分有机物会与水蒸气一起挥发出来,影响分离效果。

(2) 在蒸发皿上覆盖一层布满小孔的滤纸,主要是为了在蒸发皿上方形成一温差层,使逸出的蒸气容易凝结在玻璃漏斗壁上,提高物质升华的收率。必要时,可在玻璃漏斗外壁上敷冷温布,以助冷凝。

(3) 为了达到良好的升华分离效果,最好采取沙浴或油浴而避免用明火直接加热,使加热温度控制在待纯化物质的三相点温度以下。如果加热温度高于三相点温度,就会使不同挥发性的物质一同蒸发,从而降低分离效果。

2.12 旋光度的测定

旋光度是指光学活性物质使偏振光的振动平面旋转的角度。旋光度的测定是指利用手性分子的不对称性,使平面偏振光振动面发生改变,顺时针旋转(右旋)或逆时针旋转(左旋)一定的角度,通过旋光仪测定偏振光旋转的角度。旋光度的测定对于研究具有光学活性的分子的构型及确定某些反应的机理具有重要的作用。在给定的实验条件下,将测得的旋光度进行换算,即可得到该光学活性物质的特征物理常数比旋光度,后者对于鉴定旋光性化合物是不可缺少的,通过它可计算出旋光性化合物的光学纯度。

一、基本原理

某些有机化合物因具有手性而能使偏振光振动平面旋转。使偏振光振动向左旋转的物质称为"左旋性物质",使偏振光振动向右旋转的物质称为"右旋性物质"。物质的旋光度与测定时所用液体的浓度、样品管长度、温度、所用光源的波长及溶剂的性质等因素有关。因此,常用比旋光度[α]来表示物质的旋光性。当光源、温度和溶剂固定时,[α]等于单位长度、单位浓度物质的旋光度(α)。比旋光度是一个只与分子结构有关的表征旋光性物质的特征常数。溶液的比旋光度与旋光度的关系为:

$$[\alpha]_\lambda^t = \frac{\alpha}{c \cdot L}$$

式中,$[\alpha]_\lambda^t$ 表示旋光性物质在温度为 t、光源波长为 λ 时的比旋光度;α 为标尺盘转动角度的读数,即旋光度;L 为样品管的长度,单位以分米(dm)表示;c 为溶液浓度,以 1mL 溶液所含溶质的质量表示。

如测定的旋光活性物质为纯液体,比旋光度可由下式求出:

$$[\alpha]_\lambda^t = \frac{\alpha}{d \cdot \lambda}$$

式中,d 为纯液体的密度(g/cm³)。

表示比旋光度时,通常还需标明测定时所用的溶剂。

二、旋光仪的结构

定量测定溶液或液体旋光程度的仪器称为"旋光仪",其工作原理如图 2-19 所示。常用的旋光仪主要由光源、起偏镜、样品管和检偏镜等部分组成。光源为炽热的钠光灯。起偏镜是由两块光学透明的方解石黏合而成的,也称"尼科尔棱镜",其作用是使自然光通过后产生所需要的平面偏振光。尼科尔棱镜就像一个栅栏。普通光是在所有平面振动的电磁波,通过棱镜时,只有和棱镜晶轴平行的平面振动的光才能通过。这种只在一个平面振动的光叫作"平面偏振光",简称"偏光"。样品管用于装待测的旋光性液体或溶液,其长度有 1dm 和 2dm 等几种。对于旋光度较小或溶液较稀的样品,最好采用 2dm 长的样品管。当偏光通过盛有旋光性物质的样品管后,由于物质的旋光性使偏光不能通过第二个棱镜(检偏镜),必须将检偏镜扭转一定角度后才能通过,因此,由装在检偏镜上的标尺盘上移动的角度,可指示出检偏镜转动的角度,即为该物质在此浓度的旋光度。

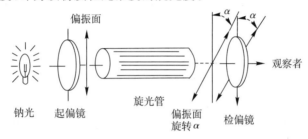

图 2-19 旋光仪的结构

三、旋光度的测定方法

1. 装待测溶液

选取适当测定管,洗净后用少量待测液润洗 2~3 次。然后注入待测液,使液面在管口成一凸面,将玻璃盖沿管口边缘平推盖好,勿使管内留有气泡。装上橡皮圈,旋上螺帽至不漏水。螺帽不宜旋得过紧,以免产生应力,影响读数。测定管中若有气泡,应先让气泡浮在凸颈处。

2. 旋光仪零点的校正

将仪器接入 220V 交流电源(要求使用交流电子稳压器,并将接地脚可靠接地)。打开电源开关,这时钠光灯应启亮,钠光灯需进行 5min 预热,使之发光稳定。通光面两端的雾状水滴应用软布擦干。将装有蒸馏水或其他空白溶剂的试管放入样品室,盖上箱盖。安放测定管时,应注意标记的位置和方向。

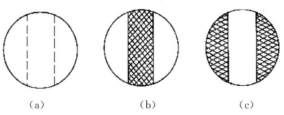

图 2-20 旋光仪中观察到的三分视场图

旋转目镜上视度调节螺旋,直到三分视场界限变得清晰,达到聚焦为止。转动刻度盘手轮,使游标尺上的零度线对准刻度盘上 0°,观察三分视场亮度是否一致。如不一致,说明零点有误差,则转动刻度盘手轮(检偏镜随刻度盘一起转动),直到三分视场明暗程度一致(都很暗),记录刻度盘读数。重复 2~3 次,取平均值,该值为零点校正读数。

为了准确判断旋光度的大小,通常在视野中分出三分视场,如图 2-20 所示。当检偏镜的偏振面与通过棱镜的光的偏振面平行时,通过目镜可看到图 2-20(c)所示结果(中间亮,两旁暗);当检偏镜的偏振面与起偏镜的偏振面平行时,通过目镜可看到图 2-20(b)所示结果(中间暗,两旁亮);只有当检偏镜的偏振面处于 $1/2\varphi$(半暗角)的角度时,才能看到图 2-20(a)所示结果(全暗,看不到明显的界线,即虚线),将这一位置作为零点。

3. 旋光度的测定

取出调零测定管,将待测样品管按相同的位置和方向放入样品室内,盖好箱盖。转动刻度盘手轮,使三分视场的明暗程度一致,记录刻度盘上所示读数,准确至小数点后两位。此读数与零点校正读数之间的差值即为该化合物的旋光度。重复 2~3 次,取平均值。

4. 旋光仪的读数

读数方法:刻度盘分两个半圆形,分别标出 0°~180°,固定的游标分为 20 等分,等于刻度盘 19 等分。读数时先看游标的 0 落在刻度盘上的位置,记下整数值,如图 2-21 中整数为 9。再利用游标尺与主盘上刻度画线重合的方法,读出游标尺上的数值(为小数),可以读到两位小数,此时图中为 0.30,所以最后的读数为 $\alpha=9.30°$。

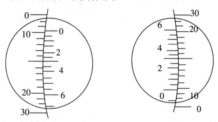

图 2-21 旋光仪读数示意图

当读数在 0°和 90°之间时,表示顺时针旋转,右旋,取"+"值;当读数在 90°和 180°之间时,表示逆时针旋转,左旋,取"-"值(其实际读数应为所读得的读数减去 180°,如所读得的读数为 120°,则实际读数为 -60°)。

测毕,样品管中的溶液要及时倒出,用蒸馏水洗干净,擦干放好,所有镜片不能用手直接揩擦,应用柔软绒布揩擦。

实验 2-6 旋光度的测定

一、实验目的

(1)了解旋光仪的构造和测定旋光度的原理。

(2)学会使用旋光仪测定旋光性物质的旋光度。
(3)学习比旋光度的计算方法。

二、实验原理

对映异构现象是由于化合物存在不对称因素(如含有手性碳原子)而产生的,空间排列不同,偏振光的旋转方向和角度也不同。

旋光度的大小与旋光性物质本身的性质、溶液的浓度及温度、样品管的长度(即溶液的厚度)和光波的波长等因素有关,必须加以规定,通常用比旋光度(又称"质量旋光本领")来表示。它们之间的相互关系如下：

$$\alpha_{m,D}^{t} = \frac{\alpha}{l \cdot \rho}$$

式中,$\alpha_{m,D}^{t}$为比旋光度,t为测定时的温度,D为钠光源,波长为589nm,α为旋光度,ρ为溶液的浓度($g \cdot mL^{-1}$),l为测定管的长度(dm)。

三、仪器与试剂

仪器:旋光仪,测定管。
试剂:蒸馏水,$100g \cdot mL^{-1}$葡萄糖溶液,$100g \cdot mL^{-1}$蔗糖溶液。

四、实验步骤

(1)将旋光仪接入220V交流电源,开启电源开关,预热5~10min,待钠光灯发光正常后即可开始测定。

(2)检查零点。将装有蒸馏水的测定管放入旋光仪中,观察零度时的视场亮度(偏暗)是否一致,如不一致,即表示有一定误差。此时可稍微旋转刻度盘直至亮度一致,然后读取读数,作为测定时的校正值。

(3)测定样品的旋光度。选取长度适宜的测定管,注入待测溶液。当液面刚凸出管口时,取玻璃盖沿管口壁轻轻平推盖好,旋紧螺帽,直至不漏出液体为止。但也不能旋得太紧,否则玻璃片会引起应力,影响读数的准确性。然后将测定管两端用布擦干,以免影响观察的清晰度。最后将测定管放入旋光仪内进行测定(测定管突出部分应朝上)。

转动刻度盘检偏镜,在视场中寻找出两种不同的三影式,变换之,使视场的亮度(偏暗)一致,再从刻度盘上读取读数(双游标式)。

(4)左旋和右旋的确定方法。当读数在0°和90°之间时,表示顺时针旋转,右旋,取"+"值;当读数在90°和180°之间时,表示逆时针旋转,左旋,取"-"值(其实际读数应为所读得的读数减去180°,如所读得的读数为120°,则实际读数为-60°)。

(5)实验内容。
①测定已配制数日的葡萄糖溶液和新配制的葡萄糖溶液的旋光度。
②测定水解前蔗糖溶液和水解后蔗糖溶液的旋光度。

五、思考题

(1)对于某旋光性物质,旋光度的大小与哪些因素有关?

（2）测定管里被测溶液中有气泡，对旋光度测定是否有影响？若有影响，需怎样处理？
（3）旋光度 α 与比旋光度 [α] 有何不同？

2.13　折光率的测定

折光率（又称"折射率"）是有机化合物的重要常数之一。它是液态化合物的纯度标志，也可作为定性鉴定的手段。

一、基本原理

光线从一种透明介质进入另一种透明介质时，由于两种介质的密度不同，光传播的速度不同，传播的方向也发生改变，这种现象称为"折射现象"。根据折射定律，一定波长的单色光，在确定的外界条件（如温度、压力等）下，从一种介质 A 进入另一种介质 B 时，入射角 α 和折射角 β 的正弦之比与这两种介质的折光率 n_A（A 介质的折光率）和 n_B（B 介质的折光率）成反比，即

$$n_A \sin\alpha = n_B \sin\beta$$

若介质 A 是真空，则规定 $n_A = 1$，即

$$n_B = \sin\alpha / \sin\beta$$

所以，某一介质的折光率，就是光线从真空进入这种介质时入射角和折射角的正弦之比。这种折光率称为该介质的"绝对折光率"。通常测定的折光率都是以空气作为比较标准的。

折光仪的光学原理如图 2-22 所示。当光由介质 A 进入介质 B 时，如果介质 A 对于介质 B 是疏物质，即 $n_A < n_B$，则折射角 β 必小于入射角 α。当入射角 α 为 90°时，$\sin\alpha = 1$；这时折射角达到最大值，称"临界角"，用 $β_0$ 表示。很明显，在一定波长与一定条件下，$β_0$ 也是一个常数，它与折光率的关系是：

$$n = 1/\sin\beta_0$$

可见，通过测定临界角 $β_0$，就可以测得折光率，这就是通常所用的阿贝（Abbe）折光仪的基本光学原理。

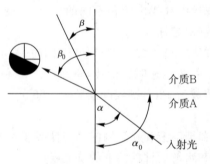

图 2-22　光的折射现象

二、折光率的测定

折光率是物质的特征常数,像物质的沸点、熔点一样,不同的物质具有不同的折光率。通过测定物质的折光率,能了解物质的光学性能、纯度和浓度,也可以作为确证未知物的一个依据。

在有机化学实验里,一般都用阿贝折光仪(图2-23)来测定折光率。它主要由两块棱镜、镜筒和标尺组成。棱镜外围有调温装置,镜筒内装有补偿棱镜、目镜、物镜等,标尺供测定时读数用。在折光仪上所刻的读数不是临界角度数,而是已经计算好的折光率,故可直接读出。由于仪器上有消色散棱镜装置,所以可直接使用白光作光源,其测得的数值与钠光的D线所测得结果等同。

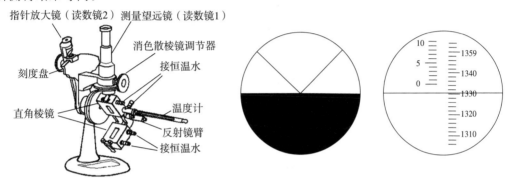

图2-23 阿贝折光仪　　图2-24 目镜内的视场和刻度读数

物质的折光率不但与其本身结构有关,也受光波、温度、压力等因素的影响,所以在测定折光率时,必须标明所用的光线波长和测定时的温度,常以 n_D^t 表示。D表示以钠灯的黄光(D线 589.3nm)作为标准光源,t 表示测定时的温度。例如蒸馏水在20℃时,用钠灯的黄光作光源,测得的折光率为1.3330,可表示为 $n_D^{20}=1.3330$。

同一物质的折光率也随测定时温度的不同而改变,一般规律是温度升高,折光率减少。在同一波长下,温度每升高大约1℃,折光率就减少0.00035～0.00055,为了便于计算,通常采用0.0004。不同温度下所测得的折光率可用下列公式进行换算:

$$n_D^{t_{测定}} = n_D^{t_{规定}} + 0.0004(t_{规定} - t_{测定})$$

$t_{规定}$ 为规定温度(一般以20℃为准),$t_{测定}$ 为测定温度。

上述公式仅作为近似计算用,准确性虽不大,但有一定的参考价值。当测定温度与规定温度相差不大时,一般是准确的;当测定温度与规定温度相差较大时,则误差较大。这时最好调整测定温度,使之与规定温度相同或相近,以减少误差。

实验 2-7 折光率的测定

一、实验目的

(1)明确测定折光率的意义和用途。

(2)学会使用阿贝折光仪测定物质的折光率。

二、仪器与试剂

仪器:阿贝折光仪,塑料滴管,光学仪器,擦镜纸。

试剂:乙醚(或无水乙醇),蒸馏水,乙酸乙酯(自制),乙酸乙酯(分析纯),未知物(液态)。

三、实验原理

见 2.13 折光率的测定中基本原理部分。

四、实验步骤

(1)测定折光率时,将阿贝折光仪置于光线充足的桌面上,调好反光镜,使目镜清晰。然后分开两面棱镜,分别用吸有少量乙醚(或无水乙醇)和蒸馏水的擦镜纸将镜面轻轻擦拭干净,待挥干后即可滴加试样进行测定。

(2)由于仪器在使用过程中可能会有微小偏差,所以测定前通常要对仪器进行校正,即用已知折光率的纯样品(如纯水)进行校正。在已擦拭干净的下镜面中央处滴加1~2滴纯水,闭合棱镜并锁紧。转动棱镜转动手轮,使读数(在实验温度下)在纯水的折光率附近,然后转动消色散棱镜手轮消除彩带,使明暗分界线清晰。再次转动棱镜转动手轮,使明暗分界线对准视野中十字交叉线的交点上,最后在读数目镜中读取标尺上的读数。这一读数与实验温度下纯水的标准折光率的差值就是该仪器的校正值(测定糖溶液的百分浓度时,该校正值应取百分浓度作为校正值)。转动手轮重复操作并读数2~3次,取其平均值作为实验时的校正值。

(3)分开棱镜,用擦镜纸吸干水分,待水分挥发干净后,即可滴加待测样品进行测定。测定操作要求同上,重复2~3次,取平均值作为该试样的折光率(或百分浓度)。最后分开棱镜,用擦镜纸吸干试样,用乙醚(或无水乙醇)擦洗镜面,待挥发干净后才能进行另一试样的测定。

(4)将测得的平均折光率减去平均校正值,即为该试样在实验温度下的实际折光率(测定糖溶液的百分浓度时,则将平均百分浓度减去百分浓度校正值,即为该糖溶液的实际百分浓度)。最后按上述换算公式换算成标准温度(20℃)下的折光率。

例:在16℃用阿贝折光仪测定某液体未知物的折光率,并求其在20℃时的折光率。

(1)测蒸馏水在16℃时的折光率,如测得 $n_水=1.3339$。

(2)查附表,纯水16℃时的折光率 $n_D=1.3333$。

(3)折光率校正值

$$n_校 = n_水 - n_D = 1.3339 - 1.3333 = 0.0006$$

(4)测该未知物16℃时的折光率,读数为 $n_未=1.4687$。

(5)校正后该未知物的实际折光率

$$n_D^{16} = n_未 - n_校 = 1.4687 - 0.0006 = 1.4681$$

(6)20℃时该未知物的折光率

$$n_D^{20} = n_D^{16} + 0.0004(16-20) = 1.4681 - 0.0016 = 1.4665$$

五、注意事项

(1) 必须保护折光仪的棱镜。滴加液体时,滴管的末端不可触及棱镜。
(2) 只有在上下棱镜间充满水或样品时,才能观察到半明半暗的图像,这点在调试仪器及测定易挥发的液体时尤其应注意。

六、思考题

(1) 影响折光率测定的因素有哪些?
(2) 某同学用折光仪测一液体样品,滴加样品后来回转动手轮都无法找到半明半暗的图像,为什么?

2.14 色谱分离技术

色谱法早在1903年由俄国植物学家茨维特在分离植物色素时采用。他在研究植物叶子的色素成分时,将植物叶子的萃取物倒入填有碳酸钙的直立玻璃管内,然后加入石油醚使其自由流下,结果色素中各组分互相分离形成各种不同颜色的谱带。这种方法因此得名为"色谱法"。

在色谱法中,将填入玻璃管或不锈钢管内静止不动的一相(固体或液体)称为"固定相";自上而下运动的一相(一般是气体或液体)称为"流动相";装有固定相的管子(玻璃管或不锈钢管)称为"色谱柱"。当流动相中样品混合物经过固定相时,就会与固定相发生作用。由于各组分在性质和结构上的差异,与固定相相互作用的类型、强弱也有差异,因此,在同一推动力的作用下,不同组分在固定相滞留的时间长短不同,从而按先后不同的次序从固定相中流出。

从不同角度,可将色谱法做如下分类。

1. 按两相状态分类

以气体为流动相的色谱称为"气相色谱"(GC),根据固定相是固体吸附剂还是固定液(附着在惰性载体上的一薄层有机化合物液体),又可分为气固色谱(GSC)和气液色谱(GLC)。以液体为流动相的色谱称为"液相色谱"(LC)。同理,液相色谱亦可分为液固色谱(LSC)和液液色谱(LLC)。以超临界流体为流动相的色谱称为"超临界流体色谱"(SFC)。随着色谱技术的发展,通过化学反应将固定液键合到载体表面,这种化学键合固定相的色谱又称"化学键合相色谱"(CBPC)。

2. 按分离机理分类

利用组分在吸附剂(固定相)上的吸附能力强弱不同而得以分离的方法,称为"吸附色谱法"。

利用组分在固定液(固定相)中溶解度不同而达到分离的方法,称为"分配色谱法"。

利用组分在离子交换剂(固定相)上的亲和力大小不同而达到分离的方法,称为"离子交换色谱法"。

利用大小不同的分子在多孔固定相中的选择渗透而达到分离的方法,称为"凝胶色谱法"或"尺寸排阻色谱法"。

最近,又有一种新型分离技术,即利用不同组分与固定相(固定化分子)的高专属性亲和力进行分离的技术,称为"亲和色谱法",该色谱法常用于蛋白质的分离。

3. 按固定相的外形分类

将固定相装于柱内的色谱法,称为"柱色谱"。固定相呈平板状的色谱,称为"平板色谱",它又可分为薄层色谱和纸色谱。

4. 按照展开程序分类

按照展开程序的不同,可将色谱法分为洗脱法、顶替法和迎头法。洗脱法也称"冲洗法"。首先将样品加到色谱柱头上,然后用吸附或溶解能力比试样组分弱得多的气体或液体作冲洗剂。由于各组分在固定相上的吸附或溶解能力不同,故被冲洗剂带出的先后次序也不同,从而使组分彼此分离。这种方法能使样品的各组分获得良好的分离效果,色谱峰清晰。此外,除去冲洗剂后,可获得纯度较高的物质。目前,这种方法是色谱法中最常用的一种方法。

顶替法是将样品加到色谱柱头后,在惰性流动相中加入对固定相的吸附或溶解能力比所有试样组分强的物质(作为顶替剂,或直接用顶替剂作流动相),通过色谱柱,将各组分按吸附或溶解能力的强弱顺序,依次顶替出固定相。很明显,吸附或溶解能力最弱的组分最先流出,吸附或溶解能力最强的组分最后流出。此法适于制备纯物质或浓缩分离某一组分;其缺点是经一次使用后,柱子就被样品或顶替剂饱和,必须更换柱子或除去被柱子吸附的物质后,才能再使用。

迎头法是将试样混合物连续通过色谱柱,吸附或溶解能力最弱的组分首先以纯物质的状态流出,然后以第一组分和吸附或溶解能力较弱的第二组分组成的混合物的状态流出,以此类推。该法在分离多组分混合物时,除第一组分外,其余均为非纯态,因此,该法仅适用于从含有微量杂质的混合物中切割出一个高纯组分(组分 A),而不适用于对混合物进行分离。

色谱法的应用主要有以下几方面:分离混合物且分离能力强,甚至可将有机同系物及同分异构体分开;精制提纯化合物;鉴定化合物及产物纯度;跟踪反应进程,利用简便、快速的薄层色谱观察色点的变化,以证明反应进行到哪一步。

2.14.1 柱色谱

柱色谱(column chromatography,CC)法又称"柱层析法",是指将固定相装于柱内,以液体为流动相,样品沿竖直方向由上而下移动而达到分离目的的色谱法。柱色谱法广泛应用于混合物的分离,包括对有机合成产物、天然提取物以及生物大分子的分离。常见的有吸附色谱和分配色谱两类。

吸附色谱常用氧化铝和硅胶作固定相,填装在柱子中的吸附剂将混合物中各组分先从溶液中吸附到其表面上,然后用溶剂洗脱,溶剂流经吸附剂时发生数次吸附和脱附的过程。由于混合物中各组分被吸附的程度不同,因此,当洗脱剂流下时,吸附性强的组分移动得慢,留在柱的上端,吸附性弱的组分移动得快,留在柱的下端,于是形成了不同层次,即溶质在柱中自上而下按对吸附剂的亲和力大小分别形成若干色带,从而达到分离的目的。

分配色谱是利用混合物中各组分在两种互不相溶的液相中的分配系数不同而进行分离，常以硅胶、硅藻土和纤维素作为载体，以吸附的液体作为固定相。

1. 吸附剂的选择

实验室常用的吸附剂有氧化铝、硅胶、氧化镁、碳酸钙和活性炭等，吸附剂不应与被吸附物质和展开剂发生化学反应。吸附剂的选择一般要根据待分离的化合物类型而定。例如，硅胶的性能比较温和，属于无定形多孔物质，略具酸性，同时硅胶的极性相对较小，适合于分离极性较大的化合物，如羧酸、醇、酯、酮、胺等；而氧化铝的极性较强，对于弱极性物质具有较强的吸附作用，适合于分离极性较弱的化合物。

大多数吸附剂都能强烈地吸水，而且水分易被其他化合物置换，使吸附剂的活性降低。因此，吸附剂在使用前一般要经过纯化和活化处理。吸附能力与颗粒大小也有关系，颗粒越小，表面积越大，吸附能力就越强。但颗粒越小时，溶剂的流速就越慢，所以通常使用的吸附剂颗粒的大小以 100～200 目为宜。

供柱色谱使用的氧化铝有酸性、中性和碱性 3 种。酸性氧化铝是指用 1% 盐酸浸泡氧化铝后，用蒸馏水冲洗制成的氧化铝悬浮液，pH 为 4.0～4.5，用于分离酸性物质。中性氧化铝 pH 为 7.5，用于分离中性物质。碱性氧化铝 pH 为 9～10，用于分离胺、生物碱及烃类化合物。

吸附剂的活性取决于含水量的多少，最活泼的吸附剂含最少量的水。氧化铝的活性分为Ⅰ～Ⅴ五级，Ⅰ级的吸附作用太强，分离速度太慢，Ⅴ级的吸附作用太弱，分离效果不好，所以一般采用Ⅱ或Ⅲ级。

吸附剂对有机物的吸附作用有多种形式。以氧化铝作为固定相时，非极性或弱极性有机物只有范德华力与固定相作用，吸附作用较弱；极性有机物同固定相之间可能有偶极力或氢键作用，有时还有成盐作用。这些作用的强度依次为：成盐作用＞配位作用＞氢键作用＞偶极作用＞范德华力作用。

有机物的极性越强，在氧化铝上的吸附性越强。化合物的吸附性与它们的极性成正比，化合物分子中含有极性较大的基团时，吸附性也较强。各种化合物对氧化铝的吸附性按以下次序递减：酸和碱＞醇、胺、硫醇＞酯、醛、酮＞芳香族化合物＞卤代物、醚＞烯＞饱和烃。

2. 溶剂的选择

柱色谱的分离效果与溶剂的性质有关，溶剂的选择也是重要的一环，通常根据被分离物中各组分的极性、溶解度和吸附剂的活性等来考虑：

①溶剂要求较纯，否则会影响样品的吸附和洗脱。
②溶剂和氧化铝不起化学反应。
③溶剂的极性应比样品极性小些，否则样品不易被氧化铝吸附。
④样品在溶剂中的溶解度太大，会影响吸附；溶解度太小，则溶剂的体积增加，易使色谱分散。

柱色谱的展开首先使用极性较小的溶剂，使最容易脱附的组分分离。再用极性较大的溶剂将极性较大的化合物自色谱柱中洗脱下来。为了提高溶剂的洗脱效果，也可用混合溶剂洗脱。

常用洗脱剂的极性按如下次序递增：己烷和石油醚（低沸点＜高沸点）＜环己烷 ＜四氯

化碳<三氯乙烯<二硫化碳<甲苯<苯<二氯甲烷<氯仿<乙醚<乙酸乙酯<丙酮<丙醇<乙醇<甲醇<水<吡啶<乙酸。

3. 柱色谱分离操作

常用的柱色谱装置包括色谱柱、滴液漏斗、接收瓶等。色谱柱分为玻璃制色谱柱和有机玻璃制色谱柱2种,后者只用于水作展开剂的场合。色谱柱下端配有旋塞,色谱柱的长径比应不小于7∶1,如图2-25所示。柱色谱操作包括装柱、加样、洗脱、收集等。

(1)装柱。装柱是柱色谱中最关键的操作。选择合适的色谱柱,吸附剂用量为被分离样品的30~40倍。装柱前应先将色谱柱洗净、干燥,垂直固定在铁架台上,柱子下端放置一只锥形瓶。如果层析柱下端没有砂芯层横隔,应取一小团脱脂棉或玻璃棉,用玻璃棒将其推至柱底,再铺上一层0.5~1.0cm厚的石英砂,然后采用湿法或干法装柱。装柱要求吸附剂填充均匀、无断层、无缝隙、无气泡,否则会影响洗脱和分离效果。

①湿法装柱。取15cm×1.5cm色谱柱一根或25mL酸式滴定管作为色谱柱,洗净、干燥后垂直固定在铁架台上。取少许脱脂棉放于干净的色谱柱底,用长玻璃棒将脱脂棉轻轻塞紧,在脱脂棉上覆盖一层厚0.5cm的石英砂。在色谱柱下端放置一只250mL锥形瓶,作为洗脱液的接收器。关闭柱下部活塞,向柱内倒入95%乙醇至柱高的3/4处,打开活塞,控制乙醇流出速度为1滴/秒。然后将用乙醇溶剂调成糊状的一定量的中性氧化铝(100~200目)通过一只干燥的粗柄短颈漏斗从柱顶加入,使溶剂慢慢流入锥形瓶。

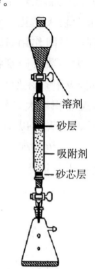

图2-25 柱色谱装置图

在添加吸附剂的过程中,可用木质试管夹或套有橡皮管的玻璃棒绕柱四周轻轻敲打,促使吸附剂均匀沉降并排出气泡。注意:敲打色谱柱时,不能只敲打某一部位,否则被敲打一侧吸附剂沉降更紧实,致使洗脱时色谱带跑偏,甚至交错而导致分离失败。若敲打不充分,吸附剂沉降不紧实,各组分洗脱太快,分离效果不好;若敲打过度,吸附剂沉降过于紧实,会因洗脱速度太慢而浪费实验时间。一般洗脱剂流出速度为每分钟5~10滴。吸附剂添加完毕后,在吸附剂上面覆盖约0.5cm厚的石英砂。整个添加过程中一直保持上述流速,但要注意,不能使石英砂顶层露出液面,不能使柱顶变干,否则柱内会出现裂痕和气泡。

②干法装柱。在色谱柱上端放一个干燥的漏斗,将一定量的吸附剂倒入漏斗中,使其成为细流连续不断地装入色谱柱中,边加入边敲击柱身,使吸附剂装填均匀,不能有空隙。加完后,在吸附剂上覆盖0.5cm厚的石英砂,然后加洗脱剂湿润。

(2)加样。以用柱色谱分离荧光黄和亚甲基蓝为例,加入1mL已配好的含有1mg荧光黄和1mg亚甲基蓝的95%乙醇溶液。当液面降至接近石英砂顶层时,立刻用滴管取少量95%乙醇洗涤色谱柱内壁上沾有的样品溶液,如此连续2~3次,直至洗净为止。

(3)洗脱与收集。样品加完并混溶后,开启活塞,当液面下降至与石英砂顶层相平时,在色谱柱上配置滴液漏斗,用95%乙醇作洗脱剂进行洗脱,流速控制在1滴/秒,这时亚甲基蓝谱带和荧光黄谱带分离。蓝色的亚甲基蓝因极性较小,首先向柱子下部移动,极性较大的荧光黄则留在柱子的上端。通过柱顶的滴液漏斗继续加入足够量的95%乙醇,使亚甲基蓝的色带全部从柱子里洗下来。待洗出液呈无色时,更换另一只接收器,改用水为洗脱剂,黄绿色的荧光黄开始向柱子下部移动,用另一只接收器收集至黄绿色带全部洗出为止,分别得到两种染料的溶液。

样品中各组分在吸附剂上经过吸附、溶解、再吸附、再溶解等过程,即可按极性大小自上而下移动而相互分离。在此过程应注意:

①洗脱剂应平稳加入,整个过程中,应使洗脱剂始终覆盖吸附剂。

②在洗脱过程中,样品在柱内的下移速度不能太快,也不能太慢,通常流出的速度为每分钟 5~10 滴。若洗脱剂下移速度太慢,可适当加压或用水泵减压。

③当色带出现拖尾时,可适当提高洗脱剂的极性。

④如果被分离各组分有颜色,可以根据色谱柱中出现的色层收集洗脱液。如果各组分无色,先用等分收集法收集(该操作可由自动收集器完成),然后用薄层色谱法逐一鉴定,再将相同组分的收集液合并在一起。蒸除洗脱溶剂,即得各组分。

实验 2-8 柱色谱分离亚甲基蓝和荧光黄

一、实验目的

(1)了解柱色谱的基本原理。
(2)掌握柱色谱的基本操作技术。

二、实验原理

色谱分离法是一种物理分离方法,柱色谱是色谱法的一种,是固-液吸附层析,它根据混合物各成分对吸附剂吸附能力的不同来达到分离的目的。

吸附柱色谱通常是将一些表面积很大并经过活化的多孔性物质或粉状固体作为吸附剂,填装入一根玻璃管中,作为固定相。加入待分离混合物样品溶液,样品被吸附在柱子的上端,然后从柱顶加入洗脱剂洗脱。由于各组分的吸附能力不同,故发生不同程度的解吸,从而以不同速度下移,形成若干色带,如图 2-26 所示。若继续用洗脱剂洗脱,则吸附能力最弱的组分首先被洗脱出来。整个层析过程反复进行吸附-解吸附-再吸附-再解吸附。分别收集各组分,再逐个鉴定。

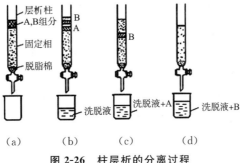

图 2-26 柱层析的分离过程

三、仪器与试剂

仪器：层析柱(1cm×30cm)，干燥漏斗，50mL 锥形瓶，玻璃棒，50mL 烧杯，铁架台，长滴管。

试剂：活性氧化铝(160～200 目)，亚甲基蓝($1g \cdot L^{-1}$乙醇溶液)，荧光黄($1g \cdot L^{-1}$乙醇溶液)，$10g \cdot L^{-1}$乙酸，95%乙醇，无水乙醇，脱脂棉。

四、实验步骤

1. 装柱

将一支干净层析柱固定在铁架台上，尖端向下，关闭活塞，倒入 95%乙醇至柱高的 2/3 处。打开活塞，使层析柱胶管及玻璃尖头处气体排出。在层析柱底部填入少许脱脂棉(0.5cm 厚)，用玻璃棒轻轻压平，并在脱脂棉上盖一片比柱内径略小的滤纸片。在小烧杯内加入 10mL 无水乙醇、4g 活性氧化铝，并用玻璃棒搅拌，使氧化铝饱和。用漏斗将糊状氧化铝－乙醇装入柱中，边装边用手指轻弹玻璃管，使填充紧密均匀(装柱时要保证活塞打开，氧化铝不能干)。将糊状氧化铝装完后，在氧化铝的顶部覆盖一片比柱内径略小的滤纸片，柱顶液面要保持在滤纸片以上。

2. 加样

当乙醇液面流至离吸附剂界面还有 1～2mm 高时，关闭活塞，用长滴管缓慢加入 0.5mL 亚甲基蓝和荧光黄的乙醇混合液。

3. 洗脱与收集

打开活塞，待亚甲基蓝和荧光黄的乙醇混合液的液面与柱上端滤纸片相平时(此时待分离液已全部进入层析柱)，首先用长滴管沿管壁缓慢加入洗脱剂(95%乙醇。加样和洗脱时，一定要保证柱中吸附剂全部浸入溶剂中，否则溶剂流干后会使柱身干裂，影响分离)，此时可观察到柱中有蓝色色带出现，继续洗脱至色带完全展开。随后用 $10g \cdot L^{-1}$乙酸溶液洗脱荧光黄。用锥形瓶分别接留各个色带，可得不同分离物。

实验完毕后，在指定处倒出柱中的氧化铝，将层析柱洗净，倒立于铁架台上晾干；将蓝色与黄色溶液分别倒入指定容器中。

五、注意事项

(1)层析柱装填得紧密与否，对分离效果影响很大。若柱中留有气泡或各部分松紧不匀(更不能有断层)时，会影响渗透速度和显色的均匀。

(2)在吸附柱上端加入滤纸片是为了加样品和洗脱剂时不致把吸附剂冲起，影响分离效果；在吸附柱下端加入脱脂棉是为了防止吸附剂细粒流出。

(3)为了保持吸附柱的均一性，应该使整个吸附剂浸泡在溶剂或溶液中，即从第一次注入乙醇起直至实验完毕，绝不能让柱内液体的液面降至滤纸片之下。否则，当柱中溶剂或溶液流干时，会使柱身干裂。若重新加入溶剂，会使吸附柱的各部分不均匀而影响分离效果。

六、思考题

(1)什么是吸附柱色谱？其基本原理是什么？

(2)层析柱中若留有空气或装填不匀,会对分离效果产生什么影响？如何避免这些影响？

2.14.2 薄层色谱

薄层色谱(thin layer chromatography)常用 TLC 表示,又称"薄层层析",属于固液吸附色谱。样品在薄层板上的吸附剂(固定相)和溶剂(移动相)之间进行分离。由于各种化合物的吸附能力不相同,因此,在展开剂上移时,它们进行不同程度的解吸,从而达到分离的目的。

薄层色谱分为薄层吸附色谱和薄层分配色谱2种,本节介绍的是薄层吸附色谱。薄层色谱是将吸附剂均匀地涂在玻璃板或某些高分子薄膜上作为固定相,经干燥、活化后点上待分离的样品,用适当极性的溶剂作为展开剂(即流动相)。当展开剂在吸附剂上展开时,由于样品中各组分对吸附剂的吸附能力不同,故发生连续的吸附和解吸附过程,吸附能力弱的组分随流动相较快地向前移动,吸附能力强的组分则移动较慢。利用各组分在展开剂中的溶解能力和被吸附剂吸附能力的不同,最终将各组分彼此分开。如果各组分本身有颜色,则薄层板干燥后会出现一系列高低不同的斑点,如果各组分本身无色,则可用各种显色剂或在特殊光源下使之显色,以确定斑点位置。

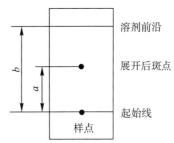

图 2-27 色谱图中斑点位置的鉴定

在薄板上,混合物的每个组分上升的高度与展开剂上升的前沿之比称为该化合物的 R_f 值,又称"比移值",如图 2-27 所示。对于同一化合物,当实验条件相同时,其 R_f 值应是一样的。因此,可用 R_f 值来初步鉴定物质。

R_f 值可由下式计算:

$$R_f = \frac{样品原点中心到斑点中心的距离}{样品原点中心到溶剂前沿的距离}$$

两种成分要实现良好的分离,R_f 值应在 0.15 和 0.75 之间,否则应该重新选择展开剂进行展开。

薄层色谱多用于:化合物的定性检验;快速分离少量物质;跟踪反应进程,在进行化学反应时,常利用薄层色谱观察原料斑点的消失与否,来判断反应是否完成;化合物纯度的检验,只出现一个斑点,且无拖尾现象,为纯物质。此法特别适用于挥发性较小或在较高温度易发生变化而不能用气相色谱分析的物质。

应该指出,薄层色谱的操作过程是否成功,与样品、吸附剂、展开剂以及薄层厚度等因素有关。

一、吸附剂的选择

薄层色谱最常用的吸附剂是硅胶粉和氧化铝粉。硅胶是无定形多孔物质,略具酸性,适用于中性或酸性物质的分离。薄层色谱用的硅胶可分为以下几种。

①硅胶 H：不含黏合剂和其他添加剂。

②硅胶 G：含煅烧石膏($CaSO_4 \cdot 2H_2O$)，用作黏合剂。

③硅胶 HF_{254}：含荧光物质，可在波长为254nm的紫外光下观察荧光。

④硅胶 GF_{254}：含煅烧石膏及荧光物质。

与硅胶相似，氧化铝也因含黏合剂或荧光剂而分为氧化铝 G、氧化铝 GF_{254} 及氧化铝 HF_{254}。氧化铝的极性比硅胶大，比较适用于分离极性小的化合物。

通常按是否加黏合剂将薄层板分为2种，加黏合剂的薄层板称为"硬板"，不加黏合剂的薄层板称为"软板"。常用的黏合剂除煅烧石膏外，还有淀粉、羧甲基纤维素钠(CMC)等。化合物的吸附能力与它们的极性成正比，极性大，则与吸附剂的作用强，随展开剂移动慢，R_f值小；反之，极性小，则R_f值大。因此，利用硅胶或氧化铝薄层色谱可把不同极性的化合物分开，甚至可以把结构相近的顺、反异构体分开。各类有机化合物与上述两类吸附剂的亲和力大小次序大致如下：羧酸＞醇＞伯胺＞酯、醛、酮＞芳香族硝基化合物＞卤代烃＞醚＞烯烃＞烷烃。

供薄层色谱用的吸附剂粒度较小，标签上有专门说明，不可与柱色谱吸附剂混用。其颗粒大小一般为 260 目以上。颗粒太大，展开剂移动速度快，分离效果不好；颗粒太小，展开剂移动太慢，斑点不集中，效果也不理想。

二、展开剂的选择

薄层色谱展开剂的选择与柱色谱洗脱剂的选择相同，极性大的化合物需用极性大的展开剂，极性小的化合物需用极性小的展开剂。一般先用单一溶剂展开，然后根据分离效果，改变溶剂的极性或选用混合溶剂。若发现样品各组分的比移值较大，可加入适量极性较小的展开剂，如石油醚等。反之，若样品各组分的比移值较小，则可加入适量极性较大的展开剂试行展开。在实际工作中，常用两种或三种溶剂的混合物作展开剂，这样更有利于调配展开剂的极性，改善分离效果。通常希望R_f值在 0.2 和 0.8 之间，最理想的 R_f 值在 0.4 和 0.5 之间。

常用展开剂的极性大小次序如下：己烷或石油醚＜环己烷＜四氯化碳＜三氯乙烯＜二硫化碳＜甲苯＜苯＜二氯甲烷＜氯仿＜乙醚＜乙酸乙酯＜丙酮＜丙醇＜乙醇＜甲醇＜水＜吡啶＜乙酸。

三、薄层板的制备

薄层板制备的好坏直接影响色谱的分离效果。在制备薄层板时要求薄层要尽量均匀，厚度一致，否则展开时展开溶剂前沿不整齐，色谱结果也不易重复。首先在洗净、干燥的玻璃板上铺一层均匀的厚度一定的吸附剂。铺层可分为干法和湿法 2 种，现分别介绍如下。

(1) 干法制板常用氧化铝作吸附剂，将氧化铝倒在玻璃上，取一根直径均匀的玻璃棒，将两端用胶布缠好，在玻璃板上滚压，把吸附剂均匀地铺在玻璃板上。这种方法操作简便，展开快，但是样品展开点易扩散，制成的薄板不易保存。

(2) 实验室最常用的是湿法制板。按铺层的方法不同又可分为平铺法、倾注法和浸涂法 3 种。在湿法制板前首先要制备浆料。例如，称取 3g 硅胶 G，边搅拌边慢慢加入盛有 6～

7mL 0.5%~1.0% CMC 清液的烧杯中,调成糊状,即可用于制板。

①平铺法。将糊状硅胶均匀地倒在 3 块载玻片上,先用玻璃棒铺平,然后用手轻轻震动至平整。大量铺板或铺较大板时,也可使用涂布器。

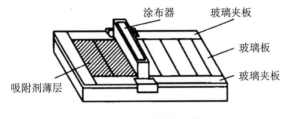

图 2-28 薄层板涂布器

②倾注法。将调好的浆料倒在玻璃板上,用手摇晃,使其表面均匀平整,然后放在水平的平板上晾干。使用这种制板方法时,浆料的厚度不易控制。

③浸涂法。将两块干净的载玻片对齐,紧贴在一起,浸入浆料中,使载玻片上涂上一层均匀的吸附剂,取出分开,晾干。

在制备薄层板过程中应注意:

①铺板时,尽可能将吸附剂铺均匀,不能有气泡或颗粒等。

②铺板时,吸附剂的厚度不能太厚也不能太薄,太厚时展开会出现拖尾,太薄时样品分不开,一般厚度为 0.5~1.0mm。

③湿板铺好后,应放在比较平的地方慢慢自然干燥,千万不要快速干燥,否则薄层板会出现裂痕。

涂好的薄层板要在室温下晾干,然后还需要活化。硅胶板活化一般是在 105~110℃ 烘 30min;氧化铝板活化是在 200~220℃ 烘 4h。将活化后的薄层板放在干燥器内备用,以防吸湿而失去活性。

四、点样

先用铅笔在距薄层板一端 1cm 处轻轻画一条横线作为起始线,然后用毛细管吸取样品,在起始线上小心点样,斑点直径一般不超过 2mm。若因样品溶液太稀,可重复点样,但应待前次点样的溶剂挥发后方可重新点样,以防样点过大,造成拖尾、扩散等现象,而影响分离效果。若在同一板上点几个样,样点间距离应大于 1cm。点样时动作要轻,不可刺破薄层。

五、展开

薄层色谱的展开需要在密闭的容器内进行。将选择好的展开剂放入展开缸中,使缸内溶剂蒸气饱和几分钟,再将点好样品的薄层板放入缸内展开,如图 2-29 所示。

在薄层色谱展开时,先向层析缸中加入配好的展开溶剂,使其高度不超过 1cm。将薄层板点有样品的一端小心放入层析缸中(注意:展开剂液面的高度应低于样品斑点)。盖好瓶盖,在展开过程中,样品斑点随着展开剂向上迁移。当展开剂前沿上升到一定高度时,取出薄层板,尽快在板上标

图 2-29 薄层板在层析缸中的展开

出展开剂前沿的位置。晾干,观察斑点位置,计算 R_f 值。

六、显色

样品展开后,如果本身带有颜色,可直接观察斑点的位置。但是,大多数有机化合物是无色的,因此,就存在显色的问题。常用的显色方法有以下 2 种。

(1) 显色剂显色法。常用的显色剂有碘和三氯化铁溶液等。许多有机化合物能与碘生成棕色或黄色的络合物。利用这一性质,在一密闭容器中(一般用展开缸即可)放几粒碘,将展开并干燥的薄层板放入其中,稍加热,让碘升华。当样品与碘蒸气反应后,薄层板上的样品点处即可显示出黄色或棕色斑点,取出薄层板用铅笔将点圈好即可。除饱和烃和卤代烃外,其他有机化合物均可采用此方法。三氯化铁溶液可用于带有酚羟基化合物的显色。

(2) 紫外光显色法。用硅胶 GF_{254} 制成的薄层板中加入了荧光剂,在 254nm 波长的紫外灯下,可观察到暗色斑点,此斑点就是样品点。

以上这些显色方法在柱色谱和纸色谱中同样适用。

实验 2-9　薄层色谱

一、实验目的

(1) 了解薄层色谱的基本原理。
(2) 掌握薄层色谱的操作技术。
(3) 掌握用薄层色谱法分离和鉴定有机化合物的方法。

二、实验原理

薄层色谱法又称"薄层层析法",它是分离、纯化和鉴定有机化合物的一种重要方法,不仅适用于小量样品(μg 级)的分离,也适用于较大量样品(500mg)的精制和纯化。

薄层色谱法采用硅胶、氧化铝等吸附剂铺成薄层,用毛细管将样品点在原点处,通过移动的展开剂将溶质解吸。解吸出来的溶质随着展开剂向前移动,遇到新的吸附剂,溶质又会被吸附,新到的展开剂又会将其解吸,经过多次的解吸—吸附—解吸的过程,溶质就会随着展开剂移动。吸附力强的溶质随展开剂移动的速度慢,吸附力弱的溶质随展开剂移动的速度快,这样不同的组分在薄层板上就得以分离。

如果各组分本身有颜色,在层析板上可直接显出斑点;如果样品是无色的,可以用显色的方法使其显色;若用的是荧光薄层板,则可在紫外灯下直接观察。最后计算样品中各组分的比移值(R_f),并与已知对照品比较,进行定性鉴别。

三、仪器与试剂

仪器:层析缸,50mL 烧杯,玻璃片,洗耳球,点样毛细管,量筒,铅笔,尺子,镊子,玻璃棒。
试剂:硅胶 G,0.5% 羧甲基纤维素钠溶液,碘,邻硝基苯胺,对硝基苯胺,乙酸乙酯,石油醚。

四、实验步骤

1. 制板

称取4g硅胶G,加入50mL烧杯中,加入10~12mL 0.5%羧甲基纤维素钠溶液,调成糊状,均匀地铺在两块洁净的玻璃片上。平放自然晾干后,放入烘箱内,在105℃活化0.5h,自然冷却后待用。

2. 点样

取硅胶层析板,在距板一端1.0~1.5cm处用铅笔轻画一条横线作为起始线,将起始线四等分,在等分点上用"×"标记点样位置。用管口平整的毛细管分别吸取邻硝基苯胺、对硝基苯胺和邻硝基苯胺－对硝基苯胺混合液,轻轻点在等分点处。每种样品点样1~2次(点样次数视样品浓度而定)。每次点样后必须用洗耳球吹干,待溶剂挥发后再重复点加样品,样品点直径不超过2mm。

3. 展开

将点有上述样品的一端放入盛有乙酸乙酯－石油醚展开剂的层析缸中,点样一端在下,浸入展开剂约0.5cm,盖好盖子。待展开剂距层析板顶端约1.5cm时取出,立即用铅笔画出溶剂前沿。

4. 显色

用碘熏显色,或在254nm波长的紫外灯下观察,可看到明显的斑点,画出斑点位置。

5. 计算 R_f 值

找出各斑点的中心点,用尺子量出样品原点到各斑点中心的距离和原点到溶剂前沿的距离,计算各斑点的 R_f 值。

五、注意事项

(1)玻璃片应保持干净且不被手污染,吸附剂在玻璃片上应均匀平整。

(2)点样时不能刺破薄层板面,各样点间距为1.0~1.5cm,样品点直径不超过2mm。

(3)展开时,不要让展开剂前沿上升至底线。否则,无法确定展开剂的上升高度,即无法求得 R_f 值和准确判断粗产物中各组分在层析板上的相对位置。

六、思考题

(1)点样时,若两个样点距离太近或点样量太多,展开后会出现什么现象?

(2)计算 R_f 值有什么作用?

(3)对于同一物质,几次层析的 R_f 值会不会完全相同?为什么?

2.14.3 纸色谱

纸色谱是一种分配色谱,以滤纸为载体,纸纤维上吸附的水(一般纤维能吸附20%~25%的水分)为固定相,与水不相混溶的有机溶剂为流动相。将样品点在滤纸的一端,放在一个密闭的容器中,使流动相从有样品的一端通过毛细管作用流向另一端,依靠溶质在两相间的分配系数不同而达到分离的目的。通常极性大的组分在固定相中分配得多,随流动相移动的速度会慢一些;极性小的组分在流动相中分配得多,随流动相移动的速度会快一些。与薄层色谱一样,纸色谱也可用比移值(R_f)与已知物对比的方法,作为鉴定化合物的手段,其 R_f 值计算方法同薄层色谱法。

纸色谱法多数用于多官能团或极性较大的化合物的分离,如糖、氨基酸等,对亲水性强的物质分离效果较好,对亲脂性的物质则较少用纸色谱。利用纸色谱进行分离,所费时间较长,一般需要几个小时到几十个小时。但由于它具有设备简单、试剂用量少、便于保存等优点,故在实验室条件受限时常用此法。

纸色谱的操作方法和薄层色谱类似,分为滤纸的选择与处理、展开剂的选择、样品的处理与点样、展开、显色与结果处理等步骤。其中前三步是做好纸色谱的关键。

一、滤纸的选择与处理

(1)滤纸要质地均匀、平整、无折痕、边缘整齐,以保证展开剂展开速度均一,滤纸应有一定的机械强度。

(2)纸纤维应有适宜的松紧度,太疏松易使斑点扩散,太紧密易使流速太慢,所费时间长。

(3)纸质要纯,杂质少,无明显荧光斑点,以免与色谱斑点相混淆。

有时为了适应某些特殊化合物的分离,需将滤纸做特殊处理。如分离酸性或碱性物质时,为保持恒定的酸碱度,可将滤纸浸于一定的 pH 缓冲溶液中预处理后再用,或在展开剂中加一定比例的酸或碱。在选用滤纸型号时,应结合分离对象考虑。对于 R_f 值相差很小的混合物,宜采用慢速滤纸;对于 R_f 值相差较大的混合物,则可采用快速或中速滤纸。厚纸载量大,供制备或定量用;薄纸则一般供定性用。

二、展开剂的选择

选择展开剂时,要从待分离物质在两相中的溶解度和展开剂的极性来考虑。对极性化合物来说,增加展开剂中极性溶剂的比例,可以增大 R_f 值;增加展开剂中非极性溶剂的比例,可以减小 R_f 值。此外,还应考虑分离的物质在两相中有恒定的分配比,最好不随温度而改变,易达到分配平衡。

分配色谱所选用的展开剂与吸附色谱有很大不同,多采用含水的有机溶剂。纸色谱最常用的展开剂是用水饱和的正丁醇、正戊醇、酚等,有时也加入一定比例的甲醇、乙醇等。加入这些溶剂,可增加水在正丁醇中的溶解度,增大展开剂的极性,增强对极性化合物的展开能力。

三、样品的处理及点样

用于色谱分析的样品,一般需初步提纯,如测定氨基酸的样品中,不能含有大量的盐类、蛋白质等,否则会互相干扰,分离不清。溶解样品的溶剂尽量不用水,因为水易使斑点扩散,并且水不易挥发除去。溶解样品的溶剂一般用丙酮、乙醇、氯仿等。最好用与展开剂极性相近的溶剂。若样品为液体,一般可直接点样,点样时用内径约为 0.5mm 的毛细管或微量注射器吸放试样,轻轻接触滤纸,控制点的直径在 1.5~2.0mm,立即用冷风将其吹干。

四、展开

纸色谱亦需在密闭的层析缸中展开。向层析缸中先加入少量选择好的展开剂,放置片刻,使缸内空间被展开剂所饱和,再将点好样的滤纸放入缸内。同样,展开剂的水平面应在点样线以下约 1cm 处。有时,在滤纸点好样后,将准备作为展开剂的混合溶剂振摇混合,分层后取下层水溶液作为固定相,上层有机溶剂作为流动相。方法是先将滤纸悬在用有机溶剂饱和的水溶液的蒸气中,但不和水溶液接触,密闭饱和一定时间。然后,将滤纸点样的一端放入展开剂中进行展开。这样做的原因有 2 个:第一,流动相若没有预先被水饱和,则展开过程中就会把固定相中的水分夺去,使分配过程不能正常进行;第二,滤纸先在水蒸气中吸附足够量的作为固定相的水分。按展开方式,纸色谱法又分为上行展开法、下行展开法和水平展开法。

五、显色与结果处理

当展开剂移动到纸的 3/4 距离时,取出滤纸,用铅笔画出溶剂前沿,然后用冷风吹干。通常先在日光下观察,画出有色物质的斑点位置;然后在紫外灯下观察有无荧光斑点,并记录其颜色、位置及强弱;最后利用物质的特性反应喷洒适当的显色剂,使斑点显色。按 R_f 值公式计算出各斑点的比移值。

实验 2-10 纸色谱

一、实验目的

(1) 了解纸层析的基本原理。
(2) 通过对氨基酸的分离和鉴定学习纸色谱的基本操作方法。

二、实验原理

纸色谱又称"纸层析",是微量混合物快速分离的一种方法。一般把混合物点在层析纸条的一端,然后在层析筒中把点样端的一边浸入有机溶剂中。当有机溶剂借助毛细作用沿纸条上行时,各组分随之上行并被分离成不同的斑点,必要时喷显色剂使之显色。纸层析的原理比较复杂,主要属于分配色谱。

纸色谱以滤纸作为载体;由于纸纤维和水有较大亲和力,滤纸在室温下可吸附 20%~25%的水,故以水作为固定相;以有机溶剂作为流动相(展开剂)。当样品随着有机溶剂上行时,在滤纸中任何一点的物质都会与水和有机溶剂发生多次分配。在有机溶剂中具有较大溶解度的化合物随展开剂上行的速度较快,而在水中溶解度较大的化合物随展开剂上行的速度较慢,最后样品中的不同组分得以分离。

通常用比移值(R_f)表示化合物移动的距离。

$$R_f = \frac{原点到层析斑点中心的距离}{原点至溶剂前沿的距离}$$

各种化合物的 R_f 值与其结构、滤纸的种类、温度、展开剂等因素有关,但在上述条件一定时,R_f 值是一个特定常数,可以用于鉴定化合物。一般将标准样品与未知样品在同一层析纸上展开,通过比较 R_f 值和斑点颜色进行鉴定。

纸色谱主要用于多官能团或强极性有机化合物的分析分离,如糖、氨基酸等。

三、仪器与试剂

仪器与材料:层析筒,毛细管,层析滤纸(在展开剂蒸气中放置过夜),电吹风机,尺子,铅笔,剪刀。

试剂:$2g \cdot L^{-1}$ 苯丙氨酸水溶液,$2g \cdot L^{-1}$ 赖氨酸水溶液,苯丙氨酸和赖氨酸混合液(浓度均为 $2g \cdot L^{-1}$),展开剂(正丁醇:醋酸:水 = 4:1:5),显色剂(茚三酮丙酮溶液,$1g \cdot L^{-1}$)。

四、实验步骤

1. 上行展开法

(1)点样。取一条尺寸为 $4cm \times 15cm$ 的层析纸,在滤纸的一端 2~3cm 处用铅笔画起始线,在距起始线 8cm 处画终点线。在起始线上作记号,整个过程中手只可接触终点线以外的部分,以免手上油脂沾污滤纸,如图 2-30 所示。

图 2-30 层析纸点样

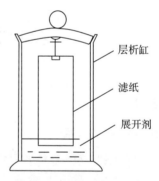

图 2-31 纸色谱装置

用内径小于 0.5mm 的毛细管分别吸取苯丙氨酸、赖氨酸和混合液,轻轻点在起始线的左、右、中处。样品直径为 1.5~2.0mm,用电吹风机将样品吹干后复点一次。

(2)展开。用剪刀在纸条上方中间剪一小孔,把层析纸垂直挂在层析缸盖的小钩上,并使纸条下端浸入展开剂约 1cm,如图 2-31 所示。展开剂随即在层析纸上向上移动,待展开剂上升至终点线(溶剂前沿)时,取出纸条,烘干。

(3)显色。将茚三酮丙酮溶液均匀地喷洒于层析纸上,烘干。用铅笔圈出斑点位置,并找出最高浓度中心。

(4)计算 R_f 值。测出斑点最高浓度中心与点样中心的距离,并计算出 R_f 值。在相同外界条件下,R_f 值是特定常数,因此,若 R_f 值和斑点颜色都相同,则混合样中含有与标准样相同的物质。

2. 环形展开法

(1) 点样。取一张圆形滤纸,用圆规在滤纸中心以 1cm 为半径画一个圆,将此圆分成四等份,并以此圆为原点,在滤纸边缘对应每一等份点处用铅笔标上"苯、赖、混"字样。用内径小于 0.5mm 的毛细管分别吸取样品溶液,轻轻点在相应的滤纸边缘上,样点直径以 1.5～2.0mm 为宜。用电吹风机将样品吹干后复点一次,如图 2-32(a)所示。

(2) 制作纸芯。用一条 1.5～2.0cm 长的同质条形滤纸,将一端剪成齿状,卷起来即成纸芯。然后在圆形滤纸的圆心处用圆规穿一个小孔,孔的大小恰好能让滤纸芯插入,纸芯的齿状下端以刚好能接触到培养皿底为宜。

(3) 展开。向培养皿中倒入 10mL 展开剂(注意不要溅到边上),把圆形滤纸平放在培养皿上,盖上同样大小的培养皿盖。当展开剂扩展到边缘时,取出滤纸,拔出纸芯,用铅笔描出溶剂前沿,烘干,如图 2-32(b)所示。

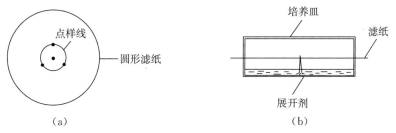

图 2-32 纸色谱点样及展开示意图

(4) 显示斑点。将茚三酮丙酮溶液均匀地喷洒于层析纸上,烘干。用铅笔圈出斑点位置,并找出最高浓度中心。

(5) 计算 R_f 值。测出斑点最高浓度中心与点样中心的距离,并计算出 R_f 值。在相同外界条件下,R_f 值是特定常数,因此,若 R_f 值和斑点颜色都相同,则混合样中含有与标准样相同的物质。

五、思考题

(1) 点样时为什么要将斑点控制在一定的大小?斑点太大或太小会怎么样?
(2) 展开时,样点能否在展开剂液面之下?为什么?
(3) 用 R_f 值鉴定化合物时,为什么要在相同条件下做对比实验?
(4) 弱极性或非极性有机化合物以及无机化合物能否用纸色谱分离和鉴定?为什么?

第三部分 有机化合物的制备与提取

实验 3-1 环己烯的制备

一、实验目的

(1) 学习用环己醇制取环己烯的原理和方法。
(2) 了解分馏的原理和基本操作。
(3) 掌握使用分液漏斗洗涤液体的基本操作及用干燥剂干燥液体的方法。

二、实验原理

环己醇通常可用浓磷酸或浓硫酸作催化剂经脱水制备环己烯,本实验以浓磷酸作脱水剂来制备环己烯。

主反应:

$$\text{C}_6\text{H}_{11}\text{OH} \xrightleftharpoons{85\% \text{H}_3\text{PO}_4} \text{C}_6\text{H}_{10} + \text{H}_2\text{O}$$

副反应:

$$2\,\text{C}_6\text{H}_{11}\text{OH} \xrightleftharpoons{85\% \text{H}_3\text{PO}_4} (\text{C}_6\text{H}_{11})_2\text{O} + \text{H}_2\text{O}$$

反应特点:
(1) 需酸催化,如磷酸、硫酸和氧化铝。
(2) 可逆反应。为提高反应产率,本实验采用边反应边分馏的方法,将环己烯不断蒸出,从而使平衡向右移动。

三、仪器与试剂

仪器:50mL 圆底烧瓶,维氏分馏柱,直形冷凝管,蒸馏头,温度计套管,接引管,锥形瓶,150℃温度计,分液漏斗。

试剂:环己醇,85%磷酸,饱和食盐水,无水氯化钙,沸石。

四、物理常数

化合物名称	分子量	性状	比重	熔点 ℃	沸点 ℃	折光率 n	溶解度		
							水	乙醇	乙醚
环己醇	100.16	晶体或液体	0.9624	25.2	161	1.461	略溶	溶	溶
环己烯	82.14	液体	0.8102	−103.7	83.3	1.445	难溶	易溶	易溶

五、实验步骤

向干燥的 50mL 圆底烧瓶中加入 10mL 环己醇及 5mL 85%磷酸,充分振荡,使两种液体混合均匀。再加几粒沸石,然后在烧瓶上装上分馏柱,分馏柱支管连接直形冷凝管,用小锥形瓶作接收器,置于碎冰浴中,如图 1-6 所示。将烧瓶置于石棉网上,用小火加热混合物至沸腾,以较慢速度进行蒸馏,并控制分馏柱顶部温度不超过 73℃,馏出液为带水的混合物。当无液体蒸出时,加大火焰,继续蒸馏,当温度达到 85℃时,停止加热,烧瓶中只剩下很少量的残渣并出现阵阵白雾,馏出液为环己烯和水的混浊液。

将馏出液转移到 50mL 分液漏斗中,静置分层,放去水层。向有机层中加入等体积的饱和食盐水,振荡分液漏斗,静置分层,放去水层。将有机层转移到干燥的小锥形瓶中,加入 1～2g 无水氯化钙干燥。用塞子将锥形瓶塞好,间歇地振荡,至液体变得澄清透明。

将干燥后的粗制环己烯加入干燥的 50mL 圆底烧瓶中,加几粒沸石,在水浴中加热蒸馏,收集 81～85℃的馏分。称量质量,计算产率。

纯环己烯为无色透明液体,b.p.83.3℃,$d_4^{20}=0.8102$,$n_D^{20}=1.4450$。

六、注意事项

(1)环己醇在常温下为黏稠的液体,量筒内的环己醇难以倒净,会影响产率;若采用称量法,则可避免损失。

(2)小火加热至沸腾,调节加热速度,以保证反应速度大于蒸出速度,使分馏得以连续进行。控制柱顶温度不超过 73℃,防止未反应的环己醇蒸出,降低反应产率。反应时间约为 40min。

(3)用饱和食盐水洗涤的目的是洗去有机层中水溶性杂质,减少有机物在水中的溶解度。

(4)水层应尽可能分离完全,否则将增加无水氯化钙的用量,使产物更多地被干燥剂吸附而导致损失。这里用无水氯化钙干燥较为适合,因为它可以除去少量环己醇。

(5)在蒸馏已干燥的产物时,蒸馏所用仪器都应充分干燥。

七、思考题

(1)在环己烯制备实验中,为什么要控制分馏柱顶温度不超过 73℃?

(2)进行分馏操作时应注意什么?

(3)在环己烯的制备过程中,如果你的实验产率太低,试分析主要在哪些操作步骤中造成了损失。

实验3-2 溴乙烷的制备

一、实验目的

(1)掌握由醇制备卤代烃的方法和原理。
(2)学习低沸点蒸馏的基本操作。
(3)巩固分液漏斗的使用方法。

二、实验原理

在实验室中制备饱和一元卤代烃时,一般是以醇类为原料,使醇羟基被卤原子置换。最常用的方法是用醇与氢卤酸反应:

$$ROH + HX \rightleftharpoons RX + H_2O$$

若用此法制备溴代烷,氢溴酸可以用47.5%浓氢溴酸,也可以借助溴化钠和硫酸作用而制得。

主反应:

$$NaBr + H_2SO_4 \longrightarrow HBr + NaHSO_4$$

$$C_2H_5OH + HBr \rightleftharpoons C_2H_5Br + H_2O$$

副反应:

$$2C_2H_5OH \xrightarrow{H_2SO_4} C_2H_5OC_2H_5 + H_2O$$

$$C_2H_5OH \xrightarrow{H_2SO_4} C_2H_4 + H_2O$$

$$2HBr + H_2SO_4 \longrightarrow Br_2 + SO_2 + 2H_2O$$

本实验采用溴化钠-硫酸法。制备溴乙烷的反应是可逆的,为了使反应平衡向右移动,可以在增加乙醇用量的同时,把反应生成的低沸点的溴乙烷及时地从反应混合物中蒸馏出来。

三、仪器与试剂

仪器:100mL圆底烧瓶,50mL圆底烧瓶,锥形瓶,烧杯,蒸馏头,直形冷凝管,接引管,温度计,温度计套管,分液漏斗,量筒,电热套。

试剂:95%乙醇,浓硫酸,溴化钠固体,饱和亚硫酸氢钠,沸石。

四、物理常数

化合物名称	分子量	性状	比重	熔点 ℃	沸点 ℃	折光率 n	溶解度		
							水	乙醇	乙醚
乙醇	46	无色液体	0.789	−114.1	78.4	1.362	∞	∞	易溶

续表

化合物名称	分子量	性状	比重	熔点 ℃	沸点 ℃	折光率 n	溶解度 水	溶解度 乙醇	溶解度 乙醚
溴乙烷	108.9	无色液体	1.4612	−119	38.4	1.4242	难溶	∞	∞
乙醚	74.12	无色液体	0.7138	−116.3	34.6	1.3556	微溶	易溶	∞
乙烯	28.06	气体	1.256	−169.4	−103.9	1.363	不溶	微溶	易溶

五、实验步骤

向 100mL 圆底烧瓶中加入 13g 研细的溴化钠,然后加入 9mL 水,振荡使之溶解,再加入 10mL 95％乙醇。在冷却和不断摇荡下,慢慢地加入 19mL 浓硫酸,用冷水冷却至室温后,加入几粒沸石,按图 1-5(b)所示装好装置。溴乙烷的沸点很低,极易挥发,为了避免挥发损失,在接收器中加入冷水及 5mL 饱和亚硫酸氢钠溶液,放在冰水浴中冷却,并使接引管的末端刚好浸没在接收器的水溶液中。将反应混合物小火加热至瓶中物质开始发泡,控制火焰大小,使油状物质逐渐蒸馏出去。约 30min 后,慢慢地加大火焰,直到无油滴滴出为止。馏出物为乳白色油状物,沉于瓶底。

将馏出液倒入分液漏斗中,静置分层,将下层的粗制溴乙烷放入干燥的小锥形瓶中。再将锥形瓶浸入冰水浴中,逐滴加入浓硫酸,边加边振摇,除去乙醚、水、乙醇等杂质,直至上层产物由乳白色变得清澈透明(约需 4mL),下层为硫酸层。待完全分层后,用干燥的分液漏斗小心地分去硫酸层。

将溴乙烷层从分液漏斗的上口倒入干燥的 50mL 蒸馏瓶中,加入几粒沸石,再用水浴加热蒸馏。收集产物的锥形瓶要干燥,并用冰水浴冷却,收集 36～40℃的馏分。蒸馏完成后,用橡胶塞塞紧锥形瓶,称量质量,计算产率。

纯溴乙烷为无色液体,b.p. 38.4℃,$d_4^{20}=1.4612$,$n_D^{20}=1.4242$。

六、注意事项

(1)溴化钠要先研细,在振摇下加入,以防止结块而影响反应进行。如用含结晶水的溴化钠($NaBr·2H_2O$),其用量按物质的量换算,并相应地减少加入的水量。

(2)加热不均或过于剧烈时,会有少量的溴分解出来,使蒸出的油层带棕黄色。为防止此现象的发生,应在反应物混合时,严格地将温度控制在室温。

(3)在反应过程中,一旦发生接收器中的液体倒吸进入冷凝管的情况时,应暂时把接收器放低,使接引管的下端露出液面,即可排除液体。

(4)反应结束后,应趁热将残液倒出,以防硫酸氢钠冷却结块,不易倒出。

(5)要避免将水带入分出的溴乙烷中,否则,加硫酸处理时,将产生较多的热量而使溴乙烷挥发损失。

七、思考题

(1)在制备溴乙烷时,反应混合物中如果不加水,会有什么结果?

(2)粗产物中会有什么杂质?这些杂质是如何除去的?

(3) 如果你的实验结果产率不高，试分析其原因。

实验 3-3 1-溴丁烷的制备

一、实验目的

(1) 学习以溴化钠、浓硫酸和正丁醇为原料制备 1-溴丁烷(正溴丁烷)的方法与原理。
(2) 练习带有吸收有害气体装置的回流加热操作。
(3) 复习洗涤分液、液体有机物的干燥及常压蒸馏等基本操作。

二、实验原理

制备卤代烃的方法有多种，但实验室制备饱和一元卤代烃最常用的方法是醇与氢卤酸的反应：

$$ROH + HX \rightleftharpoons RX + H_2O$$

若用此法制备 1-溴丁烷，原料用正丁醇和 47.5% 氢溴酸，或用溴化钠与硫酸。

$$n\text{-}C_4H_9OH + HBr \rightleftharpoons n\text{-}C_4H_9Br + H_2O$$

或

$$NaBr + H_2SO_4 \longrightarrow HBr + NaHSO_4$$

$$n\text{-}C_4H_9OH + HBr \xrightarrow{H_2SO_4} n\text{-}C_4H_9Br + H_2O$$

醇与氢溴酸的反应是可逆反应。为了促使平衡向右移动(即向生成 1-溴丁烷的方向移动)，可采取以下措施：增加其中一种反应物的浓度；设法使反应产物离开反应体系；增加反应物的浓度和减少产物的浓度两种方法并用。在本实验中，采取溴化钠与硫酸过量的方法来促使平衡向生成 1-溴丁烷的方向移动。

因反应中用到浓硫酸，故可能的副反应有：

$$CH_3CH_2CH_2CH_2OH \xrightarrow{H_2SO_4} CH_2CH_2CH=CH_2 + H_2O$$

$$2CH_3CH_2CH_2CH_2OH \xrightarrow{H_2SO_4} (CH_3CH_2CH_2CH_2)_2O + H_2O$$

$$2HBr + H_2SO_4 \xrightarrow{\triangle} Br_2 + SO_2 + 2H_2O$$

三、仪器与试剂

仪器：100mL 圆底烧瓶，50mL 圆底烧瓶，球形冷凝管，导气管，小玻璃漏斗，量筒，烧杯，75°弯管，直形冷凝管，接引管，锥形瓶，真空塞，分液漏斗。

试剂：正丁醇，无水溴化钠，浓硫酸(d=1.84)，沸石，饱和碳酸氢钠溶液，无水氯化钙。

四、物理常数

化合物名称	分子量	性状	比重	熔点 ℃	沸点 ℃	折光率 n	溶解度 水	溶解度 乙醇	溶解度 乙醚
正丁醇	74	无色液体	0.8098	−89.8	117.7	1.397	微溶	溶	溶
1-溴丁烷	137.1	无色液体	1.2760	−112.4	101.6	1.440	不溶	溶	溶
丁醚	130.2	无色液体	0.7641	−97.9	142.2	1.399	不溶	溶	溶
丁烯	56.12	气体	0.5951	−6.3	−185.4	—	不溶	易溶	易溶

五、实验步骤

称取 8.3g 研细的溴化钠并将其加入 100mL 圆底烧瓶中,然后加入 6.2mL 正丁醇和 2 粒沸石。取 10mL 水加入 100mL 锥形瓶中,用冷水浴冷却,一边摇荡一边沿瓶壁缓慢加入 10mL 浓硫酸,将浓硫酸稀释。将稀释后的硫酸分批从冷凝管上端加入盛有溴化钠、正丁醇的圆底烧瓶中。加硫酸时,应充分振荡烧瓶,使反应物混合均匀。连接好气体吸收装置,用于吸收反应时逸出的溴化氢气体,如图 1-7(c)所示。在烧瓶下放置一片石棉网,小火加热到沸腾,缓缓回流 30min,期间要间歇摇动圆底烧瓶。反应完成后,将反应体系冷却 5min,卸下回流冷凝管,重新补加 1~2 粒沸石,用 75°弯管连接直形冷凝管,如图 1-5(b)所示。连好后开始蒸馏,直至馏出液中无油滴蒸出为止。

将馏出液移至分液漏斗中,加入等体积的水洗涤。静置分层(产物在下层)后,将产物转入另一个干燥的分液漏斗中,用等体积的浓硫酸洗涤,尽量分去硫酸层(下层)。有机相依次用等体积的水(除硫酸)、饱和碳酸氢钠溶液(中和未除尽的硫酸)和水(除残留的碱)洗涤后,转入干燥的锥形瓶中,加入 0.5g 无水氯化钙干燥,间歇摇动锥形瓶,直到液体澄清为止。

将干燥后的产物移至 50mL 圆底烧瓶中,再加 1~2 粒沸石,在石棉网上用小火加热蒸馏,收集 99~103℃的馏分。称量质量,计算产率。

纯 1-溴丁烷为无色透明液体,b.p. 101.6 ℃,$d_4^{20}=1.2760$,$n_D^{20}=1.4399$。

六、注意事项

(1)将溴化钠研细的目的是增加固(溴化钠)-液(浓硫酸)接触面,因此,溴化钠研得越细,与硫酸的反应速度越快。将溴化钠研细后再按相关要求称量,否则,研磨过程将会使部分溴化钠黏附在研钵上,造成损失。若用 $NaBr \cdot H_2O$ 代替无水溴化钠,可按物质的量换算后,在下一步适当减少水的加入量($NaBr \cdot H_2O$ 的售价低于无水溴化钠)。

(2)待硫酸稀释并冷却至室温后,将其加入溴化钠、正丁醇体系中,摇匀后,正常现象为:上部为无色透明清液,下部为白色粉末,反应体系中有少许气泡产生。若加入的硫酸较热,且加入后没有摇匀,则放置几分钟后,体系中不断有气泡产生,上部清液由无色透明变为浅红棕色。其原因为:

$$2HBr + H_2SO_4 \longrightarrow \underset{\text{红棕色}}{Br_2} + SO_2 + 2H_2O$$

(3)回流时要用小火,保持液体微沸,否则,易使 Br^- 被氧化为 Br_2,还易使溴化钠气体逸出反应体系。

(4)馏出液分为两层,通常下层为粗 1-溴丁烷(油层),上层为水。若因未反应的正丁醇较多或蒸馏过久而蒸出一些氢溴酸恒沸液,则液层的相对密度会发生变化,油层可能悬浮或变为上层。如遇此现象,可加清水稀释,使油层下沉。如水洗后产物尚呈红棕色,说明因浓硫酸的氧化作用而生成了游离溴。可加入几毫升饱和亚硫酸氢钠溶液洗涤除去。

$$Br_2 + NaHSO_3 + H_2O \longrightarrow 2HBr + NaHSO_4$$

(5)浓硫酸能溶解粗产物中少量未反应的正丁醇及副产物正丁醚等杂质。粗 1-溴丁烷中所含的少量未反应的正丁醇也可以用 3mL 浓盐酸洗去。使用浓盐酸时,1-溴丁烷在下层。

七、思考题

(1)本实验有哪些副反应?如何减少副反应?

(2)反应时硫酸的浓度太高或太低会有什么结果?

(3)反应后的粗产物中可能含有哪些杂质?各步洗涤的目的是什么?用浓硫酸洗涤时为何要用干燥分液漏斗?

(4)用分液漏斗时,1-溴丁烷时而在上层,时而在下层,如不知道产物的密度时,可用什么简便方法加以辨别?

实验 3-4　正丁醚的制备

一、实验目的

(1)掌握醇分子间脱水制醚的反应原理和实验方法。
(2)学习分水器的实验操作。
(3)巩固分液漏斗的实验操作。

二、实验原理

在酸性催化剂存在下,醇分子间脱水生成醚是制备脂肪族单醚的常用方法。正丁醚的制备方法就是用正丁醇作原料,在浓硫酸作催化剂的条件下加热反应。其反应式为:

$$2CH_3CH_2CH_2CH_2OH \xrightarrow[134\sim136℃]{H_2SO_4} (CH_3CH_2CH_2CH_2)_2O + H_2O$$

如果温度控制不好,会发生副反应:

$$CH_3CH_2CH_2CH_2OH \xrightarrow[>140℃]{H_2SO_4} CH_3CH_2CH=CH_2 + H_2O$$

由于这是一个可逆反应,通常在安装有分水器的回流装置中进行,或者将生成的产物(水或醚)不断蒸出,使反应朝生成醚的方向进行。

三、仪器与试剂

仪器：100mL 三口烧瓶，球形冷凝管，分水器，蒸馏头，直形冷凝管，接引管，50mL 圆底烧瓶，升降台，200℃温度计，分液漏斗，电加热套。

试剂：正丁醇，浓硫酸，沸石，无水氯化钙，5%氢氧化钠溶液，饱和氯化钙溶液。

四、物理常数

化合物名称	分子量	性状	比重	熔点 ℃	沸点 ℃	折光率 n	溶解度		
							水	醇	醚
正丁醇	74.1	无色液体	0.89	−89.8	118	1.399	溶	∞	∞
正丁醚	130.23	无色液体	0.764	−98	142.4	1.3992	不溶	溶	溶

五、实验步骤

向 100mL 三口烧瓶中加入 15.5mL 正丁醇、2.5mL 浓硫酸和几粒沸石。摇匀后，按照图 1-9(a)所示装上温度计和分水器，温度计要插入液面以下，分水器的上端接一球形冷凝管。向分水器内加水至支管后，放去 1.7mL 水，即分水器内有 $(V-1.7)$ mL 水。然后将三口烧瓶放在石棉网上，小火加热至微沸，进行分水回流。反应中产生的水经冷凝后收集在分水器的下层，上层有机相积至分水器支管时，即可返回烧瓶。大约经 1.5h 后，三口烧瓶中反应液温度可达到 136℃。当分水器全部被水充满时，停止反应。若继续加热，则反应液变黑，并有较多副产物丁烯生成。

将反应液冷却至室温，倒入盛有 25mL 水的分液漏斗中，充分振摇，静置后弃去下层液体。上层粗产物依次用 12mL 水、8mL 5%氢氧化钠溶液、8mL 水和 8mL 饱和氯化钙溶液洗涤。然后将粗产物倒入干燥的锥形瓶，用 2g 无水氯化钙干燥。

将干燥后的产物倒入 50mL 圆底烧瓶中（注意：不要将小粒的氯化钙倒入），加入沸石，装好温度计，小火加热蒸馏，收集 140～144℃馏分。称量质量，计算产率。

纯正丁醚为无色液体，b. p. 142.4℃，$d_4^{20}=0.764$，$n_D^{20}=1.3992$。

六、注意事项

(1) 加料时，正丁醇和浓硫酸如不充分摇荡混匀，硫酸会局部过浓，加热后易使反应液变黑。

(2) 根据理论计算，本实验失水体积为 1.5mL，故分水器放满水后先放掉约 1.7mL 水。

(3) 本实验利用恒沸混合物蒸馏方法，用分水器将反应生成的水层上面的有机层不断流回到反应瓶中，而将生成的水除去。在反应液中，正丁醚和水形成恒沸物，沸点为 94.1℃，含水 33.4%。正丁醇和水形成恒沸物，沸点为 93℃，含水 45.5%。正丁醚和正丁醇形成二元恒沸物，沸点为 117.6℃，含正丁醇 82.5%。此外，正丁醚还能和正丁醇、水形成三元恒沸物，沸点为 90.6℃，含正丁醇 34.6%，含水 29.9%。这些含水的恒沸物冷凝后，在分水器中分层，上层主要是正丁醇和正丁醚，下层主要是水。利用分水器可以使分水器上层的有机物流回到反应器中。

(4)制备正丁醚的适宜温度为130~140℃,开始回流时,因为有恒沸物存在,故这个温度很难达到。但随着水被蒸出,温度逐渐升高,最后达到135℃,应停止加热。如果温度升得太高,反应溶液会炭化变黑,并有大量副产物丁烯生成。

(5)正丁醇能溶于饱和氯化钙溶液,而正丁醚溶解的很少。

七、思考题

(1)如何判断反应已经比较完全?
(2)反应物冷却后为什么要倒入25mL水中?各步中洗涤的目的是什么?
(3)能否用本实验方法由乙醇和2-丁醇制备乙基仲丁基醚?你认为用什么方法比较好?
(4)计算理论上分出的水量。若实验中分出的水量超过理论数值,试分析其原因。

实验3-5 环己酮的制备

一、实验目的

(1)学习铬酸氧化法制备环己酮的原理和方法。
(2)通过仲醇转变为酮的实验,进一步了解醇和酮之间的联系和区别。

二、实验原理

实验室制备脂环醛、酮,最常用的方法是将伯醇和仲醇用铬酸氧化。铬酸是铬酸盐和40%~50%硫酸的混合物。将仲醇用铬酸氧化是制备酮的最常用方法。酮对氧化剂比较稳定,不易进一步氧化。铬酸氧化醇是一个放热反应,必须严格控制反应温度,以免反应过于激烈。反应方程式为:

$$3\text{C}_6\text{H}_{11}\text{OH} + \text{Na}_2\text{Cr}_2\text{O}_7 + 4\text{H}_2\text{SO}_4 \longrightarrow 3\text{C}_6\text{H}_{10}\text{O} + \text{Cr}_2(\text{SO}_4)_3 + \text{Na}_2\text{SO}_4 + 7\text{H}_2\text{O}$$

三、仪器与试剂

仪器:150mL圆底烧瓶,200mL烧杯,蒸馏头,直形冷凝管,空气冷凝管,接引管,锥形瓶,200℃温度计,分液漏斗,水浴锅,电热套。

试剂:环己醇,重铬酸钠,浓硫酸,无水碳酸钾,乙二酸,乙醚,精盐,沸石。

四、物理常数

化合物名称	分子量	性状	比重	熔点 ℃	沸点 ℃	折光率 n	溶解度		
							水	醇	醚
环己醇	100.16	无色液体	0.962	25.5	161.1	1.4650	微溶	易溶	易溶
环己酮	98.14	无色液体	0.947	−31.2	155.7	1.4507	不溶	易溶	易溶

五、实验步骤

在 200mL 烧杯中,将 5.5g 重铬酸钠溶于 30mL 水,然后在搅拌下慢慢加入 4.5mL 浓硫酸,得橙红色溶液,冷却至 30℃ 以下备用。

在 150mL 圆底烧瓶中,加入 5.3mL 环己醇,然后一次加入上述制备好的铬酸溶液,通过振摇使其充分混合。放入温度计,测量初始温度,并观察温度变化。当温度上升至 55℃ 时,立即用水浴冷却,保持反应温度在 55~60℃。约 0.5h 后,温度开始出现下降趋势,加入 1.0g 乙二酸,使反应完全,反应液呈墨绿色。

向反应瓶内加入 30mL 水和几粒沸石,改成蒸馏装置,如图 1-5(b)所示。将环己酮与水一起蒸出,直至馏出液不再混浊后,再多蒸 8~10mL,收集馏出液,约为 25mL。馏出液用食盐饱和后,转入分液漏斗,静置后分出有机层,水层用 7.5mL 乙醚萃取 2 次,合并有机层与萃取液。用 1~2g 无水碳酸钾干燥后,在水浴上蒸出乙醚,换空气冷凝管,蒸馏并收集 151~155℃ 馏分。称量产品,计算产率。

纯环己酮为无色液体,b. p. 155.7℃,$d_4^{20} = 0.947$,$n_D^{20} = 1.4507$。

六、注意事项

(1) 滴加浓硫酸时要缓慢,应分批滴加。

(2) 铬酸氧化醇是一个放热反应,实验中必须严格控制反应温度。温度过低时反应困难,温度过高时反应剧烈且副反应增多。

(3) 反应完全后,加入少量乙二酸,除去未反应的重铬酸钠。

(4) 酸液不要接触到皮肤上,也不可随意丢弃,以防污染环境。

七、思考题

(1) 本实验的氧化剂能否改用硝酸或高锰酸钾?为什么?

(2) 反应过程中为什么要振摇?

(3) 用铬酸氧化法制备环己酮的实验中,为什么要严格控制反应温度在 55~60℃?温度过高或过低有什么不好?

(4) 蒸馏产物时,为何要使用空气冷凝管?

实验 3-6 己二酸的制备

一、实验目的

(1) 了解用环己醇氧化制备己二酸的基本原理和方法。

(2) 巩固浓缩、过滤、重结晶和固体干燥等基本操作。

(3) 了解回流反应、滴加原料、测量反应温度等装置的应用。

二、实验原理

制备羧酸最常用的方法是烯、醇、醛等的氧化法。常用的氧化剂有硝酸、重铬酸钾(钠)的硫酸溶液、高锰酸钾、过氧化氢、过氧乙酸等。本实验用硝酸作氧化剂。

主反应：

$$3\,\text{C}_6\text{H}_{11}\text{OH} + 8\text{HNO}_3 \longrightarrow 3\text{HOOC(CH}_2)_4\text{COOH} + 7\text{H}_2\text{O} + 8\text{NO}$$
$$\downarrow 4\text{O}_2$$
$$8\text{NO}_2$$

副反应：
深度氧化 $\longrightarrow$ HOOC(CH$_2$)$_3$COOH ＋ HOOC(CH$_2$)$_2$COOH 等。

三、仪器与试剂

仪器：250mL 烧杯，150℃温度计，抽滤瓶，布氏漏斗，100mL 三口烧瓶，电动搅拌装置，恒压滴液漏斗，循环水多用真空泵，水浴锅。

试剂：环己醇，0.3mol·L^{-1}氢氧化钠溶液，浓硫酸，冰块。

四、物理常数

化合物名称	分子量	性状	比重	熔点 ℃	沸点 ℃	折光率 n	溶解度 水	溶解度 乙醇	溶解度 乙醚
环己醇	100.16	无色液体	0.9624	25.2	161	1.461	微溶	可溶	可溶
高锰酸钾	158.04	斜方晶体	1.01	240	—	—	可溶	难溶	不溶
己二酸	146.14	白色晶体	1.360	152	330	—	微溶	易溶	微溶

五、实验步骤

在 100mL 三口烧瓶上安装电动搅拌器和 150℃温度计(注意：温度计的水银球要浸入反应液中)，如图 1-11(c)所示。向三口烧瓶中加入 5mL 水，再加入 5mL 硝酸，开动搅拌器，将溶液混合均匀。在水浴上加热到 80℃，在搅拌下用恒压滴液漏斗滴加 2 滴环己醇，反应立即开始，温度随即上升到 85～90℃。用恒压滴液漏斗慢慢滴加 2.1mL 环己醇，维持瓶内反应温度为 85～90℃，必要时往水浴中添加冷水。当滴液漏斗中环己醇全部滴加完毕而且溶液温度降低到 80℃以下时，将混合物在 85～90℃下加热 2～3min。

在冰浴中冷却，析出的晶体在布氏漏斗上进行抽滤，用滤液洗出烧瓶中剩余的晶体。用 3mL 冰水洗涤己二酸晶体，抽滤，晶体再用 3mL 冰水洗涤一次，再抽滤。取出产物，晾干，称重，计算产率。

纯己二酸为白色棱状结晶，m.p. 152℃，b.p. 330.5℃(分解)，$d_4^{24}=1.360$。

六、注意事项

(1)在量取环己醇时,不可使用量过硝酸的量筒,因为二者会激烈反应,容易发生意外。

(2)环己醇在较低温度下为针状晶体,熔化时为黏稠液体,不易倒净。因此,量取后可用少量水荡洗量筒,一并加入滴液漏斗中,这样既可减少器壁黏附损失,也可因少量水的存在而降低环己醇的熔点,避免在滴加过程中结晶,堵塞滴液漏斗。

(3)本反应强烈放热,环己醇要逐滴加入,滴加速度不可太快。否则,反应会强烈放热,使温度急剧升高而难以控制,甚至引起爆炸。

(4)本实验应在通风橱内进行,做实验时必须严格遵照规定的反应条件。

七、思考题

(1)制备己二酸时,为什么必须严格控制滴加环己醇的速度和反应温度?

(2)本实验为什么必须在通风橱中进行?

(3)制备羧酸的常用方法有哪些?

(4)有机制备实验中为什么常使用搅拌器?

实验 3-7 苯甲酸的制备

一、实验目的

(1)学习苯环支链上的氧化反应。

(2)进一步掌握回流反应、减压过滤和重结晶等操作。

二、实验原理

苯甲酸(benzoic acid)俗称"安息香酸",在常温常压下是鳞片状或针状晶体,有苯或甲醛的臭味,易燃。相对密度为1.2659(25℃),沸点为249.2℃,折光率为1.539(15℃),微溶于水,易溶于乙醇、乙醚、氯仿、苯、二硫化碳、四氯化碳和松节油。苯甲酸可用作食品防腐剂、醇酸树脂和聚酰胺的改性剂、医药和染料中间体,还可以用于制备增塑剂和香料等。此外,苯甲酸及其钠盐还是金属材料的防锈剂。

芳香族羧酸通常用氧化含有 α-H 的芳香烃的方法来制备,而环上的支链不论长短,在强烈氧化时,最终都氧化成为羧基。由于制备羧酸采用的都是比较强烈的氧化条件,而氧化反应一般都是放热反应,所以将反应控制在一定的温度下进行是非常重要的。如果反应温度失控,不但会破坏产物,使产率降低,还有发生爆炸的危险。

本实验是用高锰酸钾为氧化剂,由甲苯制备苯甲酸,反应式如下。

主要反应:

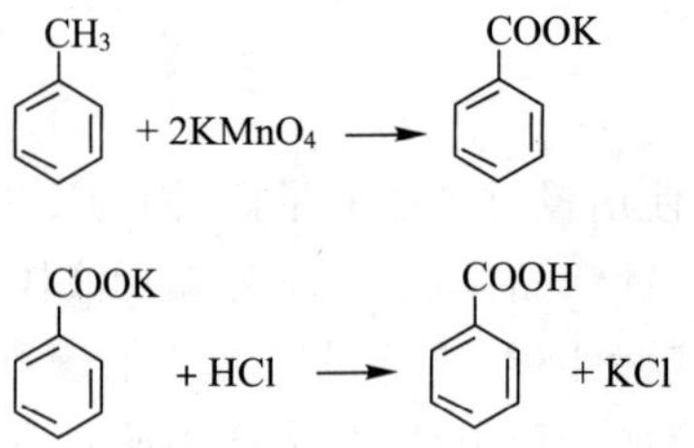

$$\underset{\text{CH}_3}{\text{C}_6\text{H}_5\text{—}} + 2KMnO_4 \longrightarrow \underset{\text{COOK}}{\text{C}_6\text{H}_5\text{—}}$$

$$\underset{\text{COOK}}{\text{C}_6\text{H}_5\text{—}} + HCl \longrightarrow \underset{\text{COOH}}{\text{C}_6\text{H}_5\text{—}} + KCl$$

三、仪器及试剂

仪器:250mL 圆底烧瓶,球形冷凝管,量筒,抽滤瓶,布式漏斗,电热套。

试剂:甲苯,高锰酸钾,沸石,浓盐酸,亚硫酸氢钠,刚果红试纸。

四、物理常数

化合物名称	分子量	性状	比重	熔点 ℃	沸点 ℃	折光率 n	溶解度		
							水	乙醇	乙醚
甲苯	92.14	液体	0.866	−94.9	110.6	1.497	不溶	易溶	易溶
浓盐酸	36.5	液体	1.179	−35	5.8	—	—	—	—
苯甲酸	122.12	固体	1.266	122.13	249	—	微溶	易溶	易溶

五、实验步骤

向 250mL 圆底烧瓶中加入 2.7mL 甲苯、100mL 蒸馏水和几粒沸石,在瓶口上安装球形冷凝管,如图 1-7(a)所示。加热至沸腾后,在 30～40min 内从冷凝管上口分 3～4 批加入高锰酸钾,最后用 25mL 水慢慢冲入瓶内(否则会炸裂)。注意:不要把冷凝管管口堵住。反应时间为 90～120min,在反应过程中一定要间歇摇动烧瓶,否则有可能发生喷射现象。反应终点为甲苯层近于消失,回流液中不再出现油珠(反应时间至少保证 1h)。

将反应混合物趁热过滤,若滤液呈紫色,可加入少量亚硫酸氢钠,使紫色褪去。用少量热水洗涤滤渣,合并滤液和洗涤液,在冰水浴中冷却,然后用浓盐酸逐步酸化(4～5mL)。用刚果红试纸检测(遇酸变蓝),至苯甲酸全部析出为止。将析出的苯甲酸减压过滤,得白色晶体,压干后称重,计算产率。

纯苯甲酸为无色针状晶体,m.p. 122.13℃,b.p. 249℃,$d_4^{24}=1.266$。

六、注意事项

(1)高锰酸钾要分批加入,并用少量蒸馏水冲洗管壁上的粉末。

(2)控制氧化反应速度,防止发生暴沸冲出现象。

(3)酸化要彻底,使苯甲酸充分结晶析出。

(4)亚硫酸氢钠要小心分批加入,温度不能太高,否则会发生暴沸;若还原不彻底,会影响产品的颜色和纯度。

七、思考题

(1)反应完毕后,若滤液呈紫色,加入亚硫酸氢钠有何作用?

(2)简述重结晶的操作过程。

(3)在制备苯甲酸过程中,加入高锰酸钾时,如何避免在瓶口附着?实验完毕后,黏附在瓶壁上的黑色固体物是什么?如何除去?

实验 3-8 乙酸乙酯的制备

一、实验目的

(1)掌握乙酸乙酯的制备原理和方法,掌握提高可逆反应产率的措施。

(2)学会使用边滴加边蒸出的反应装置。

(3)进一步练习并熟练掌握液态有机物的洗涤和干燥等基本操作。

二、实验原理

制备羧酸酯的一般方法是由羧酸和醇在少量浓硫酸、干燥的氯化氢或者有机强酸等催化作用下制得。乙酸乙酯是采用乙酸和乙醇在少量浓硫酸催化下反应制备的,相关反应式如下。

主反应:

$$CH_3COOH + CH_3CH_2OH \underset{110\sim125℃}{\overset{H_2SO_4}{\rightleftharpoons}} CH_3COOC_2H_5 + H_2O$$

副反应:

$$2C_2H_5OH \xrightarrow[140℃]{H_2SO_4} C_2H_5OC_2H_5 + H_2O$$

$$C_2H_5OH \xrightarrow[170℃]{H_2SO_4} CH_2=CH_2 + H_2O$$

酯化反应是一个典型的酸催化的可逆反应。反应达到平衡后,酯的生成量就不再增多。为了提高酯的产率,根据质量作用定律,可采取下列措施:增加反应物(醇或羧酸)的浓度;减少产物(酯或水)的浓度。本实验采取双管齐下的措施,即加入过量的乙醇和适量的浓硫酸,并将反应中生成的乙酸乙酯及时地蒸出。

在生成乙酸乙酯的反应中,由于酯和水能形成二元共沸混合物(沸点 70.4℃),比乙醇(沸点 78.5℃)和乙酸(沸点 118℃)的沸点都低,因此,乙酸乙酯(沸点 77.3℃)很容易被蒸出。表 3-1 是关于乙酸乙酯与水、乙醇形成共沸物的组成及相对应的沸点数据。

表 3-1　乙酸乙酯、乙醇和水的恒沸混合物

沸点/℃	共沸物的组成/%		
	乙酸乙酯	乙醇	水
70.2	82.6	8.4	9.0
70.4	91.9	—	8.1
71.8	69.0	31.0	—

由表 3-1 可知,粗产物中还混有乙醇和水,所以还需要对产物进行纯化。纯化操作包括洗涤、干燥和蒸馏等步骤。

三、仪器与试剂

仪器:100mL 三口烧瓶,恒压滴液漏斗,蒸馏头,维氏分馏柱,直形冷凝管,接引管,锥形瓶,150℃温度计,分液漏斗,50mL 圆底烧瓶,电热套。

试剂:乙醇,冰乙酸,浓硫酸,饱和氯化钙溶液,饱和食盐水,饱和碳酸钠溶液,无水碳酸钾(或无水硫酸镁),沸石,pH 试纸。

四、物理常数

化合物名称	分子量	性状	比重	熔点 ℃	沸点 ℃	折光率 n	溶解度		
							水	醇	醚
冰乙酸	60.05	无色液体	1.049	16.6	118.1	—	∞	∞	∞
乙醇	46.07	无色液体	0.780	−114.5	78.4	1.36	∞	∞	∞
乙酸乙酯	88.10	无色液体	0.905	−83.6	77.3	1.3727	溶	∞	∞

五、实验步骤

向 100mL 三口烧瓶中加入 3mL 乙醇,在不断振荡和冷却下,加入 3mL 浓硫酸,再加入 2 粒沸石。在恒压滴液漏斗中加入 20mL 乙醇和 14.3mL 冰乙酸的混合液(乙醇和冰乙酸溶液要预先混合好)。按图 1-10 所示安装实验装置,检查不漏气后,小火加热三口烧瓶。当混合物温度达到 120℃时,将恒压滴液漏斗中的乙醇和冰乙酸的混合液慢慢地滴入三口烧瓶中,调节加料速度,使之与酯蒸出的速度大致相等。在此过程中,始终保持反应混合物的温度为 120~125℃,加料时间约为 90min。滴加完毕后,再继续加热约 10min,直到不再有液体馏出为止。

反应完毕后,将饱和碳酸钠溶液缓慢地(为什么?)加入馏出液中,直到无二氧化碳气体逸出为止。将混合液倒入分液漏斗中,静置分层,从下口放出下面的水层。用 pH 试纸检验酯层是否显酸性,若显酸性,则继续用饱和碳酸钠溶液洗涤,直到酯层不显酸性为止。然后用等体积的饱和食盐水洗涤(为什么?),放出下层废液。再用等体积的饱和氯化钙溶液洗涤 2 次,放出下层废液。从分液漏斗上口将粗乙酸乙酯倒入干燥的小锥形瓶内,加入 3~5g 无水碳酸钾干燥,振荡锥形瓶,静置至液体澄清为止。

通过普通玻璃漏斗把干燥的粗乙酸乙酯滤入 50mL 圆底烧瓶中,加入几粒沸石,加热蒸馏,收集 74~80℃的馏分。称量产品,计算产率。

纯乙酸乙酯为无色透明液体,b.p. 77.3℃,$d_4^{20}=0.905$,$n_D^{20}=1.373$。

六、注意事项

(1)本实验所采用的酯化方法也适用于合成一些沸点较低的酯类。其优点是反应能连续进行,用较小容积的反应瓶能制得较大量的产物。

(2)本实验的关键是控制火焰温度和加料速度,保持加料速度与酯蒸出的速度大致相等,滴加速度太快会使乙酸和乙醇来不及作用而被蒸出。

(3)当有机层用碳酸钠洗过后,若紧接着就用氯化钙溶液洗涤,有可能产生絮状碳酸钙沉淀,使进一步分离变得困难,故在两步操作间必须用水洗一下。乙酸乙酯在水中有一定的溶解度(每 17 份水溶解 1 份乙酸乙酯),为了尽可能减少由此造成的损失,实际上用饱和食盐水来进行水洗。

(4)乙酸乙酯与水或乙醇可分别生成共沸混合物。因此,有机层中的乙醇不除净或干燥不够时,可形成低沸点共沸混合物,从而影响酯的产率。

七、思考题

(1)酯化反应有什么特点?本实验采取了哪些措施促使酯化反应向正反应方向进行?本实验可能有哪些副反应?

(2)蒸出的粗乙酸乙酯中主要含有哪些杂质?如何除去?

(3)能否用浓氢氧化钠溶液代替饱和碳酸钠溶液来洗涤蒸馏液?

(4)用饱和氯化钙溶液洗涤能除去什么?为什么要用饱和食盐水洗涤?是否可以用水代替?

实验 3-9 乙酸正丁酯的制备

一、实验目的

(1)通过乙酸正丁酯的制备,学习并掌握羧酸的酯化反应原理和基本操作。

(2)理解共沸蒸馏的原理和应用,正确使用分水器及时分出反应过程中生成的水。

(3)进一步掌握加热回流、洗涤、干燥、蒸馏等产品的后处理方法。

二、实验原理

(1)反应式:

$$CH_3COOH + CH_3CH_2CH_2CH_2OH \underset{\triangle}{\overset{H^+}{\rightleftharpoons}} CH_3COOCH_2CH_2CH_2CH_3 + H_2O$$

(2)酯化反应的特点:

①反应慢——加酸(常用 H_2SO_4)和加热可提高反应速度。

②可逆平衡——增加某一反应原料或移去生成的水可提高反应产率。

三、仪器与试剂

仪器：50mL 圆底烧瓶，分水器，球形冷凝管，分液漏斗，锥形瓶，直形冷凝管，蒸馏头，接引管，电加热套。

试剂：正丁醇，冰乙酸，浓硫酸，沸石，10%碳酸钠溶液，无水硫酸镁。

四、物理常数

化合物名称	分子量	性状	比重	熔点 ℃	沸点 ℃	折光率 n	溶解度		
							水	醇	醚
正丁醇	74.1	无色液体	0.89	−89.8	118	1.399	溶	∞	∞
冰乙酸	60.05	无色液体	1.049	16.6	118.1	—	∞	∞	∞
乙酸正丁酯	116.16	无色液体	0.882	−73.5	126.5	1.394	微溶	∞	∞

五、实验步骤

向干燥的 50mL 圆底烧瓶中加入 11.5mL 正丁醇、7.2mL 冰乙酸、3～4 滴浓硫酸和 2～3 粒沸石，混合均匀。然后安装分水器及回流冷凝管，如图 1-9(b)所示，并在分水器中预先加水，水面略低于支管口（支管下沿约1cm处）。用电热套加热回流，注意观察分水器支管的液面高度，将液面始终控制在距支管下沿 0.5～1.0cm 处。反应一段时间后把水逐渐分去，保持分水器中水层液面在原来的高度。约 40min 后不再有水生成，表示反应完毕。停止加热，撤掉电热套，记录分出的水量。

冷却后卸下回流冷凝管，把分水器中分出的酯层和圆底烧瓶中的反应液一起倒入分液漏斗中。用 10mL 10%碳酸钠洗涤，检验是否仍有酸性（如仍有酸性怎么办？），若无酸性，分去水层。酯层再用 10mL 水洗涤一次，分去水层。将酯层倒入小锥形瓶中，加入少量无水硫酸镁干燥，静置至液体澄清为止。

将干燥后的乙酸正丁酯倒入干燥的 50mL 蒸馏烧瓶中（注意：不要把硫酸镁倒进去），加入沸石，安装好蒸馏装置，在石棉网上加热蒸馏，收集 124～126℃的馏分。称量产品，计算产率。

纯乙酸正丁酯是无色液体，b.p. 126.5℃，$d_4^{20}=0.882$，$n_D^{20}=1.394$。

六、注意事项

(1)浓硫酸在反应中起催化作用，故只需少量即可。

(2)本实验利用恒沸混合物除去酯化反应中生成的水。正丁醇、乙酸正丁酯和水形成表 3-2 中的恒沸混合物。含水的恒沸混合物冷凝为液体时，分为两层，上层为含少量水的酯和醇，下层主要是水。

表 3-2　乙酸正丁酯、正丁醇和水的恒沸混合物

恒沸混合物		沸点/℃	组成的质量分数/%		
			乙酸正丁酯	正丁醇	水
二元	乙酸正丁酯—水	90.7	72.9	—	—
	正丁醇—水	93.0	—	55.5	27.1
	乙酸正丁酯—正丁醇	117.6	32.8	67.2	44.5
三元	乙酸正丁酯—正丁醇—水	90.7	63.0	8.0	29.0

(3)根据分出的总水量,可以粗略地估计酯化反应完成的程度。

七、思考题

(1)乙酸正丁酯的合成实验是根据什么原理来提高产品产量的?
(2)乙酸正丁酯的粗产品中含有哪些杂质?怎样除去这些杂质?

实验 3-10　苯甲酸乙酯的制备

一、实验目的

(1)了解苯甲酸乙酯的结构,掌握酯化反应原理及苯甲酸乙酯的制备方法。
(2)初步掌握酯的生成特点和分水器的操作原理。
(3)巩固分液、萃取、干燥、蒸馏等操作。

二、实验原理

苯甲酸乙酯($C_9H_{10}O_2$)稍有水果气味,常用于配制香水、香精和人造精油;大量用于食品中,也可用作有机合成中间体和溶剂,如纤维素酯、纤维素醚、树脂等。本实验利用酯化反应法,直接由苯甲酸制备苯甲酸乙酯。直接用强酸催化酯化反应是经典的制备酯的方法,但反应是可逆反应,反应物间建立如下平衡:

$$\text{C}_6\text{H}_5\text{CO}_2\text{H} + \text{C}_2\text{H}_5\text{OH} \xrightleftharpoons[\Delta]{\text{催化剂/环己烷}} \text{C}_6\text{H}_5\text{CO}_2\text{C}_2\text{H}_5 + \text{H}_2\text{O}$$

由于上述反应是反应可逆,因此,为提高酯的转化率,通常使用过量乙醇(价格相对便宜)或将反应生成的水从反应混合物中除去,从而使平衡向生成酯的方向移动。另外,使用过量的强酸催化剂,将水转化成它的共轭酸 H_3O^+,没有亲核性,也可抑制逆反应的发生。

三、仪器及试剂

仪器:100 mL 圆底烧瓶,分水器,球形冷凝管,分液漏斗,锥形瓶,直形冷凝管,蒸馏头,接引管,电加热套。
试剂:苯甲酸,无水乙醇,浓硫酸,碳酸钠,无水硫酸镁,环己烷,乙醚,沸石。

四、物理常数

化合物名称	分子量	性状	比重	熔点 ℃	沸点 ℃	折光率 n	溶解度 水	醇	醚
苯甲酸	122.12	固体	1.266	122.13	249	—	微溶	易溶	易溶
乙醇	46.07	无色液体	0.780	−114.5	78.4	1.36	∞	∞	∞
苯甲酸乙酯	150.17	无色液体	1.05	−34.6	212.6	1.50	微溶	∞	∞

五、实验步骤

向 100mL 圆底烧瓶中加入 6.1g 苯甲酸、13.0mL 95% 乙醇、10.0mL 环己烷和 2.0mL 浓硫酸,摇匀,加入沸石,再装上分水器,分水器上端接球形冷凝管,如图 1-9(b)所示。从分水器上端小心加入环己烷至分水器支管处,将烧瓶在水浴上回流。开始时回流速度要慢,随着回流的进行,分水器中出现了上、下两层液体,且下层液体越来越多。约 2h 后,分水器中的下层液体约有 1.5mL,即可停止加热。继续用水浴加热,使多余的环己烷和乙醇蒸至分水器中(当分水器充满液体时,可由分水器的活塞放出),然后关掉火源。

待烧瓶中残留液冷却后,将其倒入盛有 20mL 冷水的烧杯中,在搅拌下分批加入固体碳酸钠粉末,中和残留液中的酸(硫酸、苯甲酸)至无二氧化碳气体产生,用 pH 试纸检验溶液呈中性。

用分液漏斗分出粗产物(注意:需要哪一层液体?苯甲酸乙酯的密度为 1.05),水层用 10.0mL 乙醚萃取 2 次,合并有机层,用无水氯化钙干燥。用水浴蒸出乙醚,再在电热套上加热,收集 211~213℃ 的馏分。称重,计算产率。

纯苯甲酸乙酯为无色液体,b. p. 122.6℃,$d_4^{20}=1.05$,$n_D^{20}=1.50$。

六、注意事项

(1)在回流的初始阶段,加热不要过猛,防止液泛发生。

(2)分水器下层为水,由反应瓶中蒸出的馏出液为三元共沸物(沸点 62.6℃,含水 4.8%,环己烷 75.5%,乙醇 19.7%)。它从冷凝管流入分水器后分为两层,下层主要为水,达到了分水的目的。

(3)可以根据水−乙醇−环己烷三元共沸物的组成和反应生成的水量,大致计算分水器中的三元共沸物体积。为确保将反应体系中的水除尽,共沸物的体积应不小于理论计算值。

(4)加入碳酸钠的目的是除去硫酸和未作用的苯甲酸,要研细后分批加入,否则会产生大量的气泡而使液体溢出。

(5)在碱洗过程中,不要太剧烈地摇动分液漏斗,否则生成的乳浊液很难除去,导致分离困难。若粗产物中含有絮状物难以分离,则可直接用 10mL 乙醚萃取。

七、思考题

(1)本实验采用何种措施提高酯的产率?

(2)为什么采用分水器除水?
(3)本实验中何种原料应过量?为什么?为什么要加环己烷?
(4)浓硫酸的作用是什么?常用酯化反应的催化剂有哪些?
(5)在苯甲酸乙酯的制备过程中,可能的副反应有哪些?

实验 3-11　乙酰苯胺的制备

一、实验目的

(1)学习苯胺酰基化反应的原理与操作方法。
(2)学习并掌握分馏、重结晶及熔点测定等基本操作技术。
(3)掌握易氧化基团的保护方法。

二、实验原理

芳胺的酰化在有机合成中有着重要的作用。作为一种保护措施,芳伯胺在合成中通常被转化为它的乙酰基衍生物,以降低胺对氧化降解的敏感性,使其不被反应试剂破坏;同时,氨基酰化后降低了氨基在亲电取代反应(特别是卤化)中的活化能力,使其由很强的第Ⅰ类定位基变为中等强度的第Ⅱ类定位基,使反应由多元取代变为有用的一元取代。由于乙酰基的空间位阻,往往选择性地生成对位取代物。

芳胺可与酰氯、酸酐或冰乙酸在加热条件下发生酰化反应。制备乙酰苯胺时,当采用乙酰氯为乙酰化试剂时,反应最剧烈,醋酐次之,冰乙酸最慢。但由于冰乙酸价格较便宜,操作方便,故本实验采用冰乙酸作乙酰化试剂。

$$\text{C}_6\text{H}_5\text{NH}_2 + \text{H}_3\text{C-COOH} \rightleftharpoons \text{C}_6\text{H}_5\text{NH-CO-CH}_3 + \text{H}_2\text{O}$$

该反应为可逆反应,产率较低,为减少逆反应的发生,应设法除去反应产生的水,或加过量的冰乙酸。本实验采用分馏法除去生成的水。纯乙酰苯胺为白色片状结晶,熔点为114℃,稍溶于热水、乙醇、乙醚、氯仿、丙酮等溶剂,难溶于冷水,故可用热水进行重结晶。

三、仪器与试剂

仪器:50mL圆底烧瓶,维氏分馏柱,150℃温度计,接引管,量筒,电热套,烧杯,抽滤瓶,布氏漏斗,搅拌棒,石棉网,滤纸,熔点仪。

试剂:苯胺,冰乙酸,锌粉,活性炭。

四、物理常数

化合物名称	分子量	性状	比重	熔点 ℃	沸点 ℃	折光率 n	溶解度(g/100mL 溶剂)		
							水	醇	醚
冰乙酸	60.05	无色液体	1.049	16.6	118.1	—	∞	∞	∞

续表

化合物名称	分子量	性状	比重	熔点 ℃	沸点 ℃	折光率 n	溶解度(g/100mL 溶剂) 水	醇	醚
苯胺	93.12	油状液体	1.02	−6.3	184.4	1.586	微溶	易溶	易溶
乙酰苯胺	135.16	白色固体	1.219	114.3	304	—	25℃:0.56 100℃:5.5	易溶	易溶

五、实验步骤

在 50mL 圆底烧瓶上装一个分馏柱,在柱顶上插 150℃ 温度计,柱的支管通过玻璃弯管插入锥形瓶中,用以收集反应中蒸出的馏分,如图 1-6 所示。向圆底烧瓶中加入 5mL 新蒸苯胺、7.4mL 冰乙酸和 0.1g 锌粉,摇匀。用小火慢慢加热圆底烧瓶至溶液微沸,控制火焰,使温度计读数保持在 105℃ 左右,反应 40~60min。当温度计读数下降或烧瓶内出现大量白雾时,反应基本完成,停止加热。

在不断搅拌下,把反应混合物趁热以细流状慢慢倒入盛有 100mL 冷水的烧杯中,剧烈搅拌,并冷却烧杯,使粗乙酰苯胺呈细粒状完全析出,抽滤。把粗乙酰苯胺滤饼放入盛有 150mL 热水的 200mL 烧杯中,加热使其溶解。若溶液沸腾时仍有未溶解的油珠,需补加热水,直到油珠完全溶解为止。稍冷后加入约 0.5g 粉末状活性炭,用玻璃棒搅拌并煮沸 1~2min,趁热用保温漏斗过滤或用预先加热好的布氏漏斗减压过滤。冷却滤液,析出乙酰苯胺晶体,呈无色片状。减压过滤,尽量挤压以除去晶体中的水分,将产物放在表面皿上晾干。称量,计算产率,并测定其熔点。

纯乙酰苯胺是无色片状晶体,m.p. 114.3℃,b.p. 304,d_4^{24}=1.219。

六、注意事项

(1) 锌粉的作用是防止苯胺在反应过程中氧化。但必须注意,锌粉不能加得过多,否则在后处理中会出现不溶于水的氢氧化锌,新蒸馏过的苯胺也可以不加锌粉。

(2) 实验中出现的油珠是熔融状态的含水的乙酰苯胺(83℃ 时含水 13%)。如果溶液温度在 83℃ 以下,溶液中未溶解的乙酰苯胺以固态形式存在。

(3) 不同温度下乙酰苯胺在 100mL 水中的溶解度为:25℃,0.56g;100℃,5.5g。在以后各步加热煮沸时,会蒸发掉一部分水,需随时补加热水。本实验中重结晶时的用水量,最好使溶液在 80℃ 左右为饱和状态。

(4) 在沸腾的溶液中加入活性炭,会引起突然暴沸,致使溶液冲出容器。

(5) 应事先对布氏漏斗进行预热,否则乙酰苯胺晶体将在布氏漏斗内析出,引起操作上的麻烦并造成损失。抽滤瓶应放在水浴中预热,切不可直接放在石棉网上加热。

七、思考题

(1) 苯胺转变成乙酰苯胺的乙酰化试剂有哪些?它们的反应速度如何?

(2) 此反应是采取什么方法使产率提高的?为什么要用分馏柱?用回流冷凝管行吗?

(3) 反应时为什么要控制分馏柱上端的温度在 105℃ 左右?若温度过高,有什么不好?

(4) 常用的乙酰化试剂有哪些?哪一种较经济?哪一种反应最快?

(5)在重结晶操作中,必须注意哪几点才能使产物产率高、质量好?

实验 3-12 乙酰水杨酸的制备

一、实验目的

(1)学习用乙酸酐作酰基化试剂制备乙酰水杨酸的原理和方法。
(2)巩固重结晶、熔点测定、抽滤等基本操作。
(3)了解乙酰水杨酸的应用价值。

二、实验原理

乙酰水杨酸即阿司匹林(aspirin),是 19 世纪末成功合成的有效的解热止痛、治疗感冒的药物,至今仍广泛使用。有关报道表明,人们正在发现它的某些新功能。常用的乙酰水杨酸制备方法是:在浓硫酸的催化下,水杨酸与乙酸酐(过量)作用,乙酸酐中的乙酰基取代水杨酸酚羟基上的氢而生成乙酰水杨酸。乙酸酐在反应中既作酰化试剂,又作反应溶剂。水杨酸中的羧基和羟基可以形成分子内氢键,加少量浓硫酸的作用是破坏此氢键,有利于乙酰化反应的进行。

水杨酸是一个双官能团化合物,当加热温度较高时,羧基也可能发生酯化反应,产生副反应。

主反应:

副反应:

乙酰化反应完成后,加水,使过量乙酸酐分解为水溶性的乙酸,结晶即可得乙酰水杨酸粗品。

三、仪器与试剂

仪器:50mL 锥形瓶,100mL 锥形瓶,玻璃棒,量筒,滴管,布氏漏斗,抽滤瓶,循环水式真空泵,滤纸,熔点仪。

试剂:水杨酸,乙酸酐,浓硫酸,饱和碳酸氢钠溶液,1%三氯化铁溶液,18%盐酸溶液。

四、物理常数

化合物名称	分子量	性状	比重	熔点 ℃	沸点 ℃	折光率 n	溶解度		
							水	醇	醚
乙醋酐	102.09	无色液体	1.080	−73	139	1.3904	易溶	易溶	易溶
水杨酸	138.12	白色晶体	1.443	158～161	110	1.565	微	易溶	易溶
乙酰水杨酸	180.17	白色固体	1.35	136～140	321.4	—	溶	溶	微

五、实验步骤

向干燥的50mL锥形瓶中加入1.38g水杨酸、4mL新蒸的乙酸酐和5滴浓硫酸(或浓磷酸),振摇,使固体溶解完全,反应液混合均匀。用水浴加热,控制水浴温度在85～90℃,维持20min。反应期间用玻璃棒不断搅拌,用1％三氯化铁溶液检验水杨酸是否反应完全。如未反应完全,每隔5min检验一次,直至水杨酸完全反应。待反应物冷却到室温后,在振摇下慢慢加入13～15mL水,在冰浴中冷却,抽滤收集产物,用25mL冰水洗涤晶体,抽干。

将粗产物转移到100mL烧杯中,在搅拌下加入10％碳酸氢钠溶液,当不再有二氧化碳放出后,通过抽滤除去少量高聚物固体。将滤液倒至100mL烧杯中,在不断搅拌下慢慢加入18％盐酸溶液酸化,这时析出大量晶体。将混合物在冰浴中冷却,使晶体析出完全。抽滤,用少量水洗涤晶体2～3次。干燥后称重,计算产率,测定熔点。

纯乙酰水杨酸为白色固体,m.p. 138℃,b.p. 321.4,$d_4^{24}=1.35$。

六、注意事项

(1)仪器要全部干燥,药品也要事先进行干燥处理,乙酸酐要使用新蒸馏的,收集139～140℃的馏分。

(2)乙酰水杨酸受热后易发生分解,分解温度为126～135℃,因此,重结晶时不宜长时间加热,应控制水温,让产品自然晾干。

(3)检验反应液中是否还有水杨酸的方法是,利用水杨酸可与三氯化铁发生显色反应的特点,观察有无颜色反应(紫色)。

(4)本实验中要注意控制好温度(水温为85～90℃),否则将有水杨酰水杨酸酯、乙酰水杨酰水杨酸酯及高聚物等副产物产生。

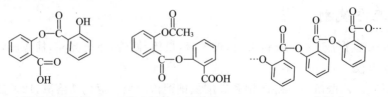

水杨酰水杨酸酯　　　乙酯水杨酰水杨酸酯　　　高聚物

七、思考题

(1)在水杨酸与乙酸酐的反应过程中,浓硫酸的作用是什么？写出水杨酸形成分子内氢键后的结构式。

(2)若在硫酸的存在下,水杨酸与乙醇作用将得到什么产物?写出反应方程式。

(3)本实验中可产生什么副产物?加水的目的是什么?

(4)通过什么样的简便方法可以鉴定阿司匹林是否变质?

实验 3-13 硝基苯的制备

一、实验目的

(1)掌握硝基苯的制备原理和方法。

(2)通过硝基苯的制备加深对芳烃亲电取代反应的理解。

(3)掌握冷凝回流和水浴加热操作方法。

二、实验原理

芳香族硝基化合物一般由芳香族化合物直接硝化制得,最常用的硝化剂是浓硝酸与浓硫酸混合液,常称"混酸"。在硝化反应中,因被硝化物质的结构不同,故所需要的混酸浓度和反应温度也各不相同。硝化反应是不可逆反应,混酸中浓硫酸的作用不仅在于脱水,更重要的是有利于 NO_2^+ 离子的生成,增加 NO_2^+ 离子的浓度,加快反应速度,进而提高硝化能力。硝化反应是强放热反应,进行硝化反应时,必须严格控制升温和加料速度,同时进行充分的搅拌。

以苯为原料,用混酸作硝化剂制备硝基苯的反应式如下。

主反应:

$$C_6H_6 + HONO_2 + H_2SO_4 \xrightarrow{\triangle} C_6H_5-NO_2 + H_2O$$

副反应:

$$C_6H_5-NO_2 + HONO_2 + H_2SO_4 \xrightarrow{\triangle} C_6H_4-(NO_2)_2 + H_2O$$

三、仪器及试剂

仪器:250mL 三口烧瓶,100℃温度计,10mL 量筒,恒压滴液漏斗,球形冷凝管,玻璃漏斗,锥形瓶,水浴锅。

试剂:苯,浓硝酸,浓硫酸,10%碳酸钠溶液,饱和食盐水,无水氯化钙,pH 试纸等。

四、物理常数

化合物名称	分子量	性状	比重	熔点 ℃	沸点 ℃	折光率 n	溶解度(g/100mL)		
							水	醇	醚
苯	78.11	无色液体	0.8765	5.5	80.1	1.5010	0.18	易溶	易溶

续表

化合物名称	分子量	性状	比重	熔点 ℃	沸点 ℃	折光率 n	溶解度(g/100mL)		
							水	醇	醚
浓硫酸	98.04	无色油状液体	1.84	10.4	338	1.4288	易溶	—	—
浓硝酸	63	无色液体	1.4	−42	83	1.572	易溶	—	—
硝基苯	123.11	油状液体	1.205	5.7	210.9	1.5529	难溶	易溶	易溶

五、实验步骤

混酸的配制:向 50mL 锥形瓶中加入 20.0mL 浓硫酸,把锥形瓶放入冷水浴中,在摇动条件下将 14.6mL 浓硝酸慢慢加入浓硫酸中,混匀。

向 250mL 三口烧瓶中加入 17.8mL 苯。在三口烧瓶的一口装上球形冷凝管,另一口装上恒压滴液漏斗,如图 1-11(b)所示。将混酸装入恒压滴液漏斗中,缓慢加入,开启电动搅拌器,使苯和混酸充分接触。此时反应液温度升高,待反应液温度不再上升且趋于下降时,再继续加混酸(为什么?)。加酸时,水浴加热,将反应温度控制在 40~50℃,若温度超过 50℃,可用冷水浴冷却。加料完毕后,将烧瓶放在 50℃ 的水浴中,然后加热,将烧瓶中反应液的温度控制在 60~65℃,并保持 40min。

反应结束后,将烧瓶移出水浴,待反应液冷却后,将其倒入分液漏斗中,静置分层,分出酸层(哪一层是酸层?怎样判断和检验?)。将酸液倒入指定的回收瓶中,粗硝基苯用等体积的冷水洗涤,再用 10% 碳酸钠溶液洗涤多次,直到洗涤液不显酸性,最后用去离子水洗至中性(如何检验?)。将粗硝基苯从分液漏斗中放入干燥的小锥形瓶中,加入无水氯化钙干燥,并间歇地摇荡锥形瓶。待液体变澄清后,倒入干燥的量筒中,量取体积,根据密度计算质量,并计算反应的产率。

六、注意事项

(1)苯的硝化是一个放热反应,在开始加入混酸时,硝化反应速度较快,每次加入的混酸量以 0.5~1.0mL 为宜。随着混酸的加入,硝基苯逐渐生成,反应混合物中苯的浓度逐渐降低,硝化反应的速度也随之减慢,所以在加后一半混酸时,每次混酸可加入 1.0~1.5mL。

(2)用吸管吸取少量上层反应液,滴到饱和食盐水中。当观察到油珠下沉时,表明硝化反应已经完成。

(3)硝基苯有毒,处理时须多加小心,如果溅到皮肤上,可先用少量酒精擦洗,再用肥皂水洗净。

(4)如果使用工业硫酸,其中因含有少量汞盐等杂质而具有催化作用,会使反应物中含有微量的多硝基酸,如苦味酸和 2,4-二硝基苯酚。它们的碱溶液呈深黄色,因而产物在水洗时应洗至接近无色。

七、思考题

(1)硫酸和硝酸在硝化时各起什么作用?

(2) 混酸若一次加完,将产生什么结果?

(3) 硝化反应的温度过高将会产生什么影响?

(4) 如何判断硝化反应已经结束?

实验 3-14　邻硝基苯酚和对硝基苯酚的制备

一、实验目的

(1) 了解邻硝基苯酚和对硝基苯酚的制备原理及方法。

(2) 掌握水蒸气蒸馏的基本操作。

二、实验原理

本实验利用苯酚硝化得到邻硝基苯酚和对硝基苯酚的混合物,具体反应如下:

$$2\,C_6H_5OH + 2NaNO_3 + 2H_2SO_4 \longrightarrow \text{邻-}O_2N\text{-}C_6H_4OH + \text{对-}O_2N\text{-}C_6H_4OH + 2NaHSO_4 + 2H_2O$$

实验室多用硝酸钠或硝酸钾和稀硫酸的混合物代替稀硝酸,以减少苯酚被硝酸氧化的可能性,并有利于增加对硝基苯酚的产量。

由于邻硝基苯酚通过分子内氢键能形成六元螯合环,而对硝基苯酚只能通过分子间氢键形成缔合体,因此,邻硝基苯酚的沸点较对硝基苯酚低,并且在水中的溶解度较对位的低得多,从而能够采用水蒸气蒸馏法将其分离。

三、仪器及试剂

仪器:100mL 三口烧瓶,电动搅拌器,温度计,布氏漏斗,水浴锅,30mL 圆底烧瓶,恒压滴液漏斗,恒压滴液漏斗,球形冷凝器,锥形瓶。

试剂:苯酚,硝酸钠,浓硫酸,浓盐酸,活性炭。

四、物理常数

化合物名称	分子量	性状	比重	熔点 ℃	沸点 ℃	折光率 n	溶解度		
							水	乙醇	乙醚
苯酚	94.11	无色晶体	1.071	40.6	181.9	1.542	微溶	易溶	易溶
邻硝基苯酚	139.11	淡黄色晶体	1.495	43～47	214～216	—	微溶	易溶	易溶
对硝基苯酚	139.11	淡黄色晶体	1.479	114～116	279	—	微溶	易溶	易溶

五、实验步骤

在 100mL 三口烧瓶上安装搅拌器、温度计和恒压滴液漏斗,如图 1-11(c)所示。先加入 20mL 水,然后在搅拌下慢慢加入 6mL 浓硫酸(注意:只可将浓硫酸沿容器壁往水中慢慢倾倒,切不可颠倒次序)。取下恒压滴液漏斗,趁酸液尚在温热时,从反应瓶侧口加入 7g 硝酸钠,使其溶入稀硫酸中。装上恒压滴液漏斗,将反应瓶放入冰水浴中,使混合物冷却至 20℃。称取 4.7g 苯酚,与 1mL 温水混合,并冷却至室温(注意:苯酚有腐蚀性,若不慎触及皮肤,应立刻用肥皂水冲洗,再用酒精棉擦洗)。在搅拌下,将苯酚水溶液从恒压滴液漏斗滴入反应瓶中,用冰水浴将反应温度维持在 20℃ 左右(注意:在非均相反应体系中,保持良好的搅拌能够显著地加速反应)。加完苯酚后,在室温下继续搅拌 1h,有黑色油状物生成,倾出酸层,然后向油状物中加入 20mL 水并振摇。先倾出洗液,再用水洗 3 次,以除净残存的酸(注意:硝基酚产物有毒,洗涤时要小心)。

对油状混合物进行水蒸气蒸馏,装置如图 2-13 所示,直到冷凝管中无黄色油滴馏出为止。在水蒸气蒸馏过程中,黄色的邻硝基苯酚晶体会附着在冷凝管内壁上,可以通过间或关闭冷却水龙头,让热蒸气将其熔化而流出。将馏出液冷却过滤,收集浅黄色晶体,即得邻硝基苯酚产物。晾干后称量,测熔点并计算产率(注意:邻硝基苯酚容易挥发,应保存在密闭的棕色瓶中,邻硝基苯酚的熔点为 43~47℃,有特殊的芳香气味)。

向水蒸气蒸馏后的残余物中加水,至总体积为 50mL,并加入 3mL 浓盐酸和 0.5g 活性炭,煮沸 15min。用预热过的布氏漏斗过滤,滤液经冷却析出对硝基苯酚。经过滤、干燥后称重,测熔点并计算产率(对硝基苯酚为淡黄色或无色针状晶体,无气味,熔点为 114~116℃)。

如果实测熔点偏低,可以用乙醇-水混合溶剂对产物进行重结晶。将少量乙醇加入盛有硝基苯酚的圆底烧瓶中,配置回流冷凝管,加热回流,再补加乙醇,直到产物全部溶解于沸腾的乙醇中。然后逐滴加入热水(60℃ 左右),直到乙醇溶液中正好出现浑浊为止。再加几滴乙醇,使浑浊液刚好澄清,静置冷却至室温,过滤即得产物,晾干后测熔点。

六、注意事项

(1)苯酚对皮肤有较大腐蚀性,取用时应注意安全。苯酚的熔点为 40.6℃,室温下呈固态,量取时可用温水浴使其熔化。向苯酚中加入少量水可降低其熔点,使其在室温下即呈液态,有利于滴加和反应。

(2)控制反应温度在 10~15℃,超过 20℃ 会有较多副产物。

(3)酚与酸不互溶,需不断摇动使其充分接触,使反应均匀,避免局部过热。

(4)用水蒸气蒸馏分离邻硝基苯酚和对硝基苯酚时,邻硝基苯酚蒸完的标志为冷凝管中无黄色溜出液。

(5)粗产物邻硝基苯酚用乙醇-水混合溶剂重结晶。

(6)反应瓶中残留物含有对硝基苯酚(可由重结晶析出),还有副产物 2,4-二硝基苯酚,后者毒性大,能渗透皮肤吸收,应加稀碱液处理后再倒入废液缸。

七、思考题

(1)本实验有哪些可能的副反应？如何减少这些副反应的发生？
(2)试比较苯、硝基苯和苯酚硝化的难易程度，并解释其原因。

实验 3-15　苯乙酮的制备

一、实验目的

(1)学习傅－克酰基化制备芳酮的原理和方法。
(2)初步掌握无水操作、吸收、搅拌、回流、滴加等基本操作。

二、实验原理

傅－克(Friedel-Crafts)酰基化反应是制备芳酮的重要方法之一。酰氯、酸酐是常用的酰基化试剂,用无水 $FeCl_3$、BF_3、$ZnCl_2$ 和 $AlCl_3$ 等路易斯酸作催化剂,分子内的酰基化反应还可以用多聚磷酸(PPA)作催化剂,酰基化反应常用过量的芳烃、二硫化碳、硝基苯、二氯甲烷等作为反应的溶剂。该类反应一般为放热反应,通常是将酰基化试剂配成溶液后,慢慢滴加到盛有芳香族化合物的反应瓶中。用苯和乙酸酐制备苯乙酮的反应方程式如下：

$$\text{C}_6\text{H}_6 + (CH_3CO)_2O \xrightarrow{\text{无水AlCl}_3} \text{C}_6\text{H}_5COCH_3 + CH_3COOH$$

具体过程：

$$(CH_3CO)_2O \xrightarrow{2AlCl_3} [Cl_3Al\cdots O\text{=}C(CH_3)\text{-}O^{\delta+}\text{-}C(CH_3)\text{=}O\cdots AlCl_3^{\delta-}] \xrightarrow{C_6H_6} \underset{\text{红色溶液}}{C_6H_5C(CH_3)\text{=}O\cdots AlCl_3} + CH_3COOAlCl_2 + HCl\uparrow$$

$$C_6H_5C(CH_3)\text{=}O\cdots AlCl_3 \xrightarrow{H_2O} C_6H_5COCH_3 + Al(OH)Cl_2\downarrow + HCl$$

$$CH_3COOAlCl_2 \xrightarrow{H_2O} CH_3COOH + Al(OH)Cl_2\downarrow$$

$$Al(OH)Cl_2 \xrightarrow{HCl} Al^+ + 3Cl^- + H_2O$$

傅－克酰基化反应的催化剂用量大,乙酸酐:三氯化铝=1:2.2(苯乙酮和乙酸都与当量的三氯化铝生成络合物,三氯化铝不能再参与反应,失去催化活性,故三氯化铝必须过量)。

三、仪器及试剂

仪器：100mL 三口烧瓶,直形冷凝管,恒压滴液漏斗,温度计,电动搅拌器,电热套,氯化钙干燥管,气体吸收装置,分液漏斗,空气冷凝管,蒸馏头,接引管,锥形瓶。

试剂：乙酸酐,无水苯,无水三氯化铝,浓盐酸,10%氢氧化钠溶液,无水硫酸镁。

四、物理常数

化合物名称	分子量	性状	比重	熔点 ℃	沸点 ℃	折光率 n	溶解度 水	溶解度 醇	溶解度 醚
乙酸酐	102	无色液体	1.082	−73	139	1.390	分解	易溶	∞
苯乙酮	120.15	无色液体	1.028	19.6	202	1.537	微溶	溶	溶
苯	78	无色液体	0.879	5.5	80.1	1.501	难溶	易溶	∞
冰乙酸	60.05	无色液体	1.049	16.6	118.1	1.372	∞	∞	∞

五、实验步骤

向装有恒压滴液漏斗、电动搅拌装置和回流冷凝管（上端通过无水氯化钙干燥管与氯化氢气体吸收装置相连）的100mL三口烧瓶中迅速加入13g粉状无水三氯化铝和16mL无水苯，装置如图3-1所示。在搅拌下将4mL乙酸酐自恒压滴液漏斗慢慢滴加到三口烧瓶中（先加几滴，待反应发生后再继续滴加）。控制乙酸酐的滴加速度，以三口烧瓶稍热为宜。加完后（约需10min），待反应稍缓和，在95℃热水浴中搅拌回流，直到不再有氯化氢气体逸出为止。

将反应混合物冷却到室温，在搅拌下倒入盛有18mL浓盐酸和30g碎冰的烧杯中（在通风橱中操作），若仍有固体不溶物，可补加适量浓盐酸，使之完全溶解。将混合物转

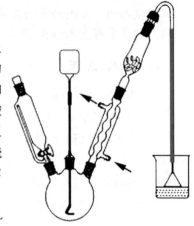

图3-1 反应装置图

入分液漏斗中，分出有机层（哪一层？），水层用苯萃取2次（每次8mL）。合并有机层，依次用15mL 10%氢氧化钠溶液、15mL水洗涤，再用无水硫酸镁干燥。

将干燥后的反应混合物在水浴上蒸馏，回收苯（或蒸出苯和石油醚），然后在石棉网上加热，蒸去残留的苯，稍冷后改用空气冷凝管蒸馏（为什么？）。收集195～202℃馏分，量取体积，计算产率。

纯苯乙酮为无色透明油状液体，沸点为202℃，熔点为19.6℃。

六、注意事项

(1) 无水三氯化铝的质量是实验成败的关键之一。研细、称量及投料均要迅速，避免无水三氯化铝长时间暴露在空气中。

(2) 本实验所用仪器和试剂均需充分干燥，否则会影响反应顺利进行。装置中凡是和空气相通的部位都应安装干燥管。

(3) 滴加乙酸酐的速率要缓慢（约7秒一滴），滴加太快时反应不易控制，易发生危险。

(4) 控制火焰的大小至刚好回流，水温以95℃为宜，以防产生的泡沫冲至冷凝管，严重时发生凶险。

(5) 粗产物中的少量水在蒸馏时与苯以共沸物形式蒸出，其共沸点为69.4℃，这是液体

化合物的干燥方法之一。

七、思考题

(1) 实验过程中,反应试剂的颜色是如何变化的?试用化学方程式表示。

(2) 在烷基化和酰基化反应中,三氯化铝的用量有何不同?为什么?本实验为什么要用过量的苯和三氯化铝?

(3) 反应完成后,为什么要加入浓盐酸和冰水的混合物来分解产物?

(4) 为什么硝基苯可作为反应的溶剂?芳环上有—OH、—NH₂等基团存在时对反应不利,甚至不发生反应,为什么?

实验 3-16 2,4-二氯苯氧乙酸的制备

一、实验目的

(1) 掌握温和条件下的芳环上的卤化反应及 Williamson 醚合成法。

(2) 复习分液漏斗使用、重结晶等基本操作。

二、实验原理

苯氧乙酸可作为防腐剂,一般由苯酚钠和氯乙酸通过 Williamson 醚合成法制备。通过它的次氯酸氧化,可得到对氯苯氧乙酸和 2,4-二氯苯氧乙酸(简称"2,4-D")。前者又称"防落素",能减少农作物落花落果,后者又称"除莠剂",二者都是植物生长调节剂。其反应式如下:

$$ClCH_2COOH \xrightarrow{Na_2CO_3} ClCH_2COONa \xrightarrow{\text{苯酚} + NaOH} \text{苯}-OCH_2COONa$$

$$\xrightarrow{HCl} \text{苯}-OCH_2COOH$$

$$\text{苯}-OCH_2COOH + HCl + H_2O_2 \xrightarrow{FeCl_3} \text{对氯苯}-OCH_2COOH$$

$$\text{对氯}-\text{苯}-OCH_2COOH + 2NaOCl \xrightarrow{H^+} \text{2,4-二氯苯}-OCH_2COOH$$

第一个反应式是制备酚醚,这是一个亲核取代反应,在碱性条件下易于进行。

第二个反应式是苯环上的亲电取代,FeCl₃作催化剂,氯化剂是 Cl⁺,引入第一个 Cl。

$$2HCl + H_2O_2 \longrightarrow Cl_2 + 2H_2O$$

$$Cl_2 + FeCl_3 \longrightarrow [FeCl_4]^- + Cl^+$$

第三个反应式仍是苯环上的亲电取代,从 HOCl 产生的 H₂O⁺Cl 和 Cl₂O 作氯化剂,引入第二个 Cl。

$$HOCl + H^+ \longrightarrow H_2O + Cl^+ \qquad HOCl \longrightarrow Cl_2O + H_2O$$

三、仪器及试剂

仪器：100mL 三口烧瓶，恒压滴液漏斗，球形冷凝管，锥形瓶，可控温电动搅拌器，可控温电热套，抽滤瓶，循环水式真空泵，布氏漏斗，滤纸。

试剂：氯乙酸，苯酚，饱和碳酸钠溶液，35%氢氧化钠溶液，冰乙酸，浓盐酸，三氯化铁，33%过氧化氢溶液，5%次氯酸钠溶液，乙醇，乙醚，四氯化碳，刚果红试纸。

四、物理常数

化合物名称	分子量	性状	比重	熔点 ℃	沸点 ℃	折光率 n	溶解度		
							水	乙醇	乙醚
苯酚	94.11	无色晶体	1.070	43	181.8	1.542	难溶	易溶	易溶
苯氧乙酸	152	白色晶体	—	98~100	285	—	难溶	易溶	易溶
氯乙酸	94.50	白色晶体	1.580	63	189	—	易溶	溶	溶
乙醚	74.12	无色液体	0.714	116.2	34.51	1.356	微溶	∞	∞
2,4-二氯苯氧乙酸	221.04	白色晶体	1.563	137~141	160	—	不溶	溶	溶

五、实验步骤

1. 苯氧乙酸的制备

向装有可控温电动搅拌器、球形冷凝管和恒压滴液漏斗的 100mL 三口烧瓶中加入 3.8g 氯乙酸和 5mL 水，如图 1-11(b)所示。开动搅拌器，慢慢滴加饱和碳酸氢钠溶液（约需 7mL），至溶液 pH 为 7~8。然后加入 2.5g 苯酚，再慢慢滴加 35%氢氧化钠溶液，至反应混合物 pH 为 12。将反应物在沸水浴中加热约 0.5h。反应过程中 pH 会下降，应补加氢氧化钠溶液，保持 pH 为 12，在沸水浴中继续加热 15min。反应完毕后，将三口烧瓶移出水浴，趁热转入锥形瓶中，在搅拌下用浓盐酸酸化至 pH 为 3~4。在冰浴中冷却，析出固体，待结晶完全后抽滤。粗产物用冷水洗涤 2~3 次，在 60~65℃下干燥后，称质量，测熔点。粗产物可直接用于对氯苯氧乙酸的制备（纯苯氧乙酸的熔点为 98~100℃）。

2. 对氯苯氧乙酸的制备

向装有搅拌器、球形冷凝管和恒压滴液漏斗的 100mL 三口烧瓶中加入 3g 上述制备的苯氧乙酸和 10mL 冰乙酸。将三口烧瓶置于水浴中加热，同时开动搅拌器。待水浴温度上升至 55℃时，加入少许（约 20mg）三氯化铁和 10mL 浓盐酸。当水浴温度升至 60~70℃ 时，在 10min 内慢慢滴加 3mL 33%过氧化氢溶液，滴加完毕后，保持此温度，继续反应 20min。升高温度，使瓶内固体全部溶解，慢慢冷却，析出结晶。抽滤，粗产物用水洗涤 3 次。粗品用乙醇—水（1:3）混合溶剂重结晶，干燥后称质量，测熔点（纯对氯苯氧乙酸的熔点为 158~159℃）。

3. 2,4-二氯苯氧乙酸的制备

向 250mL 锥形瓶中加入 2g 干燥的对氯苯氧乙酸和 24mL 冰乙酸，搅拌，使固体溶解。

将锥形瓶置于冰浴中冷却,在摇荡下分批加入 40mL 5%次氯酸钠溶液。然后将锥形瓶从冰浴中取出,待反应物的温度升至室温后再保持 5min,此时反应液颜色变深。向锥形瓶中加入 80mL 水,并用 6mol/L 盐酸酸化至使刚果红试纸变蓝。反应物每次用 25mL 乙醚萃取 3 次,合并乙醚萃取液,在分液漏斗中用 25mL 水洗涤后,再用 25mL 10%碳酸钠溶液萃取产物(小心有二氧化碳气体逸出)。将碱性萃取液移至烧杯中,加入 40mL 水,用浓盐酸酸化至使刚果红试纸变蓝,抽滤析出的晶体,并用冷水洗涤 2~3 次,干燥后称质量。粗品用四氯化碳重结晶,测熔点(纯 2,4-二氯苯氧乙酸的熔点为 137~141℃)。

六、注意事项

(1)为防止氯乙酸水解,先用饱和碳酸钠溶液使之成盐。注意:加碱的速度要慢。

(2)开始滴加浓盐酸时,可能有沉淀产生($FeCl_3$水解生成 $Fe(OH)_3$ 沉淀),不断搅拌后又会溶解。盐酸不能过量太多,否则会生成烊盐而溶于水。若未见沉淀生成,可再补加 2~3mL 浓盐酸。

(3)若次氯酸钠过量,会使产量降低。也可直接用市售漂白剂,不过由于漂白剂所含的次氯酸钠不稳定,所以常会影响反应。

(4)严格控制温度、pH 和试剂用量是实验成败的关键。NaOCl 用量勿多,反应温度保持在室温以下。

七、思考题

(1)芳环上发生卤化反应有哪些方法?本实验所用方法有什么优缺点?

(2)什么是 Williamson 醚合成法?对原料有什么要求?

(3)试写出其他合成 2,4-二氯苯氧乙酸的方法。

(4)从亲核取代反应、亲电取代反应和产品分离纯化的要求等方面,简述本实验中各步反应调节 pH 的目的和作用。

实验 3-17 2-甲基-2-己醇的制备

一、实验目的

(1)学习 Grignard 试剂的制备方法、技巧和应用。

(2)学习由 Grignard 试剂制备结构复杂的醇的原理与方法。

(3)学习有机合成实验中的无水操作基本技巧。

二、实验原理

在无水乙醚中,卤代烃与金属镁作用生成烃基卤化镁(RMgX)即为 Grignard 试剂。Grignard 试剂中,碳—金属键是极化的,具有强的亲核性,在加长碳链的方法中有重要用途,能与环氧乙烷、醛、酮、羧酸衍生物等进行加成反应。除此之外,Grignard 试剂还能与水、氧气和二氧化碳反应,因此,Grignard 试剂参与的反应必须在无水、无氧等条件下进行。实验

中,结构复杂的醇主要由 Grignard 试剂来制备。2-甲基-2-己醇的合成路线如下:

$$n-C_4H_9Br + Mg \xrightarrow{无水乙醚} n-C_4H_9MgBr$$

$$n-C_4H_9MgBr + CH_3COCH_3 \longrightarrow n-C_4H_9\underset{\underset{OMgBr}{|}}{C}(CH_3)_2$$

$$n-C_4H_9\underset{\underset{OMgBr}{|}}{C}(CH_3)_2 + H_2O \longrightarrow n-C_4H_9\underset{\underset{OH}{|}}{C}(CH_3)_2 + Mg(OH)Br$$

三、仪器及试剂

仪器:250 mL 三口烧瓶,球形冷凝管,恒压滴液漏斗,干燥管,分液漏斗,50 mL 圆底烧瓶,蒸馏头,直接冷凝管,接引管,锥形瓶,温度计。

试剂:镁屑,正溴丁烷,无水乙醚,碘,普通乙醚,丙酮,10%硫酸溶液,5%碳酸钠溶液,无水碳酸钾。

四、物理常数

化合物名称	分子量	性状	比重	熔点 ℃	沸点 ℃	折光率 n	溶解度		
							水	乙醇	乙醚
正溴丁烷	137.03	无色透明液体	1.299	−112.4	101.6	1.4398	不	∞	∞
丙酮	58.49	易燃易挥发	0.7899	−94.6	56.5	1.3588	∞	∞	∞
2-甲基-2-己醇	116.2	无色液体	0.8084	—	143	1.4175	∞	∞	∞

五、实验步骤

1. 正丁基溴化镁的制备

按照图 3-2 所示装配仪器(所有仪器必须干燥)。向 250 mL 三口烧瓶加入 3.1 g 镁屑、15 mL 无水乙醚及一小粒碘;在恒压滴液漏斗中混合 13.5 mL 正溴丁烷和 15 mL 无水乙醚。先向烧瓶内滴入约 5 mL 混合液,数分钟后溶液呈微沸状态,碘的颜色消失。若不发生反应,可用温水浴加热。刚开始的反应比较剧烈,必要时可用冷水浴冷却。待反应缓和后,从冷凝管上端加入 25 mL 无水乙醚。开动搅拌器(用手帮助旋动搅拌棒的同时启动调速旋钮,调至合适转速),并滴入剩余的正溴丁烷和无水乙醚混合液,控制滴加速度,使反应液呈微沸状态。滴加完毕后,在热水浴上回流 20 min,使镁屑作用完全,得 Grignard 试剂。

图 3-2 反应装置图

2. 2-甲基-2-己醇的制备

将上面制好的 Grignard 试剂在冰水浴冷却和搅拌下,自恒压滴液漏斗中滴入 10 mL 丙酮和 15 mL 无水乙醚的混合液,控制滴加速度,勿使反应过于剧烈。加完后,在室温下继续搅拌15min(溶液中可能有白色黏稠状固体析出)。将反应瓶在冰水浴冷却和搅拌下,自恒压滴液漏斗中分批加入100mL 10%硫酸溶液,分解上述加成产物(开始滴入速度宜慢,以后可逐渐加快)。待分解完全后,将溶液倒入分液漏斗中,分出乙醚层。水层每次用25mL乙醚萃取2次,合并乙醚层,用30mL 5%碳酸钠溶液洗涤1次,分液后,用无水碳酸钾干燥乙醚层。

装配蒸馏装置。将干燥后的粗产物乙醚溶液分批转入50mL圆底烧瓶中,用温水浴蒸去乙醚,再在电热套上直接加热蒸出产品,收集137~141℃馏分。称重,计算产率。

纯2-甲基-2-己醇的沸点为143℃,折光率为1.4175。

六、注意事项

(1)严格按操作规程装配实验装置,电动搅拌棒必须垂直且转动顺畅。
(2)制备Grignard试剂所需仪器必须干燥,必须控制好滴加速度。
(3)乙醚易挥发、易燃,忌用明火,注意通风。
(4)2-甲基-2-己醇与水可形成共沸物,干燥剂用量要合理,且将产物醚溶液干燥完全。

七、思考题

(1)在将Grignard试剂加成物水解前的各步中,为什么使用的药品和仪器均要绝对干燥?为此你采取了什么措施?
(2)本实验有哪些可能的副反应?如何避免?
(3)用Grignard试剂法制备2-甲基-2-己醇还可采用什么原料?写出反应式,并对几种不同的路线加以比较。

实验3-18 三苯甲醇的制备

一、实验目的

(1)了解Grignard试剂的制备、应用和格氏反应的条件。
(2)掌握制备三苯甲醇的原理和方法。
(3)掌握搅拌、回流、萃取、蒸馏等基本操作。

二、实验原理

卤代烃在无水乙醚中能和镁屑作用生成烃基卤化镁(RMgX),即Grignard(格氏)试剂。

$$R-X+Mg \xrightarrow{干乙醚} RMgX(烃基卤化镁)$$

在制备Grignard试剂时需要注意,整个体系必须保证绝对无水,不然将得不到烃基卤化镁,或者产率很低。在形成Grignard试剂的过程中往往有一个诱导期,作用非常慢,甚至需要通过加温或者加入少量碘来使它发生反应。诱导期过后反应变得非常剧烈,需要用冰水或冷水在反应器外面冷却,使反应缓和下来。

Grignard 试剂是一种非常活泼的试剂,它能起很多反应,是重要的有机合成试剂。最常用的反应是 Grignard 试剂与醛、酮、酯等羰基化合物发生亲核加成,生成仲醇或叔醇。

三苯甲醇就是通过 Grignard 试剂苯基溴化镁与苯甲酸乙酯反应制得的。

$$\text{C}_6\text{H}_5\text{Br} + \text{Mg} \xrightarrow{\text{无水乙醚}} \text{C}_6\text{H}_5\text{MgBr}$$

$$\text{C}_6\text{H}_5\text{MgBr} + \text{C}_6\text{H}_5\text{COOC}_2\text{H}_5 \xrightarrow{\text{无水乙醚}} (\text{C}_6\text{H}_5)_2\text{C}(\text{OC}_2\text{H}_5)(\text{OMgBr}) \longrightarrow (\text{C}_6\text{H}_5)_2\text{C=O}$$

$$(\text{C}_6\text{H}_5)_2\text{C=O} + \text{C}_6\text{H}_5\text{MgBr} \xrightarrow{\text{无水乙醚}} (\text{C}_6\text{H}_5)_3\text{C-OMgBr} \xrightarrow{\text{NH}_4\text{Cl}\cdot 2\text{H}_2\text{O}} (\text{C}_6\text{H}_5)_3\text{C-OH}$$

三、仪器及试剂

仪器:100mL 三口烧瓶,磁力搅拌器,球形冷凝管,恒压滴液漏斗,干燥管,直形冷凝管,分液漏斗,蒸馏头,接引管,锥形瓶。

试剂:溴苯,镁屑,苯甲酸乙酯,无水乙醚,碘,氯化铵,石油醚,95％乙醇,无水氯化钙。

四、物理常数

化合物名称	分子量	性状	比重	熔点 ℃	沸点 ℃	折光率 n	溶解度		
							水	乙醇	乙醚
乙醚	74.12	无色液体	0.7137	−116.2	34.51	1.3526	微	∞	∞
三苯甲醇	260.34	无色棱晶	1.1994	164.2	380	—	不	易	∞
溴苯	157.02	无色液体	1.4950	−30.82	156	1.5597	不	易	易
二苯酮	182.22	白色结晶	1.1146	48.5	305.4	1.6077	不	溶	溶

五、实验步骤

向 100mL 三口烧瓶加入 0.75g 镁屑、一小粒碘和搅拌磁子,在烧瓶上安装冷凝管和恒压滴液漏斗,在冷凝管的上口安装无水氯化钙干燥器,在另一口上加上塞子,如图 3-3 所示。将 5g 溴苯溶解于 16mL 乙醚中,将溶液的 1/3 由恒压滴液漏斗滴加到反应瓶中,用手温热反应瓶,使反应尽快发生,若反应仍不能发生,加一粒碘诱发反应。当反应较为平稳后,将剩余的溶液慢慢滴入反应瓶(保持微沸)。滴加完毕后,继续将反应瓶置于 40℃ 水浴上保持微沸回流,使镁屑几乎完全溶解(约

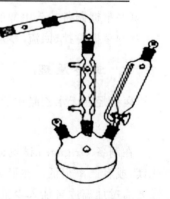

图 3-3 反应装置图

1h)。

　　用冷水冷却反应瓶,在不断搅拌下将 2mL 苯甲酸乙酯与 7mL 无水乙醚混合液逐滴加入其中。滴加完毕后,将反应混合物在水浴中回流约 1h,使反应完全。将反应物用冰水浴冷却。反应物冷却后,向其中慢慢滴加由 4g 氯化铵配成的饱和水溶液(约 15mL),然后水浴蒸出乙醚,再将残余物进行水蒸气蒸馏,装置如图 2-13 所示。瓶中剩余物冷却后凝为固体,抽滤,用水洗涤 3 次,烘干,称重,计算产率。

　　纯三苯甲醇的熔点为 164.2℃。

六、注意事项

(1) Grignard 试剂非常活泼,操作中应严格控制水汽进入反应体系,所使用的仪器均需干燥。

(2) 反应不可过于剧烈,否则乙醚会从冷凝管上口冲出。

(3) 向冷凝管口的干燥管中装无水氯化钙时,先塞一团棉花,防止干燥剂颗粒随气体排出。

(4) 引发反应时,所用碘量不能太大,以 1/3 粒大小为宜。

(5) 制备 Grignard 试剂时,溴苯和乙醚混合液的滴加速度不能太快。

七、思考题

(1) 本实验成败的关键是什么?为什么?为此应采取什么措施?

(2) 本实验中溴苯加入太快或一次加入有什么不好?

实验 3-19　苯甲醇和苯甲酸的制备

一、实验目的

(1) 熟悉坎尼札罗(Cannizzaro)反应原理。

(2) 掌握苯甲醇和苯甲酸的同步制备方法。

(3) 复习分液漏斗的使用及重结晶、抽滤等操作。

二、实验原理

　　无 α-H 的醛在浓碱溶液作用下发生歧化反应,一分子醛被氧化成羧酸,另一分子醛则被还原成醇,此反应称为"坎尼札罗反应"。本实验采用苯甲醛在浓氢氧化钠溶液中发生坎尼札罗反应的方法来制备苯甲醇和苯甲酸,反应式如下。

主反应:

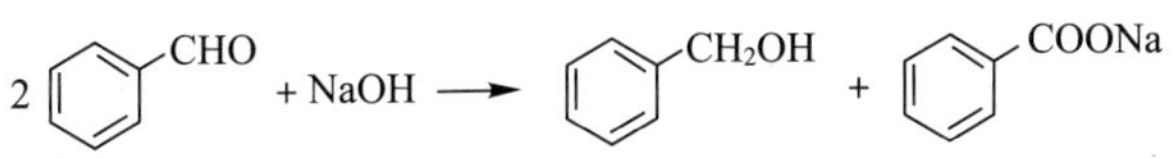

$$2\ \text{C}_6\text{H}_5\text{CHO} + \text{NaOH} \longrightarrow \text{C}_6\text{H}_5\text{CH}_2\text{OH} + \text{C}_6\text{H}_5\text{COONa}$$

$$\text{C}_6\text{H}_5\text{COONa} + \text{HCl} \longrightarrow \text{C}_6\text{H}_5\text{COOH} + \text{NaCl}$$

苯甲醇是最简单的芳香醇之一,在自然界中多数以酯的形式存在于香精油中,又名"苄醇"。苯甲醇是极有用的定香剂,可用于配制香皂、日用化妆香精等。但苯甲醇能缓慢地自然氧化,一部分生成苯甲醛和苄醚,使市售产品常带有杏仁香味,故不宜久贮。苯甲醇在工业化学品生产中用途广泛,可用于医药生产,合成树脂溶剂,用作尼龙丝、纤维及塑料薄膜的干燥剂,用作染料、纤维素酯、酪蛋白的溶剂,作为制取苄基酯或醚的中间体,还广泛用于制笔(圆珠笔油)、油漆溶剂等。

苯甲酸是具有苯或甲醛气味的鳞片状或针状结晶,具有苯或甲醛的臭味。苯甲酸在100℃时迅速升华,其蒸气有很强的刺激性,吸入后易引起咳嗽。苯甲酸微溶于水,易溶于乙醇、乙醚等有机溶剂。苯甲酸是弱酸,比脂肪酸的酸性强。它们的化学性质相似,都能形成盐、酯、酰卤、酰胺、酸酐等,都不易被氧化。苯甲酸的苯环上可发生亲电取代反应,主要得到间位取代产物。

三、仪器及试剂

仪器:烧杯,锥形瓶,分液漏斗,100mL 圆底烧瓶,蒸馏头,直形冷凝管,接引管,抽滤瓶,布氏漏斗,循环水式真空泵,电热水浴锅,电子天平,折光仪。

试剂:苯甲醛,氢氧化钠,乙醚,饱和亚硫酸氢钠溶液,10%碳酸钠溶液,无水硫酸镁,刚果红试纸。

四、物理常数

化合物名称	分子量	性状	比重	熔点 ℃	沸点 ℃	折光率 n	溶解度		
							水	乙醇	乙醚
苯甲醛	105.12	无色液体	1.046	−26	179.1	1.5456	微溶	溶	溶
苯甲醇	108.13	无色液体	1.0419	−15.3	205.3	1.5392	微溶	∞	∞
苯甲酸	122.12	白色晶体	1.2659	122	249	1.501	微溶	溶	溶

五、实验步骤

在锥形瓶中用 9g 氢氧化钾和 9mL 水配制成溶液,冷却至室温后,加入 10mL 新蒸过的苯甲醛。用橡皮塞塞紧瓶口,用力振摇,使反应物充分混合,最后成为白色糊状物,放置 24h 以上。

向反应混合物中逐渐加入足够量的水(约 30mL),不断振摇,使其中的苯甲酸盐全部溶解。将溶液倒入分液漏斗,用 10mL 乙醚萃取 3 次。合并乙醚萃取液,依次用 3mL 饱和亚硫酸氢钠溶液、5mL 10%碳酸钠溶液及 5mL 水洗涤,最后用无水硫酸镁或无水碳酸钾干燥。

干燥后的乙醚溶液先蒸去乙醚,再蒸馏苯甲醇,收集 205～206℃ 的馏分,计算产率。纯苯甲醇的沸点为 205.3℃,折射率为 1.5392。

乙醚萃取后的水溶液,用浓盐酸酸化至使刚果红试纸变蓝。充分冷却,使苯甲酸析出完全,抽滤,粗产品用水重结晶,称量质量,计算产率。纯苯甲酸的熔点为122℃。

六、注意事项

(1)本实验需要用乙醚,而乙醚极易着火,必须在近旁没有任何种类的明火时才能使用乙醚。

(2)结晶提纯苯甲酸时可用水作溶剂,苯甲酸在水中的溶解度为:80℃时,每100mL水中可溶解2.2g苯甲酸。

七、思考题

(1)试比较坎尼扎罗反应与羟醛缩合反应在醛的结构上有何不同。

(2)本实验中两种产物是根据什么原理分离提纯的?用饱和亚硫酸氢钠及10%碳酸钠溶液洗涤的目的是什么?

(3)乙醚萃取后剩余的水溶液用浓盐酸酸化至中性是否恰当?为什么?

(4)为什么要用新蒸过的苯甲醛?长期放置的苯甲醛含有什么杂质?如不除去,对本实验有何影响?

实验 3-20　呋喃甲醇和呋喃甲酸的制备

一、实验目的

(1)学习呋喃甲醛在浓碱条件下进行坎尼扎罗反应制备相应的醇和酸的原理和方法。
(2)了解芳香杂环衍生物的性质。

二、实验原理

在浓的强碱作用下,不含α-H的醛类可以发生分子间自身氧化还原反应,一分子醛被氧化成酸,而另一分子醛被还原为醇,此反应称为"坎尼扎罗反应"。该反应的实质是羰基的亲核加成。反应涉及羟基负离子对一分子不含α-H的醛的亲核加成,加成物的负氢向另一分子醛的转移和酸碱交换反应。其反应机理表示如下。

在坎尼札罗反应中,通常使用 50% 浓碱,其中碱的物质的量比醛的物质的量多 1 倍以上,否则反应不完全,未反应的醛与生成的醇混在一起,通过一般的蒸馏很难分离。

三、仪器及试剂

仪器:50mL 烧杯,分液漏斗,锥形瓶,50mL 圆底烧瓶,直形冷凝管,接引管。
试剂:呋喃甲醛,氢氧化钠,乙醚,盐酸,无水硫酸镁。

四、物理常数

化合物名称	分子量	性状	比重	熔点 ℃	沸点 ℃	折光率 n	溶解度		
							水	醇	醚
呋喃甲醛	96.09	无色液体	1.159	−36.5	161.7	1.499	微溶	易溶	易溶
呋喃甲酸	102.08	白色晶体	1.322	130~132	230~232	1.531	热溶	易溶	易溶
呋喃甲醇	98.10	无色液体	1.130	−31	171	1.486	溶	∞	∞

五、实验步骤

向 50mL 烧杯中加入 3.28mL 呋喃甲醛,并用冰水冷却;另取 1.6g 氢氧化钠溶于 2.4mL 水中,冷却。在搅拌下滴加氢氧化钠溶液于呋喃甲醛中。滴加过程中必须保持反应混合物温度在 8~12℃,加完后,保持此温度继续搅拌 40min,得黄色浆状物。

在搅拌下向反应混合物加入适量水(约 5mL),使其恰好完全溶解,得暗红色溶液。将溶液转入分液漏斗中,每次用 3mL 乙醚萃取,萃取 3 次。合并乙醚萃取液,用无水硫酸镁干燥后,先在水浴中蒸去乙醚,然后在石棉网上加热蒸馏,收集 169~172℃ 的馏分。量取体积,计算质量,算出产率。纯呋喃甲醇为无色透明液体,沸点为 171℃。

向乙醚提取后的水溶液中慢慢滴加浓盐酸,搅拌,滴加至使刚果红试剂变蓝(约 1mL)。冷却,结晶,抽滤,产物用少量冷水洗涤。抽干后,收集粗产物,然后用水重结晶,得白色针状呋喃甲酸,称量质量,计算产率。

六、注意事项

(1)呋喃甲醛存放过久会变成棕褐色甚至黑色,同时往往含有水分。因此,使用前需蒸馏提纯,收集 155~162℃ 的馏分,蒸馏的呋喃甲醛为无色或淡黄色的液体。

(2)反应开始后很剧烈,同时放出大量的热,溶液颜色变暗。若反应温度高于 12℃,则反应温度极易升高,难以控制,致使反应物呈深红色。若反应温度低于 8℃,则反应速度过慢,可能有部分呋喃甲醛积累,一旦发生反应,反应就会过于猛烈而使温度升高,最终也使反应物变成深红色。由于氧化还原是在两相间进行的,因此必须充分搅拌。

(3)酸要加够,以保证 pH 为 3 左右,使呋喃甲酸充分游离出来,这是影响呋喃甲酸收率的关键。

(4)得到的呋喃甲酸为针状固体,100℃时有部分升华,故呋喃甲酸应置于 80～85℃的烘箱内慢慢烘干或自然晾干。

(5)蒸馏回收乙醚时应注意安全。

七、思考题

(1)为什么要使用新鲜的呋喃甲醛?长期放置的呋喃甲醛含有什么杂质?若不先除去,对本实验有何影响?

(2)呋喃甲酸钠的酸化这一步为什么是影响产物收率的关键?应如何保证酸化完全?

(3)试比较发生坎尼札罗反应与羟醛缩合反应的醛在结构上有何差异。

(4)怎样利用坎尼札罗反应将呋喃甲醛全部转变成呋喃甲醇?

实验 3-21　乙酰乙酸乙酯的制备

一、实验目的

(1)了解利用酯缩合反应制备乙酰乙酸乙酯的原理和方法。
(2)掌握无水操作和减压蒸馏操作等基本方法。

二、实验原理

含 α-H 的酯在强碱性试剂(如 Na、NaNH$_2$、NaH、三苯甲基钠或 Grignard 试剂)存在下,能与另一分子酯发生 Claisen 酯缩合反应,生成 β-羰基酸酯。乙酰乙酸乙酯就是通过这一反应制备的。虽然反应中使用金属钠作缩合试剂,但真正的催化剂是钠与乙酸乙酯中残留的少量乙醇作用产生的乙醇钠。

当乙酸乙酯溶液中含有较多的乙醇和水时,会影响反应的进行,降低产量。因此,乙酸乙酯必须干燥好,并除去过量的乙醇后才能使用。

乙酰乙酸乙酯中含有一个活泼的亚甲基,在强碱醇钠的存在下可与卤代烷、酰卤、α-卤代酮、α-卤代酸酯等发生取代反应。

三、仪器及试剂

仪器：100mL 圆底烧瓶，球形冷凝管，干燥管，250℃温度计，分液漏斗，蒸馏头，直形冷凝管，真空接引管。

试剂：金属钠，乙酸乙酯，二甲苯，50％乙酸溶液，5％碳酸钠溶液，饱和氯化钠溶液，无水硫酸钠。

四、物理常数

化合物名称	分子量	性状	比重	熔点 ℃	沸点 ℃	折光率 n	溶解度(g/100mL)		
							水	醇	醚
二甲苯	106.16	液体	0.880	−25	144	1.0550	不溶	∞	∞
乙酸乙酯	88.10	液体	0.905	−83.6	77.3	1.3727	8.5	∞	∞
乙酰乙酸乙酯	130.14	液体	1.021	−43	181	1.4190	13	∞	∞

五、实验步骤

向干燥的 100mL 圆底烧瓶中加入 12.5mL 二甲苯和 2.5g 新切金属钠，装上回流冷凝管，在其上口安装无水氯化钙干燥管，如图 1-7(b)所示。加热回流至钠完全熔融。待回流停止后，拆去冷凝管，用橡皮塞塞紧瓶口，按紧塞子，用力振摇几下，使钠分散成细粒状钠珠，待甲苯冷却后，钠珠迅速固化成粉状。静置，待钠粉沉于底部后，将二甲苯倾出，迅速加入 27.5mL 乙酸乙酯，装上球形冷凝管和无不氯化钙干燥管，反应立刻发生，并有氢气逸出。必要时可用水浴或小火直接加热，促使反应进行。保持微沸状态至金属钠作用完全（约需 1.5h）后，停止加热。此时反应混合物变为红色透明、有绿色荧光的液体（有时析出黄白色沉淀）。冷却至室温，拆下冷凝管和干燥管，在冷水浴中不断摇动，缓缓加入约 15mL 50％乙酸溶液，至反应液显微弱酸性为止，这时所有固体物质都已溶解。

将反应混合物移入分液漏斗中，加等体积饱和氯化钠溶液，用力振摇，放置分层，使乙醚乙酸乙酯全部析出，分出红色酯层。用 20mL 乙酸乙酯萃取水层中的酯，并入原酯层。用 5％碳酸钠溶液将酯层洗至中性，再用无水硫酸钠干燥。

将干燥的液体倒入干燥的 100mL 圆底烧瓶中，先在常压下蒸去乙酸乙酯，然后在减压下蒸出乙酰乙酸乙酯，减压装置如图 2-12 所示，所收集馏分的沸点视压力而定。

表 3-3 乙酰乙酸乙酯沸点与压力的关系

压力/kPa	1.666	1.866	2.399	3.866	5.998	10.66
(压力/mmHg)	(12.5)	(14)	(18)	(29)	(45)	(80)
沸点/℃	71	74	79	88	94	100
沸程/℃	69~73	72~76	77~81	86~90	92~96	98~102

纯乙酰乙酸乙酯为无色透明液体，沸点为 181.4℃，$d=1.0282$，$n_D^{20}=1.419$。

六、注意事项

(1)仪器应保持干燥,保证严格无水。金属钠遇水即燃烧、爆炸,使用时应严格防止与水接触。在钠的称量和切片过程中动作要迅速,以免氧化或被空气中的水汽所侵入。

(2)所用乙酸乙酯的品质对反应进程影响很大,它应是绝对无水,同时乙醇的含量应小于2%。为达到此要求,可将普通的乙酸乙酯用饱和氯化钙溶液洗涤2次,再用熔焙过的无水碳酸钾干燥,在水浴上蒸馏。收集76~78℃的馏分。

(3)反应后一般不应存在固体金属钠,但很少量未反应的金属钠并不妨碍进一步操作。

(4)用乙酸中和时,开始有固体析出,继续加酸并不断振摇,固体会逐渐溶解,最后得到澄清的液体。如尚有少量固体未溶解,可加少许水使其溶解。但应避免加入过量的乙酸,否则会增加酯在水中的溶解度而降低产量。

(5)乙酰乙酸乙酯在常压蒸馏时,很容易分解而降低产量,其分解产物为"失水乙酸",这样会影响产率,故采用减压蒸馏法。

(6)产率是按钠计算的。本实验最好连续进行,若间隔时间太久,会因"失水乙酸"的生成而降低产量。

七、思考题

(1)写出Claisen酯缩合反应的过程及丙酸乙酯的缩合产物。
(2)如何验证乙酰乙酸乙酯存在酮式和烯醇式互变异构体?
(3)本实验对乙酸乙酯有何要求?为什么?
(4)为什么最后一步要用减压蒸馏法?
(5)本实验中加入50%乙酸溶液和饱和氯化钠溶液的目的何在?

实验3-22 甲基橙的制备

一、实验目的

(1)熟悉重氮化反应和偶合反应的原理。
(2)掌握甲基橙的制备方法,学会用冰水浴控温。
(3)巩固抽滤、重结晶、干燥等操作。

二、实验原理

甲基橙属于一种偶氮染料。合成偶氮染料包括以下两个过程。
(1)重氮化。芳香伯胺在强酸性介质中和亚硝酸钠作用,生成重氮盐,这一过程称为"重氮化"。重氮盐不稳定,温度高时容易分解,所以要求在 0~5℃条件下进行重氮化反应。

(2)偶合。重氮盐与酚类或芳香胺发生偶联反应,这一过程称为"偶合"。反应速率受反应物浓度和 pH 影响较大。重氮盐与芳香胺偶合时,在高 pH 介质中,重氮盐易变成重氮酸盐;而在低 pH 介质中,游离芳香胺则容易转变为铵盐。所以胺的偶联反应通常在中性或弱酸性介质(pH 为 4~7)中进行。

本实验主要运用了芳香伯胺的重氮化反应及重氮盐的偶联反应。由于原料对氨基苯磺酸本身能生成内盐,而不溶于无机酸,故采用倒重氮化法。即先将对氨基苯磺酸溶于氢氧化钠溶液,再加入需要量的亚硝酸钠,然后加入稀盐酸,低温反应生成重氮盐;再与 N,N-二甲基苯胺发生偶联反应,制备甲基橙。反应式如下:

这样合成得到的甲基橙是有杂质的粗品,还要通过重结晶进行精制。

三、仪器与试剂

仪器:100mL 烧杯,50mL 烧杯,量筒,温度计,表面皿,布氏漏斗,抽滤瓶,玻璃棒,循环水式真空泵。

试剂:对氨基苯磺酸,亚硝酸钠,浓盐酸,冰乙酸,N,N-二甲基苯胺,乙醇,5%氢氧化钠溶液,氯化钠。

四、物理常数

化合物名称	分子量	性状	比重	熔点 ℃	沸点 ℃	折光率 n	溶解度	
							水	乙醇
对氨基苯磺酸	173.84	(灰)白色晶体	1.485	280℃时分解	—	—	微溶	不溶
亚硝酸钠	69.05	白色晶体	2.168	271	320℃以上分解	—	易溶	微溶
N,N-二甲基苯胺	121.18	淡黄色油状液体	0.9557	2.45	194	1.558	微溶	易溶
甲基橙	327.34	橙黄色鳞片状晶体	—	—	—	—	微溶,易溶于热水	不溶

五、实验步骤

1. 重氮盐的制备

向 100mL 烧杯中加入 10mL 5%氢氧化钠溶液及 2.1g 对氨基苯磺酸晶体,温热使其溶解。另将 0.8g 亚硝酸钠溶于 6mL 水中,加入上述烧杯中,用冰水浴冷却至 0~5℃。在不断搅拌下，将 3mL 浓盐酸与 10mL 水配成的溶液缓缓滴加到上述混合液中，并控制温度在 5℃ 以下，滴加完后用淀粉碘化钾试纸检验。然后在冰水浴中放置 15min，以保证反应完全。此时有细小晶体析出。

2. 偶合

向 50mL 烧杯中加入 1.3mL N,N-二甲基苯胺和 1mL 冰乙酸，在不断搅拌下将此溶液慢慢加到上述冷却的重氮盐溶液中。加完后，继续搅拌 10min，慢慢加入 15mL 5% 氢氧化钠溶液，直至反应物变为橙色，这时反应液呈碱性，粗制的甲基橙呈细粒状沉淀析出。将反应物在沸水浴上加热 5min，冷却至室温后，在冰水浴中冷却，使甲基橙晶体析出完全，抽滤，收集结晶。

3. 精制

若要得到较纯的产品，可将滤饼连同滤纸移到装有 75mL 热水的烧瓶中，微微加热并不断搅拌。滤饼几乎全溶后，取出滤纸，让溶液冷却至室温，然后在冰浴中再冷却，待甲基橙结晶全部析出后抽滤。依次用少量乙醇、乙醚洗涤产品。产品干燥后称重，计算产率。

将少许甲基橙溶于水中，加入几滴稀盐酸，随后用稀氢氧化钠溶液中和，观察颜色变化。

六、注意事项

(1) 对氨基苯磺酸是一种有机两性化合物，其酸性比碱性强，能形成酸性的内盐。它能与碱作用生成盐，难与酸作用生成盐，所以不溶于酸。但是重氮化反应又要在酸性溶液中完成，因此，进行重氮化反应时，首先让对氨基苯磺酸与碱作用，变成水溶性较大的对氨基苯磺酸钠。

(2) 在重氮化反应中，溶液酸化时生成亚硝酸；同时，对氨基苯磺酸钠亦变为对氨基苯磺酸，从溶液中以细粒状沉淀析出，并立即与亚硝酸作用，发生重氮化反应，生成粉末状的重氮盐。为了使对氨基苯磺酸完全重氮化，反应过程中必须不断搅拌。

(3) 在重氮化反应过程中，控制温度很重要，反应温度若高于 5℃，则生成的重氮盐易水解成酚类，会降低产率。

(4) 用淀粉—碘化钾试纸检验，若试纸显蓝色，表明亚硝酸过量。析出的碘遇淀粉就显蓝色。

$$2HNO_3 + 2KI + 2HCl \longrightarrow I_2 + 2NO + 2H_2O + 2KCl$$

这时应加入少量尿素，除去过多的亚硝酸，因为亚硝酸能起氧化和亚硝基化作用，亚硝酸的用量过多会引起一系列副反应。

$$H_2N-\underset{\underset{O}{\|}}{C}-NH_2 + 2HNO_2 \longrightarrow CO_2\uparrow + N_2\uparrow + 3H_2O$$

(5) 重结晶操作要迅速，否则由于粗产物呈碱性，在温度高时易变质，颜色变深。用乙醇和乙醚洗涤的目的是使其迅速干燥。

七、思考题

(1) 何谓重氮化反应？为什么此反应必须在低温、强酸性条件下进行？

(2) 在制备重氮盐时，为什么要把对氨基苯磺酸变成钠盐？本实验若改成先将对氨基苯磺酸与盐酸混合,再加亚硝酸钠溶液进行重氮化反应,可以吗?为什么?
(3)什么叫作偶联反应?结合本实验讨论一下偶联反应的条件。
(4)N,N-二甲基苯胺与重氮盐偶合为什么总是在氨基的对位上发生?
(5)试解释甲基橙在酸碱介质中变色的原因,并用反应式表示。

实验 3-23　肉桂酸的制备

一、实验目的

(1)通过肉桂酸的制备,学习并掌握 Perkin 反应及其基本操作。
(2)掌握水蒸气蒸馏的原理、用途和操作。
(3)学习并掌握固体有机化合物的提纯方法(脱色和重结晶)。

二、实验原理

肉桂酸是生产冠心病药物"心可安"的重要中间体,其酯类衍生物是配制香精和食品香料的重要原料。它在农用塑料和感光树脂等精细化工产品的生产中也有着广泛的应用。

本实验利用 Perkin 反应,将芳醛和一种羧酸酐混合后,在相应羧酸盐存在下加热,发生羟醛缩合反应,再脱水生成目标产物肉桂酸。本实验用碳酸钾代替乙酸钠,可以缩短反应时间。

反应式为:

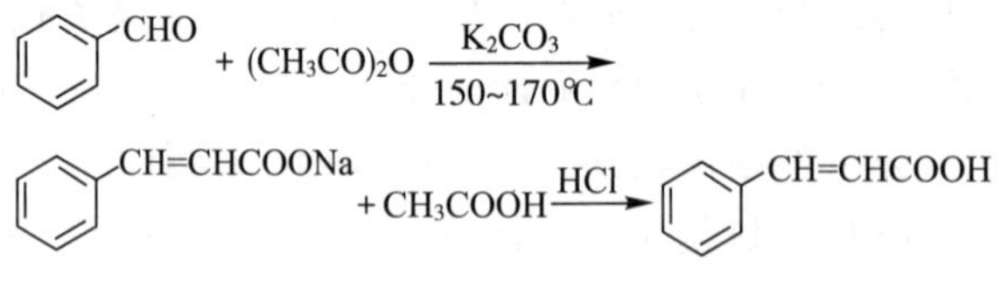

PhCHO + (CH$_3$CO)$_2$O $\xrightarrow[150\sim170℃]{K_2CO_3}$ PhCH=CHCOONa + CH$_3$COOH $\xrightarrow{HCl}$ PhCH=CHCOOH

三、仪器及试剂

仪器:100mL 三口烧瓶,电动搅拌器,球形冷凝管,250℃温度计,100mL 圆底烧瓶,水蒸气蒸馏装置,烧杯,电热套,保温漏斗,布氏漏斗,抽滤瓶,循环水式真空泵。

试剂:苯甲醛,乙酸酐,无水碳酸钾,碳酸钠,10%氢氧化钠溶液,浓盐酸,刚果红试纸,活性炭,滤纸。

四、物理常数

化合物名称	分子量	性状	比重	熔点 ℃	沸点 ℃	折光率 n	溶解度		
							水	醇	醚
苯甲醛	106.12	无色液体	1.044	−26	179	1.545	微溶	∞	∞
乙酸酐	102.08	无色液体	1.082	−73	139	1.390	∞	∞	∞
肉桂酸	148.16	无色结晶	1.248	133	300	—	微溶	易溶	易溶

五、实验步骤

向 100mL 三口烧瓶中加入 3g 研细的无水碳酸钾、5mL 新蒸馏的苯甲醛和 7.5mL 乙酸酐,振荡使其混合均匀。在三口烧瓶的一个侧口上安装温度计,要求水银温度计水银球的位置处于液面以下或插入反应瓶中,但不能与反应瓶底或瓶壁接触;在三口烧瓶的另一口上安装冷凝管,如图 1-11(a)所示。用电热套低电压加热使其回流,反应液温度始终保持在 150~170℃,使反应回流 1h。

取下三口烧瓶,向其中加入 50mL 沸水和 5.0~7.5g 碳酸钠,摇荡烧瓶,使固体溶解,使溶液呈碱性,以 pH 为 8 适宜。可观察到体系分为油相和水相,产物以肉桂酸钠的形式存在于水相中。然后进行水蒸气蒸馏,装置如图 2-13 所示。用三口烧瓶作为水蒸气发生器,用电热套加热。注意:不能用电热套直接加热烧瓶,应采用空气浴加热。要尽可能使水蒸气产生速度加快。水蒸气蒸馏蒸到蒸出液中无油珠为止。

卸下水蒸气蒸馏装置,向三口烧瓶中加入 1.0g 活性炭,加热沸腾 2~3min。然后进行热过滤,将滤液转移至干净的烧杯中,慢慢地用浓盐酸进行酸化,至呈明显的酸性(大约用 25mL 浓盐酸)。然后冷却至肉桂酸充分结晶,再进行减压过滤。晶体用少量冷水洗涤(要把水分彻底抽干),在 100℃下干燥,称重,计算产率。

纯肉桂酸为白色片状晶体,熔点为 133℃。

六、注意事项

(1) Perkin 反应所用仪器必须彻底干燥(包括称取苯甲醛和乙酸酐的量筒)。可以用无水碳酸钾和无水乙酸钾作为缩合剂,但是不能用无水碳酸钠。回流时加热强度不能太大,否则会把乙酸酐蒸出。进行脱色操作时,一定要取下烧瓶,稍冷之后再加热活性炭。进行酸化时,要慢慢加入浓盐酸,一定不要加入太快,以免产品冲出烧杯,造成产品损失。要将肉桂酸结晶彻底,进行冷过滤,不能用太多水洗涤产品。

(2) 苯甲醛和乙酸酐必须是新蒸的。

(3) 苯甲醛有毒,使用时一定要注意安全。

七、思考题

(1) 若用苯甲醛与丙酸酐发生 Perkin 反应,其产物是什么?

(2) 在实验中,如果原料苯甲醛中含有少量的苯甲酸,这对实验结果会产生什么影响?应采取什么样的措施?

(3) 在水蒸气蒸馏前若不向反应混合物中加碱,蒸馏馏分中会有哪些组分?

实验 3-24 无水乙醇的制备

一、实验目的

(1) 掌握制备无水乙醇的原理和方法。

(2)熟悉蒸馏、回流、重结晶等操作技能。

二、实验原理

乙醇是常用的有机溶剂,尤其在医药领域,应用广泛,在有些实验中往往需要用到无水乙醇。由于乙醇和水能形成共沸物(其中乙醇含量为95.5%,水含量为4.5%),所以要获得无水乙醇,无法用蒸馏的方法制备。实验室采用加入氧化钙加热回流的方法,使乙醇中的水与氧化钙作用,生成不挥发的氢氧化钙,从而除去水分。

$$CaO + H_2O \Longrightarrow Ca(OH)_2$$

这样制得的乙醇含量可达99.5%。如果要得到纯度更高的乙醇,可用金属镁或金属钠进行处理。

$$2C_2H_5OH + Mg \longrightarrow (C_2H_5O)_2Mg + H_2$$
$$(C_2H_5O)_2Mg + 2H_2O \longrightarrow 2C_2H_5OH + Mg(OH)_2$$

三、仪器及试剂

仪器:圆底烧瓶(250mL、500mL各1个),球形冷凝管,氯化钙干燥管,蒸馏头,直形冷凝管,接引管,锥形瓶。

试剂:95%乙醇,氧化钙,镁条,碘片,邻苯二甲酸二乙酯。

四、实验步骤

1. 无水乙醇的制备

向500mL圆底烧瓶中加入200mL 95%乙醇,慢慢加入小块的氧化钙50g,装上回流冷凝管,其上端接一氯化钙干燥管,如图1-7(b)所示,在水浴上加热回流2~3h。稍冷后取下冷凝管,改为蒸馏装置。蒸去前馏分(约5mL)后,用干燥的蒸馏瓶作接收器,其支管接上氯化钙干燥管,并与大气相通,用水浴加热,蒸馏至几乎无液滴流出为止。量取体积,计算回收率。

检验是否含有水分常用的办法是:取一支洁净的试管,加入制得的无水乙醇2mL,随即加入少量的无水硫酸铜粉末,如果乙醇中含水分,则无水硫酸铜变为蓝色。

2. 绝对乙醇的制备

向250mL圆底烧瓶中加入0.6g干燥的镁条、10mL 99.5%乙醇。在水浴上微热后,移去热源,立即投入几小粒碘片(注意:此时不要摇动),不久碘粒周围发生反应,慢慢扩大,最后可达到相当激烈的程度。当镁条全部反应完毕后,加入100mL 99.5%乙醇和几粒沸石,回流1h。取下回流冷凝管,改成常压蒸馏装置,按收集无水乙醇的要求进行蒸馏。

五、注意事项

(1)本实验中所用仪器均需彻底干燥。

(2)氯化钙干燥管的作用是防止水分进入反应瓶。干燥管的装法是:在球端铺以少量脱脂棉,在球部及其直管部装上粒状氧化钙,在顶端塞以脱脂棉。

(3)所用无水乙醇中的水含量不能超过0.5%,否则反应难以进行。

(4)碘粒可加速反应的进行,如果加碘粒后仍不开始反应,可再加几粒,若反应仍很缓慢,可适当加热促使反应进行。

六、思考题

(1)制备无水乙醇应注意哪些事项?
(2)本实验为什么不用氯化钙作脱水剂?
(3)蒸馏和回流操作在有机合成上有何用途?

实验 3-25 α-苯乙胺外消旋体的拆分

一、实验目的

(1)掌握拆分含一个手性碳的外消旋体的方法及运用分步结晶法得到两个对映体的方法。
(2)熟悉使用旋光仪测定物质旋光度的方法及对光学活性物质纯度的初步评价。

二、实验原理

对外消旋体进行拆分的方法很多,一般有播种结晶法、非对映异构盐拆分法、酶拆分法和色谱拆分法。

播种结晶法是在外消旋体的饱和溶液中加入其中一种纯的单一光学异构体(左旋或右旋)结晶,使溶液对这种异构体呈过饱和状态。在一定温度下,该过饱和的旋光异构体优先大量析出结晶,迅速过滤得到单一光学异构体。再向滤液中加入一定量的外消旋体,则溶液中另一种异构体达到饱和,经冷却过滤后得到另一种单一光学异构体。经过如此反复操作,连续拆分,便可以交叉获得左旋体和右旋体,此法又称为"交叉诱导结晶法"。

具有一个手性碳的外消旋体间的两个异构体互为对映体,它们一般都具有相同的物理性质,用重结晶、分馏、萃取及常规色谱法不能分离,通常使其与一种旋光化合物和一种光学活性化合物(即拆分剂)作用,生成两种非对映异构盐,再利用它们的物理性质(如在某种选定的溶剂中的溶解度)不同,用分步结晶法来分离它们,最后去掉拆分剂,便可以得到纯的光学异构体。这种方法就是实验室里常用的非对映异构盐拆分法。

非对映异构盐拆分法的关键是选择一个好的拆分剂。一个好的拆分剂必须具备以下特点:必须与外消旋体容易形成非对映异构盐,而且又容易除去;在常用溶剂中,形成的非对映异构盐的溶解度差别要显著,两者之一必须能析出良好的结晶;价廉易得或拆分后回收率高;光学纯度必须很高,化学性质稳定。

常用的酸性拆分剂有酒石酸、苯乙醇酸、1,1′-二萘基-2,2′-磷酸等;碱性拆分剂有马钱子碱、香木鳖碱、奎尼丁、辛可尼丁、麻黄碱、苯基丙胺、α-氨基丁酸等。

(±)-α-苯乙胺的两个对映体的溶解度是相同的,但当用 D-(+)-酒石酸进行处理时,可以产生两个非对映体的盐。这两个盐在甲醇中的溶解度有显著差异,用分步结晶法可以将它们分离开来。然后分别用碱对这两个已分离的非对映异构盐进行拆分,就能将具有不同

旋光方向的 α-苯乙胺游离出来,从而获得纯的(+)-α-苯乙胺及(−)-α-苯乙胺。

在实际工作中,要得到单个纯的旋光对映体并不是一件容易的事情,往往需要冗长的拆分操作和反复的重结晶才能完成,而要完全分离也是很困难的。常用光学纯度表示被拆分后对映体的纯净程度,它等于样品的比旋光度除以纯对映体的比旋光度。

$$光学纯度(OP) = \frac{样品的[\alpha]_{样}}{纯物质的[\alpha]_{纯}} \times 100\%$$

三、仪器及试剂

仪器:250mL 锥形瓶,100mL 烧杯,50mL 圆底烧瓶,200℃温度计,量筒,漏斗,玻璃棒,培养皿,抽滤瓶,布氏漏斗,滤纸,循环水式真空泵,电加热套,托盘天平,常压蒸馏装置,减压蒸馏装置,旋光仪。

试剂:(±)-α-苯乙胺,D-(+)-酒石酸,甲醇,乙醚,无水硫酸钠,0.5g·mL^{-1}氢氧化钠溶液。

四、实验步骤

1. 分步结晶

向盛有 50mL 甲醇的锥形瓶中加入 3.8g D-(+)-酒石酸,搅拌并用热水浴使其溶解,水浴温度应低于甲醇的沸点,然后小心地溶入 3g(±)-α-苯乙胺。室温下放置 24h,即可生成白色棱柱状晶体。抽滤,晶体用少量甲醇洗涤,干燥后得(+)-酒石酸-(−)-α-苯乙胺盐,称重并计算产率。保留滤液,用于分离(+)-α-苯乙胺。

2. 拆分

(1)(－)-α-苯乙胺的拆分。将上述所得(＋)-酒石酸-(－)-α-苯乙胺盐晶体溶于 10mL 水中，加入 2mL 0.5g·mL^{-1}氢氧化钠溶液，搅拌至固体全部溶解，然后各用 10mL 乙醚萃取 2 次。合并萃取液并用无水硫酸钠干燥。将水层倒入指定容器中，留作回收 D-(＋)-酒石酸用。将干燥后的乙醚溶液转入圆底烧瓶，在水浴上蒸去乙醚后，继续进行加热蒸馏，收集 180～190℃的馏分，称重并计算产率。测定(－)-α-苯乙胺的比旋光度，计算产物的光学纯度 $[\alpha]=-39.5°$。

(2)(＋)-α-苯乙胺的拆分。上述析出(＋)-酒石酸-(－)-α-苯乙胺盐的母液中含有 CH_3OH，故应先在水浴中尽量蒸出 CH_3OH，所得白色的残留物固体便是(＋)-α-苯乙胺-(＋)-酒石酸盐。按步骤(1)的操作方法，用水、氢氧化钠来处理该盐，用乙醚萃取，用无水硫酸钠干燥，蒸去乙醚，然后进行减压蒸馏，收集 85～86℃/2800Pa(21mmHg)馏分(b. p. 187℃/0.1MPa)，称重并计算产率。

测定(＋)-α-苯乙胺的比旋光度，计算产物的光学纯度，纯(＋)-α-苯乙胺的 $[\alpha]=+39.5°$。

五、注意事项

(1)若析出的结晶是光学纯度较差的 α-苯乙胺针状结晶，并不呈菱柱状，可以加热溶解结晶，然后将溶液慢慢冷却至菱柱状结晶析出。

(2)旋光度的测定可以用来鉴定光活性物质的光学纯度。

六、思考题

(1)什么叫外消旋体？有什么方法可以拆分外消旋体？

(2)在(＋)－酒石酸甲醇溶液中加入 α-苯乙胺后，析出棱柱状晶体，过滤后，此滤液是否有旋光性？为什么？

(3)拆分实验中关键步骤是什么？为了分离出纯的旋光异构体，如何控制反应条件？

(4)简述非对映异构盐拆分法的原理。

实验 3-26　从茶叶中提取咖啡因

一、实验目的

(1)学习从茶叶中提取咖啡因的原理和方法。
(2)学习索氏提取器的使用方法。
(3)掌握升华法纯化固体物质的基本操作。

二、实验原理

茶叶中含有多种生物碱，其中咖啡因(又称"咖啡碱")含量为 1%～5%，丹宁酸(又称"鞣酸")含量为 11%～12%，色素、纤维素、蛋白质等约占 0.6%。咖啡因是嘌呤的衍生物，化学名称为 1,3,7-三甲基-2,6-二氧嘌呤。

咖啡因是白色针状晶体,无臭,味苦,易溶于氯仿(12.5%)、水(2%)及乙醇(2%)等。含结晶水的咖啡因为无色针状晶体,在 100℃ 时即失去结晶水,并开始升华,在 120℃ 升华显著,在 178℃ 升华很快,咖啡因熔点为 234.5℃。咖啡因具有刺激心脏、兴奋大脑神经和利尿等作用,因此可用作中枢神经兴奋药,它也是复方阿司匹林(APC)等药物的组分之一。

咖啡因构造式

为了提取茶叶中的咖啡因,可用适当的溶剂(如乙醇等)在索氏提取器中连续抽提(萃取),然后蒸去溶剂,通过浓缩、焙炒而得粗咖啡因。粗咖啡因中还含有其他一些生物碱和杂质(如丹宁酸)等。加入氧化钙,丹宁酸和氧化钙反应生成钙盐,使咖啡因游离出来,最后通过升华进一步提纯。

三、仪器与试剂

仪器:150mL 圆底烧瓶,索氏提取器,蛇形冷凝管,75°弯管,冷凝管,接引管,锥形瓶,蒸发皿,漏斗,电热套,石棉网,滤纸,棉花,纱布等。

试剂:乙醇,氧化钙,茶叶。

四、实验步骤

称取 10g 茶叶(或茶叶末),用纱布包好,放入索氏提取器的提取筒中,装置如图 2-17 所示。提取筒的高度略低于虹吸管的高度,以保证回流液均匀浸透被萃取物。取 150mL 圆底烧瓶,放入 2 粒沸石,量取 100mL 无水乙醇,倒入圆底烧瓶约 70mL,剩余 30mL 无水乙醇倒入提取筒中。安装好圆底烧瓶、索氏提取器和蛇形冷凝管后,用电热套加热回流,连续抽提 2h 左右。当提取筒中提取液颜色变得很浅时,说明已经大部分提取完全,完成最后一次虹吸,停止加热。

改装蒸馏装置,如图 1-5(b)所示,蒸出大部分乙醇,当瓶内提取液剩余 5~10mL 时,停止加热,将浓缩液倒入盛有 3g 研细的氧化钙(氧化钙起吸水和中和作用,以除去部分杂质)的蒸发皿中,搅拌至呈糊状。然后将蒸发皿隔石棉网焙炒,务必使水分全部除去(如留有少量水分,会在升华开始时产生一些烟雾,污染容器)。冷却后,擦去沾在边上的粉末,以免在升华时污染产物。

取一只合适的玻璃漏斗,在漏斗颈部塞一小团疏松的棉花,罩在隔以刺有许多小孔的滤纸的蒸发皿上,如图 2-18(a)所示。用电热套隔着石棉网小心加热升华,控制温度在 220~230℃(若温度太高,会使产物碳化)。当滤纸上出现白色毛状结晶时,适当控制火焰,以降低升华速度,提高结晶纯度。当滤纸上有大量针状晶体析出时,停止加热,冷却至 100℃ 左右,小心揭开漏斗和滤纸,仔细地把附在纸上及器皿周围的咖啡因晶体用小刀刮下,称重后测定熔点。纯净咖啡因熔点为 234.5℃。

五、注意事项

(1)索氏提取器是利用溶剂回流和虹吸原理,使固体物质连续不断地被纯溶剂所萃取的仪器。当溶剂沸腾时,其蒸气通过侧管上升,被冷凝管冷凝成液体,滴入提取筒中,浸润固体物质,使之溶于溶剂中。当提取筒内溶剂液面超过虹吸管的最高处时,即发生虹吸,流入烧瓶中。通过反复的回流和虹吸,从而将固体物质富集在烧瓶中。索氏提取器为配套仪器,其任一部件损坏,都将会导致整套仪器的报废,特别是虹吸管,极易折断,所以在安装仪器和实验过程中须特别小心。

(2)用纱布包茶叶末时要严实,防止茶叶末漏出,堵塞虹吸管;茶叶包大小要合适,既能紧贴提取筒内壁,又能方便取放,且其高度不能超出虹吸管高度。

(3)浓缩萃取液时,不可蒸得太干,以防转移损失。拌入氧化钙时要均匀,氧化钙除可用于吸水外,还可除去部分酸性杂质(如鞣酸)。

(4)升华过程中要控制好温度。若温度太低,则升华速度较慢;若温度太高,会使产物发黄(分解)。

(5)刮下咖啡因时要小心操作,防止混入杂质。

六、思考题

(1)本实验中氧化钙的作用有哪些?
(2)除可用乙醇萃取咖啡因外,还可采用哪些溶剂萃取?
(3)索氏提取器由哪几部分组成?它的萃取原理是什么? 与一般的浸泡萃取相比,它有哪些优点?
(4)提取筒中所装茶叶的高度为什么不能超过虹吸管?
(5)在升华操作中应注意什么?

实验 3-27 从黄连中提取黄连素

一、实验目的

(1)学习从天然植物中提取和分离生物碱的方法。
(2)了解黄连素的结构,掌握盐析法纯化黄连素的原理和实验方法。
(3)掌握索氏提取器的使用方法,巩固减压过滤的基本操作。

二、实验原理

黄连素,又称"小檗碱",属于生物碱,是中草药黄连的主要有效成分。随野生、栽培和产地的不同,黄连中黄连素的含量占 4%~10%。除了黄连中含有黄连素以外,黄柏、白屈菜、伏牛花、三颗针等中草药中也含有黄连素,其中以黄连和黄柏中含量最高。

黄连素具有抗菌、消炎、止泻的功效,对急性菌痢、急性肠炎、百日咳、猩红热等各种急性化脓性感染和各种急性外眼炎症都有疗效。

黄连素为黄色长针状结晶,熔点为 145℃,易溶于热水和热乙醇,微溶于冷水和冷乙醇,几乎不溶于乙醚。黄连素有季铵碱型、醇胺型和醛型 3 种互变异构体,其中以季铵碱型最稳定。季铵碱型黄连素在水中的溶解度大,但和酸成盐后在水中的溶解度减小,黄连素的盐酸盐、氢碘酸盐、硫酸盐和硝酸盐均难溶于冷水,易溶于热水,利用这一性质可以用盐析法从水溶液中分离出黄连素。本实验采用黄连素与浓盐酸形成盐酸盐的方法来进行纯化。

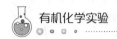

季铵碱型　　　　　　醇胺型　　　　　　醛型

黄连中的其他异喹啉类生物碱、巴马亭、药根碱等形成的盐在水中的溶解度比黄连素的盐酸盐的溶解度大,因此,可以把黄连素的盐酸盐与其他生物碱的盐酸盐分离开来。

用碱水(石灰乳、碳酸钠溶液或10%氨水)调节pH,可以使生物碱游离。将黄连素的盐酸盐用石灰乳调节pH后,游离的黄连素用热水溶解,根据其在热水和冷水中溶解度的差异,冷却后可析出黄连素结晶。

三、仪器与试剂

仪器:150mL圆底烧瓶,索氏提取器,蛇形冷凝管,量筒,蒸馏头,直形冷凝管,接引管,电热套,电子天平,100mL烧杯,循环水式真空泵,布氏漏斗,抽滤瓶,滤纸等。

试剂:中药黄连,95%乙醇,$0.1\,mol \cdot L^{-1}$乙酸,浓盐酸,丙酮,石灰乳。

四、实验步骤

称取10g研碎的中药黄连粉末,用纱布包好,放入索氏提取筒中,装置如图2-17所示。取150mL圆底烧瓶,放入2粒沸石,量取100mL 95%乙醇,倒入圆底烧瓶约70mL,剩余30mL乙醇倒入提取筒中,安装好圆底烧瓶、索氏提取器和蛇形冷凝管后,用电热套加热,回流约1.5h。当提取筒中提取液颜色变得很浅时,说明已经大部分提取完成,完成最后一次虹吸,停止加热。改装蒸馏装置,蒸馏出提取溶剂乙醇,直至残留物呈红色糖浆状(约5mL)。

向糖浆状物中加入30~40mL $0.1\,mol \cdot L^{-1}$乙酸,加热使其溶解,趁热抽滤,除去不溶物,将滤液转移至100mL烧杯中,然后向溶液中逐滴加入浓盐酸,至溶液浑浊为止(需10~15mL)。在冰水中冷却,即有黄色针状的黄连素盐酸盐晶体析出。待晶体完全析出后,抽滤,用冷蒸馏水洗涤结晶2次,再用丙酮洗涤1次,抽干溶剂,烘干,称重。

将黄连素盐酸盐放入烧杯中,加入热水使其溶解,煮沸,用石灰乳调节pH为8.5~9.8。放置冷却后滤去杂质,将滤液放于冰水中冷却,即有黄色针状的黄连素晶体析出。抽滤,用冷蒸馏水洗涤2次,将晶体在50~60℃下干燥,称其质量,并计算提取率。

五、注意事项

(1)黄连素的提取回流要充分。

(2)滴加浓盐酸前,不溶物要去除干净,否则会影响产品的纯度。

(3)在黄连素盐酸盐精制过程中,由于黄连素盐酸盐放冷后极容易析出结晶,所以在加热煮沸后,应趁热抽滤或者使用保温漏斗过滤,防止溶液在过滤过程中冷却析出。

(4)得到纯净的黄连素晶体比较困难。向黄连素盐酸盐中加入热水至刚好溶解,煮沸,用石灰乳调节pH为8.5~9.8。冷却后滤去杂质,滤液继续冷却到室温以下,即有针状的黄连素晶体析出。抽滤,将晶体在50~60℃下干燥。

六、思考题

(1) 黄连素为何种生物碱类化合物?本实验提取黄连素的原理是什么?
(2) 简述盐析法纯化季铵生物碱类的原理。
(3) 精制黄连素晶体时为什么用石灰乳来调节 pH?用强碱氢氧化钾(钠)调节 pH 行不行?为什么?

实验 3-28　从槐花米中提取芦丁

一、实验目的

(1) 掌握芦丁提取和提纯的基本原理和方法。
(2) 掌握趁热过滤及重结晶等基本操作。

二、实验原理

芦丁(rutin)亦称"芸香苷",广泛存在于植物组织中,其中以槐花米和荞麦叶中含量较高。槐花米中芦丁含量为 12%～16%,它是提取芦丁的最佳原料。芦丁有减少毛细血管通透性的作用,临床上用作毛细血管止血药和高血压病的辅助治疗药物。近年来,芦丁及槲皮素作为抗癌药物的研究取得了大量成果。芦丁属黄酮苷,其结构式如下。

芦丁为淡黄色针状结晶,含有三分子结晶水($C_{27}H_{36}O_{16} \cdot 3H_2O$),熔点为 177～178℃,无水物熔点为 190～192℃,难溶于冷水,微溶于冷乙醇,可溶于热水和热乙醇,几乎不溶于苯、乙醚、氯仿等。芦丁易溶于碱性溶液(呈黄色),难溶于酸性水溶液。

本实验是利用芦丁易溶于碱性溶液、酸化后又析出的性质进行提取,并利用它在冷水和热水中溶解度相差较大的特性进行重结晶提纯。

表 3-4　芦丁在不同溶剂中的溶解度(单位:g)

	水	CH_3OH	CH_3CH_2OH	吡啶
冷	0.0013	1.0	0.36	8.5
热	0.55	11.2	3.5	易溶

三、仪器与试剂

仪器:250mL 烧杯,500mL 烧杯,抽滤瓶,布氏漏斗,循环水式真空泵,滤纸,表面皿,烘箱,电热套,电子天平。

试剂:槐花米,石灰乳,浓盐酸,pH 试纸。

四、实验步骤

取 10g 槐花米研成粉状,置于 250mL 烧杯中,加入 100mL 水,煮沸,在搅拌下缓缓加入石灰乳至 pH 为 8~9,在此 pH 下保持微沸 20~30min,趁热抽滤,残渣中再加入 50mL 水,同上法再煎一次,趁热抽滤。合并滤液,在 60~70℃下用浓盐酸调节 pH 至 4~5,沉淀完全后抽滤。沉淀用少量蒸馏水洗涤,抽干,得芦丁粗品,60℃干燥,称重,计算提取率。

将粗芦丁置于 500mL 烧杯中,加入适量蒸馏水,加热煮沸,趁热抽滤。将滤液静置,充分冷却,析出芦丁晶体,抽滤。产品用蒸馏水洗涤,在 70~80℃烘干,得芦丁精品,称重,计算产率,测其熔点。

五、注意事项

(1)本实验采用碱溶酸沉法从槐花米中提取芦丁,收率稳定,操作简便。在提取前,应注意将槐花米研碎。

(2)加入石灰乳既可达到用碱液提取芦丁的目的,还可除去槐花米中的多糖黏液质。pH 应严格控制在 8~9,不得超过 10,因为在强碱条件下煮沸,时间稍长可促使芦丁被水解破坏,使提取率明显下降。酸沉时 pH 为 4~5,不宜过低,否则会使芦丁形成盐溶于水,降低收率。

(3)提取芦丁除了用碱溶酸沉法外,还可利用芦丁在冷水及沸水中的溶解度不同,采用沸水提取法。

(4)精制芦丁产率较低,可能是因为:趁热抽滤时溶液温度下降,芦丁析出留在滤纸上;有部分芦丁未从槐花米中煮出;芦丁在转移过程中有损失,等等。

六、思考题

(1)加入石灰乳的目的是什么?用盐酸调节酸度时为何要控制 pH 大小?

(2)本实验在提取过程中应注意哪些问题?

(3)根据芦丁的性质还可采用何种方法进行提取?简要说明理由。

实验 3-29 从麻黄草中提取麻黄碱

一、实验目的

(1)学习从天然产物麻黄草中提取麻黄碱的原理和方法。

(2)熟悉黄连素的化学结构和性质、提取原理和分离方法及其相关知识的综合作用。

二、实验原理

麻黄为麻黄科植物麻黄草或木贼麻黄(山麻黄)的干燥草质茎,是一种常用中草药,苦涩,具有发汗解表、止咳平喘、消水肿的作用,同时也是提取麻黄生物碱的主要原料。中药麻黄含有 1%～2%的生物碱,其中主要是 D-(－)麻黄碱(占全碱重的 80% 左右)和 L-(＋)假麻黄碱。它们都具有相同的分子式 $C_{10}H_{15}NO$,而天然产物中 L-(＋)假麻黄碱的含量却很少。L-(＋)麻黄碱和 D-(－)假麻黄碱则是人工合成的产物。

麻黄主要产于我国山西、河南、河北、内蒙古、甘肃及新疆等地,其中以山西大同出产的质量最好。天然产物中提取出来的麻黄碱是其四种异构体中的两个。

$$\underset{L-(＋)麻黄碱 \quad \underline{D-(－)麻黄碱 \quad L-(＋)假麻黄碱} \quad D-(－)假麻黄碱}{\text{(从天然产物中提取)}}$$

一般情况下,把提取得到的 D-(－)麻黄碱做成盐保存起来。D-(－)麻黄碱性味微苦,是中草药麻黄的有效成分。其盐酸盐为斜方针状结晶,熔点为 216～220℃。

三、仪器与试剂

仪器:500mL 烧杯,电热套,圆底烧瓶,蒸馏头,冷凝管,接引管,抽滤瓶,布氏漏斗,滤纸,循环水式真空泵。

试剂:麻黄草,0.5%稀盐酸溶液,饱和碳酸钠溶液,氯化钠,乙醚,无水硫酸钠,丙酮或氯仿,饱和的氯化氢无水乙醇溶液,生石灰,pH 试纸。

四、实验步骤

向 500mL 烧杯中加入麻黄草 25.0g,然后用 200mL 0.5%稀盐酸溶液浸泡 1 天以上。刚浸泡的麻黄草溶液 pH 约为 1,浸泡 1 天以上的 pH 为 4～5,溶液呈橘黄色。滤去麻黄草及其残渣,并收集浸取液,浸取液用饱和碳酸钠溶液调节 pH 至 5～6。再把浸取液浓缩至原体积的 1/3 左右,浓缩液用饱和碳酸钠溶液中和至 pH 为 10,这时浓缩液有浅橘黄色絮状沉淀析出,过滤,澄清的浸取液用氯化钠进行饱和。用 40mL 乙醚分 3 次提取用氯化钠饱和过的浸取液,合并乙醚提取液。乙醚提取液为无色透明液体,pH 为 8～9,最后用无水硫酸钠干燥。

滤去干燥剂,在常压下蒸去乙醚,残余物为橘红色油状物。向残余物中加入 2～5mL 饱和的氯化氢无水乙醇溶液,即有大量斜方针状结晶析出。待结晶完全析出后,过滤,用 10mL 氯仿或丙酮分 3 次进行洗涤,以除去混杂在产品中的 L-(＋)假麻黄碱。对产品进行干燥,挑选其斜方针状结晶,测其熔点(218～221℃),然后把干燥好的产品放于真空保干器内保存。

五、注意事项

(1)麻黄中麻黄碱的含量往往与产地和采收季节有密切联系,通常以山西麻黄生物碱含量较高(2%左右),可用作实验材料。而其他麻黄或市售加工的饮片麻黄中,生物碱含量多数较低(1%以下),不可供实验用。尤其贮存 1 年以上的麻黄,多数难以提取出麻黄碱。

(2)麻黄中的鞣质成分含量较多,本实验采用冷浸法提取,较加热煮沸法提取的鞣质的含量有明显的减少,所得产品易纯化。但用冷浸法提取较为费时,也可采用酸水煮沸法提取,可明显缩短提取时间。

六、思考题

(1) 利用酸水浸渍提取麻黄碱时,应注意什么问题?本次实验的提取方法有什么特点?
(2) 麻黄碱与伪麻黄碱在性质上有何差异?

实验 3-30　从橙皮中提取橙油

一、实验目的

(1) 学习从橙皮中提取橙油的原理和方法。
(2) 了解并掌握水蒸气蒸馏的原理及基本操作。
(3) 巩固分液漏斗的使用方法。

二、实验原理

精油是植物组织经水蒸气得到的挥发性成分的总称,大部分具有令人愉快的香味,主要组成为单萜类化合物。在工业上经常用水蒸气蒸馏的方法来收集精油。橙油是一种常见的天然香精油,主要存在于柠檬、橙子和柚子等水果的果皮中。橙油中含有多种分子式为 $C_{10}H_{16}$ 的物质,它们均为无色液体,沸点和折光率都很相近,多具有旋光性,不溶于水,溶于乙醇和冰乙酸。橙油的主要成分(90%以上)是柠檬烯,它是一环状单萜类化合物。

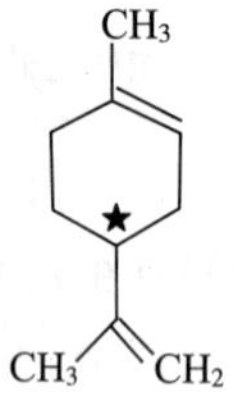

柠檬烯分子中有一手性碳原子,故存在光学异构体。存在于水果果皮中的天然柠檬烯是以(+)或 R-的形式出现,通常称为"R-柠檬烯",它的绝对构型是 R 型。

柠檬烯

本实验首先将橙皮进行水蒸气蒸馏,再用二氯甲烷萃取馏出液,然后蒸去二氯甲烷,留下的残液即为橙油,其主要成分是柠檬烯。

三、仪器与试剂

仪器:水蒸气发生器,直形冷凝管,接引管,500mL 圆底烧瓶,分液漏斗,蒸馏头,锥形瓶。
试剂:新鲜橙子皮,二氯甲烷,无水硫酸钠。

四、实验步骤

将 4~6 个橙子的皮剪成 0.3cm 见方的小块,磨碎,称重后置于 500mL 圆底烧瓶中,加入 100mL 热水。安装水蒸气蒸馏装置,如图 2-13 所示,进行水蒸气蒸馏。控制馏出速度为每秒 1 滴,收集馏出液 100~150mL。

将馏出液移至分液漏斗中,用 10mL 二氯甲烷萃取 2~3 次,弃去水层,合并萃取液,然后用 1g 无水硫酸钠进行干燥。滤弃干燥剂,在水浴上蒸出大部分溶剂,将剩余液体移至 1

支试管(预先进行称重)中。继续在水浴上小心加热,浓缩至完全除净溶剂为止,揩干试管外壁,称重。以所用橙皮的重量为基准,计算橙油的回收重量百分率。

纯柠檬烯的沸点为 176℃,$n_D^{20}=1.4727$,$[α]_D^{20}=+125.6°$。

五、注意事项

(1)橙子皮要新鲜,剪成小碎片。
(2)可以使用食品绞碎机将鲜橙皮绞碎,之后再称重,以备水蒸气蒸馏使用。
(3)产品中的二氯甲烷一定要除净,否则会影响产品的纯度。

六、思考题

(1)本实验为什么选用水蒸气蒸馏法提取橙油?
(2)在水蒸气蒸馏提取橙油的过程中,为什么最好要用新鲜的橙皮?

第四部分　　有机化合物的性质实验

实验 4-1　　烃的性质

一、实验目的

(1) 验证烷烃、烯烃、炔烃以及芳香烃的主要化学性质，并加深对它们的理解。
(2) 掌握不饱和烃和芳烃的鉴定方法。
(3) 掌握试管反应的基本操作技术。

二、实验原理

烃类化合物根据其结构的不同可分为脂肪烃和芳烃。脂肪烃又可分为烷烃、烯烃、炔烃等。不同的烃具有不同的化学性质。

烷烃的性质比较稳定，在一般条件下与其他物质不起反应。但在适当条件下，也能发生一些反应，如在光照条件下可以和卤素发生自由基取代反应。

$$C_nH_{2n+2} + X_2 \xrightarrow{\text{光照}} C_nH_{2n+1}X + C_nH_{2n}X_2 + \cdots\cdots$$

烯烃与炔烃分子中含有 C=C 键与 C≡C 键，是不饱和碳氢化合物，易发生加成反应和氧化反应。两者均易与溴发生加成反应，使溴的红棕色消失。当两者被高锰酸钾溶液氧化时，可使紫色高锰酸钾溶液褪色，生成褐色的二氧化锰沉淀。

RC≡C—H 型的末端炔烃含有活泼氢，可被某些金属取代而生成炔化物，如可与亚铜、银离子形成炔烃金属化合物沉淀。借此可鉴别含有 RC≡C—H 型的炔烃，反应如下：

$$RC \equiv CH \xrightarrow{Ag^+ (\text{或} Cu^+)} RC \equiv CAg \downarrow (\text{或} RC \equiv CCu \downarrow)$$

芳烃的不饱和度很大，但由于闭合共轭体系中 π 电子的离域使整个分子稳定，因此，在一般条件下，很难发生加成反应和氧化反应，而容易发生芳环上的取代反应，如卤代、硝化、磺化等反应。芳环上的侧链易被氧化成羧基，无论侧链的长短，都生成苯甲酸。

三、仪器与试剂

仪器：小试管，大试管，100mL 烧杯，水浴锅，电热套。
试剂：液体石蜡，$3g \cdot L^{-1}$ 溴的四氯化碳溶液，环己烷，环己烯，$0.5g \cdot L^{-1}$ 高锰酸钾溶液，苯，甲苯，$3mol \cdot L^{-1}$ 硫酸，浓硫酸，浓硝酸，$5g \cdot L^{-1}$ 氢氧化钠溶液，稀硝酸，汽油，$5g \cdot L^{-1}$ 硝酸银溶液，稀氨水，$2g \cdot L^{-1}$ 氯化亚铜溶液，碳化钙，饱和食盐水。

四、实验步骤

1. 烷烃的性质

(1) 与溴反应[1]。取 2 支干燥小试管,各加入 10 滴液体石蜡和 5 滴 3g·L^{-1}溴的四氯化碳溶液,将其中一支试管放入柜内暗处,另一支试管放在日光下。经 10~20min 后,将两管进行比较,记录溴的颜色是否褪去或变浅,并加以解释。

(2) 与高锰酸钾反应。向一支试管中加入 1mL 液体石蜡、10 滴 0.5g·L^{-1}高锰酸钾溶液和 2 滴 3mol·L^{-1}硫酸,摇匀,观察高锰酸钾颜色是否褪去,记下结果,并加以解释。

2. 烯烃的性质

(1) 与溴反应。在试管中加入 10 滴环己烯,然后逐滴加入 3g·L^{-1}溴的四氯化碳溶液,边加边振摇,观察现象。

(2) 与高锰酸钾反应。在试管中加入 10 滴环己烯、10 滴 0.5g·L^{-1}高锰酸钾溶液、5 滴 3mol·L^{-1}硫酸,摇匀,观察颜色变化,并与液体石蜡比较。

3. 炔烃的性质[2]

(1) 与溴反应。将乙炔通入预先盛有 1.5mL 3g·L^{-1}溴的四氯化碳溶液的试管中,观察实验现象。

(2) 与高锰酸钾反应。将乙炔通入预先盛有 1.5mL 0.5g·L^{-1}高锰酸钾溶液的试管中,观察实验现象。

(3) 与硝酸银氨溶液的反应[3]。将乙炔通入盛有 1mL 硝酸银氨溶液(硝酸银氨溶液的配制方法是:取 0.5mL 5g·L^{-1}硝酸银溶液,加入一支试管中,再滴加稀氨水,直到沉淀恰好溶解为澄清液)的试管中,观察实验现象。用玻璃棒蘸取少量固体生成物放在干滤纸上,在石棉网上用电热套小心加热,观察有什么现象发生。

(4) 与氯化亚铜氨溶液的反应[4]。将乙炔通入盛有 1mL 氯化亚铜氨溶液(配制方法是:取 0.5mL 2g·L^{-1}氯化亚铜溶液,加入一支试管中,加稀氨水至澄清透明)的试管中,观察发生的现象。

4. 芳香烃的性质

(1) 苯的硝化反应[5~6]。取一支干燥大试管,加入 1mL 浓硫酸,慢慢滴入 1mL 浓硝酸,边加边振摇,并用冷水冷却,然后把 1mL 苯慢慢滴入此混合酸中,每加 2~3 滴即加以振荡。如果放热太多,温度升高(烫手)时,用冷水冷却试管。待苯全部加完后,再继续振荡 5min,然后把试管内容物倒入盛有 20mL 水的烧杯中,观察现象,并小心嗅其气味。

(2) 甲苯的磺化反应。在干燥的大试管中加入 10 滴甲苯,然后小心滴入 1mL 浓硫酸,这时,试管内液体分成两层。小心摇匀后,将试管放入沸水浴中加热,并不时取出摇匀试管内的反应液。待甲苯与浓硫酸不分层而呈均一状态时,表示反应已完成。取出试管,用水冷却,将试管内的反应液倒入盛有 15mL 水的小烧杯中,观察生成物是否溶于水(如反应不完全,剩余的甲苯不溶于水)。

(3) 芳香烃氧化反应的比较。在 2 支小试管内,分别加入 10 滴 0.5g·L^{-1}高锰酸钾和 10 滴 3mol·L^{-1}硫酸,振摇,使它们充分混合。然后各加入 10 滴苯和甲苯,将试管放在水浴中加热,振摇 5min 后静置,观察实验现象,并说明原因。

注解:

[1]若光线不够强,可放置更长时间再观察。

[2]乙炔的制备方法:取一支带导管的干燥试管,试管上配有带滴管的塞子。在滴管内装入适量饱和食盐水。在试管内放入 2~3g 碳化钙,盖紧塞子,再慢慢滴入少许饱和食盐水,则水与管中碳化钙作用,生成的乙炔即由导管引出。若停止滴水,则反应会逐渐停止(水与碳化钙作用生成乙炔的反应很剧烈,改用饱和食盐水后,可有效地减缓反应,平稳而均匀地产生乙炔气流)。

[3]通入乙炔后,立即生成白色炔化银沉淀。但因乙炔中夹杂的硫化氢、砷化氢等不易除尽,故常带有黑色及黄色沉淀,使沉淀呈灰白色或黄色。

另外,通乙炔至有明显沉淀生成时,应立即停止通气,否则将生成大量的炔化银,给后面的处理工作带来不便。

[4]干燥的炔化银、炔化铜均有高度的爆炸性。为避免爆炸的危险,实验完毕后,应立即将稀硝酸加入金属炔化物沉淀中进行销毁,不得随便弃置。

[5]硝化反应时,若温度超过 60℃,硝酸将分解,部分苯会挥发逸去。

[6]硝基苯为淡黄色油状液体,有毒,不可久嗅。实验完毕后,应将硝基苯倒入指定的回收瓶中。

五、思考题

(1)烷烃的卤代反应为什么不用溴水,而用溴的四氯化碳溶液?

(2)具有什么结构的炔烃能生成金属炔化物?

(3)比较甲烷、乙烯、乙炔的结构特征及化学性质。

(4)如何用化学方法鉴别液体石蜡、环己烯和苯乙炔?

(5)芳环上和芳烃侧链上均可发生卤代反应,它们的反应机理有什么不同?

实验 4-2 卤代烃的性质

一、实验目的

(1)验证卤代烃的化学性质,并加深对它们的理解。

(2)掌握伯、仲、叔等不同卤代烃的鉴别方法。

二、实验原理

取代反应和消除反应是卤代烃的主要化学性质,其化学活性取决于卤原子的种类和烃基的结构。当卤性相同时,叔碳原子上的卤素活泼性比仲碳和伯碳原子上的要大。在烷基结构相同时,不同的卤素表现出不同的活泼性,其活泼性次序为:RI > RBr > RCl > RF。

乙烯型的卤原子都很稳定,即使加热也不与硝酸银的醇溶液作用。烯丙型卤代烃非常活泼,在室温下与硝酸银的醇溶液作用。隔离型卤代烃需要加热才与硝酸银的醇溶液作用。

卤代烷与碱的醇溶液共热,分子中脱去卤化氢等小分子形成双键的反应称为叫"消除反应",消除反应遵循扎依采夫规则,同时要注意能生成共轭体系的情况。

三、仪器与试剂

仪器:小试管,大试管,100mL烧杯,电热套,水浴锅。

试剂:1-溴丁烷,1-氯丁烷,1-碘丁烷,2-氯丁烷,2-氯-2-甲基丙烷,溴化苄,溴苯,硝酸银,乙醇,5%氢氧化钠溶液,溴乙烷,溴水(酸性高锰酸钾溶液),氢氧化钾。

四、实验步骤

1. 与硝酸银的乙醇溶液反应[1]

(1)不同烃基结构的反应。取3支干燥试管并编号,在试管1中加入10滴1-溴丁烷,试管2中加入10滴溴化苄(溴苯甲烷),试管3中加入10滴溴苯,然后各加入4滴2%硝酸银的乙醇溶液,摇动试管,观察有无沉淀析出。如10min后仍无沉淀析出,可在水浴上加热煮沸后再观察。写出它们的活泼性次序。

(2)不同卤原子的反应。取3支干燥试管并编号,各加入4滴2%硝酸银的乙醇溶液,然后分别加入10滴1-氯丁烷、1-溴丁烷和1-碘丁烷。按上述方法观察沉淀生成的速度,写出它们的活泼性次序。

2. 卤代烃的水解[2]

(1)不同烃基结构的反应。取3支试管并编号,分别加入10～15滴1-氯丁烷、2-氯丁烷和2-氯-2-甲基丙烷,然后在各管中加入1～2mL 5%氢氧化钠溶液,振荡后静置。小心取水层数滴,加入同体积稀硝酸酸化,用2%硝酸银溶液检查有无沉淀。

若无沉淀,可在水浴上小心加热后再检查。比较3种氯代烃的活泼性次序。

(2)不同卤原子的反应。取3支试管并编号,分别加入10～15滴1-氯丁烷、1-溴丁烷和1-碘丁烷,然后各加入1～2mL 5%氢氧化钠溶液,振荡后静置。小心取水层数滴,按上述方法用稀硝酸酸化后,再用2%硝酸银溶液检查,记录活泼性次序。

(3)β-消除反应。向一支试管中加入1g氢氧化钾固体和4～5mL乙醇,微微加热。当氢氧化钾全部溶解后,再加入1mL溴乙烷,振摇混匀,塞上带有导管的塞子,导管另一端插入盛有溴水或酸性高锰酸钾溶液的试管中。若试管中有气泡产生,溶液褪色,说明有乙烯生成。

注解:

[1]在18～20℃时,硝酸银在无水乙醇中的溶解度为2.1g。由于卤代烃能溶于乙醇而不溶于水,所以用乙醇作溶剂时能使反应处于均相,有利于反应顺利进行。

[2]本实验通过检查氯离子是否存在来判断卤代烃是否水解,实验中忌用含氯离子的自来水。

五、思考题

(1)影响卤代烃亲核取代反应和消除反应的因素有哪些?

(2)根据本实验观察到的卤代烃反应活性次序如何?说明原因。

(3)是否可用硝酸银水溶液代替硝酸银醇溶液进行反应?

(4)加入硝酸银乙醇溶液后,如生成沉淀,能否根据此现象判断原来样品含有卤原子?

实验 4-3 醇、酚、醚的性质

一、实验目的

(1)通过实验进一步掌握醇、酚、醚的主要化学性质。
(2)掌握鉴别醇、酚、醚类化合物的方法。
(3)进一步巩固伯醇、仲醇、叔醇的鉴别方法。

二、实验原理

1. 醇

(1)醇的氧化。伯醇、仲醇分子中含有 α-H,易被氧化。伯醇在氧化剂作用下很容易被氧化成醛,醛继续氧化则生成羧酸。仲醇在氧化剂作用下被氧化成酮,而且停留在酮的阶段,当用强氧化剂时,仲醇可发生断链。叔醇没有 α-H,比较稳定,一般条件下不易被氧化。

(2)与 Lucas 试剂的作用。醇与 Lucas 试剂发生反应,实际上就是醇与氯化氢在氯化锌的催化下生成卤代烃的反应。反应前醇溶于 Lucas 试剂中,所以不分层。而当 Lucas 试剂中氯化氢与醇作用后,生成了氯代烃,因氯代烃不溶于水,故产生了分层现象。

醇的结构对反应速率有明显的影响,叔醇的作用最快,可立即反应生成油状物,变浑浊,随后分层;仲醇次之,需几分钟后才开始变浑浊;伯醇最慢,几小时后无变化,需要加热才变浑浊。所以,此法可用于鉴别 6 个碳原子以下的伯醇、仲醇和叔醇。但含 1~2 个碳原子的醇由于生成产物的挥发性大,一般不用此法鉴别。

(3)邻二醇类化合物与氢氧化铜的反应。两个羟基处在相邻两个碳原子的多元醇可与新配制的氢氧化铜作用,使沉淀消失,生成绛蓝色的铜盐溶液。可用此反应鉴别具有邻二醇结构的多元醇。

2. 酚

(1)酚的酸性。醇和酚结构中都含有羟基,但酚中羟基直接与苯环相连,受苯环的影响而具有弱酸性,但酸性较弱。

(2)酚的显色反应。含有酚羟基的化合物具有烯醇结构,能与三氯化铁的水或醇溶液作用,生成具有红、蓝、紫、绿等颜色的配合物。具有烯醇式结构的化合物也有此显色反应。该反应可用于检验酚类和能形成烯醇式的化合物。

(3)芳环上的亲电取代反应。—OH 是第一类定位基,可以活化苯环,生成邻、对位取代的化合物。例如,苯酚与溴水作用,立即生成白色沉淀。此反应可用于定性鉴别苯酚。

(4)酚的氧化反应。酚比醇更容易氧化,尤其是多元酚,往往作为强的还原剂。例如,对苯二酚可与硝酸银作用,使 Ag^+ 还原成金属银,常被用作显影剂。

3. 醚

醚微溶于水,易溶于有机溶剂。由于醚的化学性质不活泼,因此醚是良好的溶剂,常用来提取有机物或作为有机反应的溶剂。

(1)烊盐的形成。醚的氧原子上有未共用电子对,是一个路易斯碱,可与强酸(如硫酸、盐酸等)作用,形成烊盐。烊盐可溶于强酸,但烊盐不稳定,遇水分解,恢复成原来的醚。

烷烃和卤代烃不溶于浓硫酸,因此,可利用此性质区别醚与烷烃或卤代烃。

(2)醚键的断裂。醚与氢卤酸(一般用氢碘酸)一起加热,醚键可以断裂,生成卤代烃和醇。如果氢卤酸过量,生成的醇可进一步反应生成卤代烃。

以上得到的碘代烷可用硝酸汞湿润过的滤纸来检验。若有碘代烷生成,则滤纸显橙红色或朱红色。

$$RI + Hg(NO_3)_2 \longrightarrow HgI_2 + RONO_2$$

三、仪器与试剂

仪器:小试管,大试管,玻璃棒,pH 试纸,比色板,滴管,酒精灯,试管夹,三脚架,石棉网,沸石,特制药棉,水浴锅。

试剂:$0.5g \cdot L^{-1}$ 高锰酸钾溶液,$3mol \cdot L^{-1}$ 硫酸溶液,氢氧化钠溶液($100g \cdot L^{-1}$,$50g \cdot L^{-1}$,$10g \cdot L^{-1}$),固体苯酚,饱和苯酚水溶液,无水氯化锌,浓盐酸,$10g \cdot L^{-1}$ 盐酸溶液,浓硫酸,$2mol \cdot L^{-1}$ 硝酸,$50g \cdot L^{-1}$ 三氯化铁溶液,乙醇,异丙醇,叔丁醇,饱和间苯二酚水溶液,饱和对苯二酚水溶液,α-萘酚醇溶液,β-萘酚醇溶液,溴水,$10g \cdot L^{-1}$ 硝酸银溶液,甘油,$20g \cdot L^{-1}$ 硫酸铜溶液,乙醚,45%氢碘酸,硝酸汞试剂。

四、实验步骤

1. 醇的性质实验

(1)醇钠的生成和水解。在干燥试管中加入 1mL 无水乙醇,并加一小粒新切的、用滤纸擦干的金属钠,观察反应放出的气体和试管是否发热。随着反应的进行,试管内溶液变稠。当钠完全溶解后,冷却,试管内溶液逐渐凝结成固体。然后滴加水,直到固体消失,再加 1 滴酚酞试液,观察现象,并说明原因。

(2)醇的氧化反应。取 4 支小试管并编号,各加入 5 滴 $0.5g \cdot L^{-1}$ 高锰酸钾溶液,再各加入 2 滴 $3mol \cdot L^{-1}$ 硫酸溶液,然后向 1 号试管中加入 10 滴乙醇,2 号试管中加入 10 滴异丙醇,3 号试管中加入 10 滴叔丁醇,4 号试管中加入 10 滴蒸馏水(作为对照)。振摇各试管,观察现象。

(3)与 Lucas 试剂的作用。取 3 支干燥的小试管,分别加入 5 滴正丁醇、异丁醇和叔丁醇,并立即各加入 2mL(约 40 滴)Lucas 试剂,剧烈振摇后静置(反应温度最好保持在 26~27℃)。观察变化,记录混合液变浑浊和出现分层的时间。如不见浑浊,则放在水浴中温热数分钟[1],剧烈振摇后静置,观察现象。

(4)邻二醇类化合物与氢氧化铜的反应。向 2 支试管中各加入 5 滴 $20g \cdot L^{-1}$ 硫酸铜溶液,再各加入 5~6 滴 $50g \cdot L^{-1}$ 氢氧化钠溶液,直至氢氧化铜完全沉淀。然后向 1 号试管的沉淀中加入 2 滴甘油,摇匀,观察现象。向 2 号试管的沉淀中加入 2 滴乙醇,摇匀,观察现象。比较 2 个试管中现象的不同。

2. 酚的性质实验

(1)苯酚的酸性。取 0.5g 苯酚,加入试管中,逐渐加入 5mL 水,振荡后,用玻璃棒蘸取 1

滴,用 pH 试纸检测其酸性,记录现象和数据。

将上述苯酚水溶液分装在 2 支试管中,其中一支留作对照。向另一支试管中逐滴加入 100g·L⁻¹氢氧化钠溶液,并不时振摇,直至溶液呈清亮为止。向此清亮溶液中滴加 100g·L⁻¹ 盐酸至溶液呈酸性,观察有何现象发生,并说明原因。

(2)酚类与三氯化铁的显色反应。取一块比色板,分别在 6 个凹穴中依次滴加 2 滴乙醇、饱和苯酚水溶液、饱和间苯二酚水溶液、饱和对苯二酚水溶液、α-萘酚醇溶液和 β-萘酚醇溶液[2],然后分别向各凹穴中滴加 1 滴 50g·L⁻¹三氯化铁溶液,观察各自的颜色变化并记录结果。

(3)苯酚与溴水作用。取一支试管,加入 2 滴饱和苯酚水溶液,再加入 2mL(约 40 滴)蒸馏水,振摇,然后滴入 1~2 滴溴水,观察变化并记录结果。

(4)酚的氧化反应。取一支试管,加入 1mL(约 20 滴)饱和对苯二酚水溶液,再逐滴加入 5 滴 10g·L⁻¹硝酸银溶液,并不断振摇,静置 1min,观察现象并记录结果。

3. 醚的性质实验

(1)䥯盐的形成。取 2 支干燥的试管,向试管 1 中加入 2mL 浓硫酸,试管 2 中加入 2mL 浓盐酸。将 2 支试管都放入冰水中冷却至 0℃后,向每支试管中小心加入 1mL 预先量好并已冷却的乙醚。加乙醚时要分几次加入,边加边摇动试管,保持冷却[3]。试嗅一嗅所得的均匀溶液是否有乙醚味。

将上面 2 支试管里的液体分别小心倾入另外 2 支装有 5mL 冷水和一块冰的试管里,并注意边加边摇动,冷却。观察此时是否有乙醚的气味出现,水层上是否有乙醚层。小心加入几滴 10%氢氧化钠溶液[4],中和掉一部分酸,观察乙醚层是否增多。

(2)醚键的断裂。取 2 支干燥的大试管,向试管 1 中加入 1mL 乙醚和 2mL 氢碘酸(45%),再加一粒沸石,试管 2 中只加入 2mL 氢碘酸(45%)和沸石。在离试管口 4cm 处塞好特制药棉,并在试管口上放一块沾有硝酸汞试剂[5]的滤纸。用油浴加热,慢慢升温至 130~140℃,观察滤纸的颜色有何变化。

注解:

[1]低级醇沸点较低,故应在较低温度下加热,以免挥发。

[2]由于 α-萘酚醇溶液及 β-萘酚醇溶液在水中的溶解度很小,故它们的水溶液与三氯化铁不产生颜色反应。若采用乙醇溶液,则呈正反应。

[3]生成䥯盐时有热量放出,为了使乙醚不因受热而逸出,应保持冷却。

[4]䥯盐溶液用水稀释后,分解为原来的醚和酸。中和掉酸,则增加䥯盐的分解程度。乙醚在稀盐酸中的溶解度要比它在水中或稀硫酸中的溶解度大得多。

[5]硝酸汞试剂的配制:取 49mL 蒸馏水,加入 1mL 浓硝酸,再加入硝酸汞,制成饱和溶液。

五、思考题

(1)醇和酚结构中都含有羟基,但为什么表现出来的酸性大小不同?

(2)用 Lucas 试剂检验伯醇、仲醇和叔醇的实验成功的关键是什么?对于六个碳原子以上的伯醇、仲醇和叔醇,是否都能用 Lucas 试剂进行鉴别?

(3)苯酚为什么能溶于氢氧化钠溶液和碳酸钠溶液,而不溶于碳酸氢钠溶液?
(4)具有什么结构的化合物能与三氯化铁溶液发生显色反应?试举3例。
(5)如何鉴别1,2-丁二醇和1,3-丁二醇?

实验 4-4 醛和酮的性质

一、实验目的

(1)进一步认识和验证醛和酮的化学性质。
(2)掌握鉴别醛和酮的方法。

二、实验原理

醛与酮类化合物分子中都含有羰基,因此,二者具有许多相似的化学性质。它们可与亚硫酸氢钠及氨的衍生物等多种试剂发生亲核加成反应,与2,4-二硝基苯肼反应,生成黄色、橙色或橙红色的2,4-二硝基苯腙沉淀。2,4-二硝基苯腙是具有固定熔点的结晶,若与硫酸作用,则可水解成原来的醛和酮。所以此反应既可用于检验醛和酮,又可用于纯化醛和酮。

α-碳含有 3 个活泼氢的醛或酮以及含有 $CH_3CH(OH)-R(H)$ 结构的醇都能与碘的氢氧化钠溶液发生反应,生成具有特殊气味、黄色的碘仿沉淀。

醛和酮虽然都含有羰基,但由于具有不同的结构,故具有不同的性质。醛类具有还原性,因醛类羰基碳原子上连有氢,易被弱氧化剂(如托伦试剂或斐林试剂)氧化,酮则不起反应,所以此类反应可用来鉴别醛与酮。脂肪醛还能被斐林试剂氧化,而芳香醛和酮则不能。当丙酮与新配制的亚硝酰铁氰化钠混合,再和浓氨水接触时,则产生紫红色化合物。临床上常用亚硝酰铁氰化钠来测定糖尿病患者尿液中的丙酮。冰乙酸的存在可排除尿中其他物质(如肌肝、尿酸等)的干扰。

三、仪器与试剂

仪器:小试管,大试管,电热套,试管夹,L形导管,胶塞,石棉网,玻璃棒,水浴锅。

试剂:苯甲醛,甲醛,乙醛,丙酮,乙醇,2,4-二硝基苯肼,$50g \cdot L^{-1}$ 硝酸银溶液,$20g \cdot L^{-1}$ 氨水,浓氨水,碘试液,稀硝酸,饱和亚硝酰铁氰化钠溶液,冰乙酸,沸石等。

四、实验步骤

1. 醛的制备

取一支大试管,配上胶塞和 L 形导管。向试管中加入 3mL $50g \cdot L^{-1}$ 重铬酸钾及 10 滴浓硫酸,摇匀后,加入 1mL 乙醇,加入一小块沸石。装上 L 形导管,微热至沸,将蒸气导入另一支装有 2mL 蒸馏水的小试管内。加热 3min 后,观察大试管内的颜色变化。

2. 醛和酮的性质

(1)与2,4-二硝基苯肼反应。取 3 支试管,分别加入 2～3 滴苯甲醛、乙醛和丙酮,然后向3支试管中各加入1mL 2,4-二硝基苯肼溶液,充分振摇,观察有无沉淀产生(若无现象,可用玻璃棒摩擦试管壁,以促使晶体析出)。

(2)碘仿反应。取4支试管,分别加入10滴50g·L^{-1}甲醛、乙醛、丙酮和乙醇。然后向4支试管中各加入1mL碘试液,摇匀后再各滴加100g·L^{-1}氢氧化钠溶液,边滴加边振摇,至碘的红棕色刚好消失为止。注意观察试管中有无浅黄色碘仿沉淀生成,能否嗅到碘仿的特殊气味。若无沉淀产生或溶液仅发生浑浊,可把试管放到50~60℃温水浴中温热几分钟,冷却后再观察。

(3)醛、酮的氧化反应。

①与托伦试剂[1]的反应。托伦试剂的制备:取一支洁净的试管,加入2mL 50g·L^{-1}硝酸银溶液,加入2滴20g·L^{-1}氨水,此时应析出褐色的氧化银沉淀。再逐滴加入浓氨水,直至沉淀刚好溶解为止[2],即得托伦试剂。

将制备好的托伦试剂分出一半,放入一支洁净的试管中[3]。在第一支试管中加入5滴乙醛溶液,第二支试管中加入5滴丙酮。将2支试管同时放在水浴中加热2~3min[4],观察现象,记录结果[5]。

②与斐林试剂的反应。取4支试管,各加入1mL斐林试剂(由等体积的斐林试剂A、B液混合而得),然后分别加入10滴乙醛、苯甲醛、丙酮和蒸馏水,仔细摇匀后,将4支试管同时放在沸水浴中加热煮沸3~5min,观察并比较4支试管内的变化。

(4)丙酮与亚硝酰铁氰化钠($Na_3[Fe(CN)NO]$)的反应。取一支小试管,加一滴丙酮、0.5mL(约10滴)冰乙酸及0.5mL新配制的饱和亚硝酰铁氰化钠水溶液,混匀后,将试管微微倾斜,沿着试管内壁慢慢加入1~2mL浓氨水。注意:动作要轻,不要摇动,在两层溶液的交界处会出现紫红色环。

注解:

[1]托伦试剂必须现配现用,若储存太久,会析出爆炸性沉淀物质。

[2]氨水过量会使托伦试剂的灵敏度降低。

[3]若试管不够洁净,则不能生成银镜,而只能出现黑色的絮状沉淀。

[4]切勿在火焰上直接加热,也不宜加热过久,因为试剂受热会生成有爆炸危险的雷酸银(Ag—O—N≡C)。

[5]试管内生成的银镜要立刻用水浴加热洗掉。如果不易洗去,可加少量稀硝酸溶解。

五、注意事项

(1)硝酸银溶液与皮肤接触,会立即形成难以洗去的黑色金属银,故滴加和振摇时应小心操作。

(2)配制银氨溶液时,切忌加入过量的氨水,否则将生成雷酸银,受热后会引起爆炸,也会使试剂本身失去灵敏性。托伦试剂久置后会析出具有爆炸性的黑色氮化银(Ag_3N)沉淀,因此,需在实验前配制,不可贮存备用。

(3)做银镜反应实验时,试管若不干净,则还原生成的银呈黑色细粒状,无法形成银镜。因此,试管必须清洗干净。做完银镜实验后,加少许稀硝酸,试管中的银镜即可洗去。

六、思考题

(1)醛和酮的性质有哪些异同之处?为什么?可用哪些简便方法鉴别它们?

(2)具有什么结构的化合物能发生碘仿反应？鉴别时为什么不用溴仿和氯仿？
(3)进行银镜反应时,应注意哪些问题？
(4)醛与托伦试剂的反应为什么要在碱性溶液中进行？在酸性溶液中可以吗？为什么？

实验 4-5　羧酸与取代羧酸的性质

一、实验目的

(1)熟悉羧酸的性质,掌握羧酸的主要反应和鉴别方法。
(2)熟悉取代羧酸的性质,掌握酮式－烯醇式互变异构现象。

二、实验原理

羧酸均具有酸性,除甲酸和一些小分子的二元酸(如草酸)外,其他都为弱酸。甲酸分子含有醛基,故能还原托伦试剂和斐林试剂。羧酸能发生脱羧反应,但不同的羧酸发生脱羧反应的条件不同。某些二元酸(如草酸、丙二酸)只需加热,就可发生脱羧反应。羧酸与醇在浓硫酸的作用下,还可发生酯化反应。

取代羧酸有卤代酸、羟基酸、酮酸等,卤代酸的酸性较羧酸强。乳酸中的羟基比醇羟基更容易被氧化。

在乙酰乙酸乙酯的酮式－烯醇式互变异构中,烯醇式含量达7%。由于乙酰乙酸乙酯分子中亚甲基上氢原子受两个吸电子基团的影响,故活性增强,易于质子化,造成既有酮的性质,也有烯醇的性质。

$$CH_3-\underset{O}{\overset{\parallel}{C}}-CH_2-\underset{O}{\overset{\parallel}{C}}-O-CH_2CH_3 \rightleftharpoons CH_3-\underset{OH}{\overset{\mid}{C}}=CH-\underset{O}{\overset{\parallel}{C}}-O-CH_2CH_3$$
$$93\%7\%$$

三、仪器与试剂

仪器:试管,烧杯,铁架台,铁夹,玻璃棒,带软木塞的L形导管,牛角勺,电热套,电子天平。

试剂:1mol·L^{-1}甲酸,托伦试剂,1mol·L^{-1}乙酸,1mol·L^{-1}草酸,苯甲酸,草酸,氢氧化钠溶液(2.5mol·L^{-1},6mol·L^{-1}),6mol·L^{-1}盐酸,饱和石灰水,乙醇,冰乙酸,浓硫酸,饱和碳酸钠溶液,2mol·L^{-1}乙酸,2mol·L^{-1} 氯乙酸,2mol·L^{-1}三氯乙酸,甲基紫指示剂,3mol·L^{-1}高锰酸钾溶液,乳酸,100g·L^{-1}乙酰乙酸乙酯,2,4-二硝基苯肼,0.6mol·L^{-1}氯化铁溶液,溴水,pH试纸。

四、实验步骤

1. 羧酸的性质

(1)甲酸的还原性。取2支洁净试管,各加入1mL托伦试剂,然后分别加入2~4滴丙酮和1mol·L^{-1}甲酸,摇匀,若无变化,可放入温水浴(约40℃)中温热几分钟,观察实验现象。

(2)羧酸的酸性比较。用干净细玻璃棒分别蘸取 1mol·L⁻¹甲酸、1mol·L⁻¹乙酸、1mol·L⁻¹草酸并点于 pH 试纸上,观察颜色变化,并比较 pH 的大小。

(3)成盐反应。取一支试管,加入一匙苯甲酸和 15 滴水,再加入 3 滴 2.5mol·L⁻¹氢氧化钠溶液,振摇,观察现象。然后再加 3 滴 6mol·L⁻¹盐酸溶液,观察现象,并说明原因。

(4)草酸的脱羧反应。取 0.5g 草酸,加入带有软木塞和 L 形导管的干燥大试管中,将试管用铁夹固定在铁架台上,管口略向上倾斜。将导气管插入盛有 2mL 饱和石灰水的试管中,然后将草酸加热,注意观察石灰水中有何变化。停止加热时,应先移去盛有石灰水的试管,然后移去火源。

(5)羧酸与醇的酯化反应。向 2 支干燥的试管中各加入 2mL 乙醇和 2mL 冰乙酸。混合均匀后,在一支试管中加 5 滴浓硫酸。把 2 支试管同时放入 70~80℃的水浴中加热,并不时振摇。10min 后,取出试管,用冷水冷却,再滴加 2mL 饱和碳酸钠溶液。静置,观察 2 支试管中有何差别。

2. 取代羧酸的性质

(1)取代羧酸的酸性。向 3 支试管中分别加入 2mol·L⁻¹乙酸、一氯乙酸和三氯乙酸,用干净细玻璃棒分别蘸取上述溶液并点于 pH 试纸上,检验其酸性。然后再向 3 支试管中加入甲基紫指示剂(pH 为 0.2~1.5,黄~绿;pH 为 1.5~3.2,绿~紫),观察指示剂的颜色变化,并加以解释。

(2)取代羧酸的氧化反应。取一支试管,加入 0.5mL 3mol·L⁻¹高锰酸钾溶液和 0.2mL 6mol·L⁻¹氢氧化钠溶液,混匀后再加入 0.5~1.0mL 乳酸,振摇,观察现象。

(3)乙酰乙酸乙酯的酮式-烯醇式互变异构。取一支试管,加入 1mL 100g·L⁻¹乙酰乙酸乙酯及 4~5 滴 2,4-二硝基苯肼,观察现象。另取一支试管,加入 1mL 100g·L⁻¹乙酰乙酸乙酯及 1 滴 0.6mol·L⁻¹三氯化铁溶液,此时观察溶液,应有紫红色出现。向此溶液中加入数滴溴水,紫红色褪去。放置片刻后,又有紫红色出现。解释以上各种现象。

五、思考题

(1)羟基酸是否都能与托伦试剂和斐林试剂作用?
(2)为什么酯化反应要加浓硫酸?为什么碱性水解比酸性水解效果好?
(3)产生酮式-烯醇式互变异构现象需具备哪些条件?

实验 4-6 胺的化学性质

一、实验目的

(1)验证胺类化合物的主要化学性质。
(2)掌握胺类化合物的鉴别方法。

二、实验原理

胺类化合物的氮原子上有一对孤电子,易与质子结合而具有碱性。其碱性强弱是由诱导效应、空间效应及溶剂化效应等多种因素共同决定的。芳香胺和含 6 个碳原子以上的脂肪胺一般都难溶于水或在水中的溶解度很小,但与无机酸反应后能生成可溶于水的铵盐。由于铵盐是由弱碱形成的盐,遇强碱即游离出原来的胺,因此,常用这一性质对胺类物质进行分离提纯。

伯胺和仲胺能起酰化反应,生成相应的酰胺,而叔胺则不能,故可用酰化反应区别它们。Hinsberg 反应是胺的磺酰化反应,该反应在碱性条件下进行。伯胺反应生成的磺酰胺氮上有一个氢,受磺酰基影响,具有弱酸性,可溶于碱生成盐;仲胺反应生成的磺酰胺氮上无氢,不溶于碱;叔胺一般认为不发生反应。故此反应可用于鉴别伯、仲、叔三种胺。

另外,脂肪胺和芳香胺与亚硝酸反应生成不同的产物,也可用于胺类化合物的鉴别。脂肪伯胺与亚硝酸反应形成脂肪族重氮盐,该重氮盐非常不稳定,能分解放出氮气;芳香伯胺与亚硝酸在低温下生成稳定的芳香重氮盐,芳香重氮盐能与活泼的芳香化合物发生偶联反应,如重氮苯盐与 β-萘酚反应得到橙色沉淀,利用该现象能鉴别芳香伯胺。脂肪仲胺和芳香仲胺与亚硝酸反应均能生成稳定的 N-亚硝基化合物。N-亚硝基化合物一般为黄色油状物,利用这一反应现象可鉴别仲胺。脂肪叔胺氮上没有氢,氮上不发生亚硝化作用;芳香叔胺可在环上发生亲电取代反应,生成对或邻芳香亚硝基化合物,对亚硝基芳香化合物一般具有颜色,借此可鉴别芳香叔胺。

芳香伯胺在低温和强酸性水溶液中可与亚硝酸发生重氮化反应,其产物能进一步与酚或芳香胺发生偶联反应。芳香胺容易被氧化,在不同的条件下,生成有颜色的复杂化合物。芳香胺容易发生取代反应,如苯胺与溴水反应生成白色的 2,4,6-三溴苯胺沉淀。

尿素是一种特殊的酰胺。将尿素加热至熔点以上,则生成缩二脲。缩二脲在碱性溶液中与稀硫酸铜作用会产生紫红色的物质,该反应称为"缩二脲反应"。凡含有两个以上酰胺键(肽键)的化合物均有此反应。

三、仪器与试剂

仪器:试管,100mL 烧杯,试管夹,温度计,酒精灯等。

试剂:苯胺,N-甲基苯胺,N,N-二甲基苯胺,苄胺,正丙胺,尿素,$10g \cdot L^{-1}$ 氢氧化钠溶液,$10g \cdot L^{-1}$ 亚硝酸钠溶液,$1g \cdot L^{-1}$ 硫酸铜溶液,浓盐酸,饱和溴水,$10g \cdot L^{-1}$ β-萘酚碱溶液,乙酰氯,苯磺酰氯,$0.05g \cdot L^{-1}$ 高锰酸钾溶液,pH 试纸,红色石蕊试纸。

四、实验步骤

1. 碱性

向 3 支试管中分别加入 10 滴苯胺、苄胺、正丙胺和 2mL 水,充分振摇后,观察是否溶解。用 pH 试纸和红色石蕊试纸检测是否为碱性。最后滴加浓盐酸至酸性,观察、记录反应现象,并解释之。

2. 酰化反应

(1)乙酰化反应。向 3 支干燥的试管中分别加入 5 滴正丙胺、N-甲基苯胺和 N,N-二甲基苯胺,再沿管壁慢慢加入5滴乙酰氯,摇匀后,观察、记录反应现象,并解释之。若观察不到变化,可将试管温热2min,冷却后再加20滴水和10g·L⁻¹氢氧化钠溶液至碱性,再观察。

(2) Hinsberg(兴斯堡)反应[1]。向3支试管中分别加入5滴苯胺、N-甲基苯胺和N,N-二甲基苯胺,再分别加入1.5mL 10g·L⁻¹氢氧化钠溶液和5滴苯磺酰氯,塞住管口,用力振摇,并温热至不再有苯磺酰氯气味为止。冷却后观察、记录反应现象,并解释之。边振摇边逐滴加入浓盐酸至酸性,再观察有何变化。

3. 与亚硝酸反应[2]

向3支试管中分别加入5滴正丙胺、N-甲基苯胺、N,N-二甲基苯胺和10滴浓盐酸,在冰水中冷却至0~5℃,边振摇边慢慢加入5滴10g·L⁻¹亚硝酸钠溶液,观察并记录反应现象。加入10g·L⁻¹氢氧化钠溶液至碱性后,再观察有何变化,并解释之。

4. 重氮化反应和偶联反应[3]

向试管中加入6滴苯胺、1mL水和10滴浓盐酸,混匀后,将试管放入冰水中冷却至0~5℃,边振摇边逐滴加入10g·L⁻¹亚硝酸钠至使碘化钾淀粉试纸恰变蓝色为止。将混合液分为2份,一份微热,向另一份中逐滴加入10g·L⁻¹ β-萘酚碱溶液(2~3滴),观察、记录反应现象,并解释之。

5. 氧化反应

向3支试管中分别加入3滴苯胺、N-甲基苯胺和N,N-二甲基苯胺,再分别加入2滴10g·L⁻¹氢氧化钠溶液和3滴0.05g·L⁻¹高锰酸钾溶液,摇匀后在水浴中温热,观察并记录反应现象。

6. 与溴水反应

向3支试管中分别加入2滴苯胺、N-甲基苯胺、N,N-二甲基苯胺和5滴蒸馏水,边摇边逐滴加入饱和溴水(3滴),观察、记录反应现象,并解释之。

7. 缩二脲反应[4]

向干燥的试管中加入0.5g尿素,小心加热至熔化,继续加热至熔化物凝固,冷却后加入1mL水。搅拌,使其溶解,将上层溶液倾入另一支试管中,加入5滴10g·L⁻¹氢氧化钠溶液和3滴10g·L⁻¹硫酸铜溶液,观察、记录反应现象,并解释之。

注解:

[1]重氮化反应需在低温下进行,且亚硝酸不宜过量,否则生成的重氮盐易分解;酸需过量,以免生成的重氮盐与尚未作用的芳胺发生偶联反应。

[2]若原仲胺分子尚含有酸性基团,如羧基或酚羟基等,则生成的苯磺酰胺类能溶于氢氧化钠,故不能与伯胺区别。

[3]亚硝酸不稳定,实验中用亚硝酸钠与盐酸或硫酸作用生成亚硝酸。N-甲基苯胺与亚硝酸反应生成的N-亚硝基-N-甲基苯胺在碱性条件下为淡黄色油状物,在酸性条件下重排为对亚硝基-N-甲基苯胺,为蓝绿色固体。N,N-二甲基苯胺与亚硝酸反应生成对亚硝基-N,N-二甲基苯胺,在碱液中为翠绿色固体,在酸性溶液中变为橘黄色盐。

[4]溶液冷却后先检验其是否仍呈碱性,若不呈碱性,用氢氧化钠调节至碱性后再观察现象。

五、思考题

(1) 如何除去三乙胺中少量的乙胺及二乙胺？
(2) 如何用简单的化学方法区别丙胺、甲乙胺和三甲胺？
(3) 试述重氮化反应的注意要点。

实验 4-7　糖的性质

一、实验目的

(1) 掌握单糖、二糖和多糖的一些性质。
(2) 熟悉糖类的一些鉴定方法。

二、实验原理

糖类化合物从结构上分析都是多羟基醛或多羟基酮，或者水解可以产生多羟基醛、多羟基酮的化合物。根据它能否水解或者水解后生成单糖的数目，分为单糖（葡萄糖、果糖等）、低聚糖（蔗糖、麦芽糖等）和多糖（淀粉、纤维素等），根据有无还原性又可分为还原性糖和非还原性糖。

1. 糖的还原性

所有的单糖和具有半缩醛羟基的二糖（如麦芽糖、乳糖、纤维二糖等）均具有还原性。具有还原性的糖称为"还原糖"，还原糖能被碱性弱氧化剂（如托伦试剂、班乃德（Benedict）试剂等）氧化，生成有色沉淀。还原糖与班乃德试剂的反应可用下列通式表示：

$$\text{还原糖} + 2Cu^{2+}(\text{配离子}) + 4OH^- \xrightarrow{\triangle} \underset{(\text{砖红色})}{Cu_2O\downarrow} + 2H_2O + \text{复杂的氧化产物}$$

蔗糖分子中无半缩醛羟基，在水溶液中不能形成开链式结构，不具有游离的醛基或酮基，因此纯净的蔗糖不能被班乃德试剂氧化。

2. 糖的颜色反应

在浓硫酸或浓盐酸的作用下，糖类化合物与酚类化合物能发生颜色反应。通常用 α-萘酚鉴定糖类，用间苯二酚区分酮糖和醛糖。

(1) 莫利许（Molisch）反应。糖先经过与浓硫酸作用发生分子内脱水，生成糠醛或糠醛的衍生物，然后与 α-萘酚缩合成紫红色物质，此反应称为"莫利许反应"。莫利许反应是鉴别糖类的一种简单的方法，大多数单糖、二糖和多糖均能发生此反应。

(2) 西里瓦诺夫（Seliwanoff）反应。在盐酸作用下，酮糖（如果糖）发生分子内脱水，生成糠醛或糠醛的衍生物，然后与间苯二酚缩合，很快生成鲜红色产物，此反应称为"西里瓦诺夫反应"。酮糖的反应速度比醛糖快得多，因此，利用此反应可区别酮糖（如果糖）和醛糖（如葡萄糖）。

3. 淀粉的性质

淀粉为多糖,是由直链淀粉和支链淀粉组成的混合物,二者均无还原性。在酸或酶的催化作用下,直链淀粉和支链淀粉均水解生成麦芽糖或葡萄糖。淀粉在水解过程中生成各种糊精和麦芽糖等一系列中间产物。淀粉和各种糊精与碘溶液作用可生成不同的颜色。

淀粉的水解过程:淀粉→淀粉糊精→红糊精→无色糊精→麦芽糖→葡萄糖。

与碘液作用的颜色:蓝色→蓝紫色→红色→黄色→无色。

三、仪器与试剂

仪器:试管,烧杯,煤气灯(或酒精灯),白瓷点滴板等。

试剂:$2g·L^{-1}$葡萄糖溶液,$2g·L^{-1}$果糖溶液,$2g·L^{-1}$蔗糖溶液,$2g·L^{-1}$乳糖溶液,$2g·L^{-1}$麦芽糖溶液,$2g·L^{-1}$淀粉溶液,班乃德试剂[1],莫利许试剂[2],西里瓦诺夫试剂[3],$0.1g·L^{-1}$碘液,浓硫酸,浓盐酸,$3mol·L^{-1}$硫酸溶液,$10g·L^{-1}$氢氧化钠溶液,红色石蕊试纸。

四、实验步骤

1. 糖的还原性实验

取 4 支试管并编号,各加入 10 滴班乃德试剂,再分别加入 5 滴 $2g·L^{-1}$ 葡萄糖溶液、$2g·L^{-1}$ 蔗糖溶液、$2g·L^{-1}$ 麦芽糖溶液和 $2g·L^{-1}$ 淀粉溶液,摇匀后放入水浴中煮沸数分钟。观察现象并记录结果,试说明原因。

2. 糖的颜色反应

(1)莫利许反应。取 4 支试管,分别加入 20 滴 $2g·L^{-1}$ 葡萄糖溶液、$2g·L^{-1}$ 蔗糖溶液、$2g·L^{-1}$ 麦芽糖溶液和 $2g·L^{-1}$ 淀粉溶液,再各加入 10 滴新配制的莫利许试剂,摇匀。将试管倾斜 $45°$,沿管壁慢慢加入 20 滴浓硫酸,切勿振摇,使硫酸沉入管底。将试管静置,注意观察硫酸和糖溶液的界面间是否有紫红色环出现。若数分钟后仍无现象产生,可放入热水浴中温热后再观察。

(2)西里瓦诺夫反应[4]。取 4 支试管,各加入 20 滴西里瓦诺夫试剂,然后分别加入 5 滴 $2g·L^{-1}$ 葡萄糖溶液、$2g·L^{-1}$ 果糖溶液、$2g·L^{-1}$ 蔗糖溶液和 $2g·L^{-1}$ 麦芽糖溶液,摇匀,置于沸水浴中。比较各试管中红色出现的顺序。

(3)淀粉与碘的颜色反应。取一支试管,加入 6 滴 $2g·L^{-1}$ 淀粉溶液和 1 滴 $0.1g·L^{-1}$ 碘液,观察有何颜色产生。将试管放入沸水浴中加热数分钟,观察实验现象。取出试管放置冷却,观察又有何变化,试说明理由。

3. 糖的水解

(1)蔗糖的水解。取 2 支试管,各加入 10 滴 $2g·L^{-1}$ 蔗糖溶液,然后向其中一支试管中加入 2 滴 $3mol·L^{-1}$ 硫酸溶液,再把这支试管放入水浴中加热 5~10min,取出试管冷却,加入 $10g·L^{-1}$ 氢氧化钠溶液,使水解液呈碱性(可用红色石蕊试纸检验)。向 2 支试管中各加入 10 滴班乃德试剂,放入沸水浴中加热 3~4min,观察 2 支试管中有何现象,说明原因,并写出有关的反应式。

(2)淀粉的水解。向一只小烧杯中加入 2mL 2g·L^{-1} 淀粉溶液,再加入 10mL 水和 1mL 3mol·L^{-1} 硫酸溶液,将烧杯放在石棉网上,用小火加热煮沸。在加热过程中(为避免水分蒸发太多,必要时可适量补充水,以保证原来的体积),每隔 2~3min 用吸管取出 1 滴水解液置于白瓷点滴板上,加 1 滴 0.1g·L^{-1} 碘液,观察颜色的变化(吸管每次用后要洗净)。直至水解液与碘液几乎不再显色,再继续小火加热数分钟。取出 1mL 水解液并加入试管中,加入 10g·L^{-1} 氢氧化钠溶液,中和至溶液呈微碱性(可用红色石蕊试纸检验),再加入 10 滴班乃德试剂,摇匀,将试管放在水浴中加热,观察现象。用未水解的淀粉溶液做对照实验,比较有何不同。

注解:

[1]班乃德试剂的配制:将 17.3g 研碎的硫酸铜溶于 100mL 热水中,冷却后稀释至 150mL;另取 173g 柠檬酸钠和 100g 无水碳酸钠溶解于 600mL 水中,如不溶,可稍加热。将硫酸铜溶液和柠檬酸钠溶液倒在一起,不断搅拌,最后加水稀释至 1000mL,摇匀。如溶液浑浊,应过滤。

[2]莫利许试剂的配制:将 10g α-萘酚溶于 95%乙醇中,再用 95%乙醇稀释至 100mL,用前配制。

[3]西里瓦诺夫试剂的配制:先将 0.05g 间苯二酚溶于 50mL 浓盐酸中,再用水稀释至 100mL。

[4]酮糖与间苯二酚反应生成红色沉淀,沉淀溶于酒精后呈鲜红色。酮糖发生西里瓦诺夫反应的速度比醛糖快 15~20 倍。若加热时间过长,则除葡萄糖会呈阳性反应外,麦芽糖和蔗糖也呈阳性反应,因为麦芽糖和蔗糖在酸性条件下会发生水解而生成单糖。故在观察颜色反应时,加热时间不得超过 20min。

五、思考题

(1)有 5 瓶失去标签的溶液,它们分别为葡萄糖、果糖、麦芽糖、蔗糖和淀粉的溶液。试用化学方法将它们区分开,并说明理由。

(2)试解释为什么市场上出售的白糖(蔗糖)有时能与托伦试剂作用生成银镜,或与班乃德试剂作用生成氧化亚铜。

(3)试评论下列一段话是否正确,并说明你判断的理论依据。

"淀粉分子的基本组成单位为 α-D-(+)-葡萄糖,纤维素分子的基本组成单位为 β-D-(+)-葡萄糖,所以淀粉水解后的最终产物和纤维素水解的最终产物不同,前者为 α-D-(+)-葡萄糖,而后者为 β-D-(+)-葡萄糖。"

实验 4-8 氨基酸和蛋白质的性质

一、实验目的

(1)验证氨基酸和蛋白质的某些重要的化学性质。
(2)掌握几种常用的鉴定蛋白质和氨基酸的方法。

二、实验原理

蛋白质是存在于细胞中的一种含氮的生物高分子化合物,在酸、碱存在下,或受酶的作用,水解成相对分子质量较小的胨、多肽和二羧胡椒嗪,而水解的最终产物为各种氨基酸,其中以 α-氨基酸为主。关于氨基酸和蛋白质的性质,我们只做蛋白质的变性和沉淀、蛋白质的颜色反应和蛋白质的分解等性质实验,这些性质有助于认识或鉴定氨基酸和蛋白质。

向蛋白质溶液中加入高浓度的中性盐,能破坏蛋白质分子表面的水化膜,同时减少蛋白质所带电荷,使蛋白质从溶液中析出,这一过程称为"盐析作用"。这种沉淀是可逆的,加水又能溶解,而且不改变蛋白质的活性。硫酸铵具有显著的盐析作用。物理因素或化学因素可改变或破坏蛋白质分子的空间结构,使蛋白质生物活性丧失及理化性质改变,这种现象称为"蛋白质的变性"。蛋白质与重金属盐及生物碱试剂作用,生成难溶于水的化合物,因此蛋白质可作为重金属的解毒剂。蛋白质加热后发生变性反应而凝聚。蛋白质分子中含有肽键、氨基、苯环、酚羟基等,因此可发生缩二脲反应、茚三酮反应、黄蛋白反应和 Millon 反应等显色反应,利用这些显色反应可鉴别蛋白质。蛋白质是两性化合物,具有酸和碱的双重性质。

三、仪器与试剂

仪器:试管,烧杯,酒精灯。

试剂:蛋白质溶液[1],饱和硫酸铵溶液,硫酸铜溶液(饱和,50g·L^{-1},10g·L^{-1}),200g·L^{-1} 乙酸铅,50g·L^{-1} 氯化汞,50g·L^{-1} 乙酸,饱和苦味酸溶液,饱和鞣酸溶液,10g·L^{-1} 甘氨酸,10g·L^{-1} 酪氨酸,10g·L^{-1} 色氨酸溶液,1g·L^{-1} 茚三酮水溶液[2],浓硝酸,浓氨水,100g·L^{-1} 氢氧化钠溶液,浓盐酸,硝酸汞试剂[3]。

四、实验步骤

1. 蛋白质的盐析与变性

(1) 蛋白质的可逆沉淀。取 2mL 蛋白质溶液加入一支试管中,加入同体积的饱和硫酸铵溶液,稍加振荡,观察有何现象发生。将此试管中约 1mL 的液体倾入另一支试管中,加入 2~3mL 水,振荡,观察有何现象发生,并说明原因。

(2) 重金属沉淀蛋白质。取 3 支试管,各加入 2mL 蛋白质溶液,再分别加入饱和硫酸铜溶液、碱性乙酸铅溶液、氯化汞溶液各 2 滴,并加以振荡,观察有无蛋白质沉淀析出。

(3) 蛋白质与生物碱试剂作用。取 2 支试管,各加入 1mL 蛋白质溶液及 2 滴 50g·L^{-1} 乙酸溶液,使之呈酸性,然后向一支试管中滴加饱和苦味酸溶液,向另一支试管中滴加饱和鞣酸溶液,均滴至出现沉淀为止。

(4) 加热蛋白质。向一支试管中加入 2mL 蛋白质溶液,在水浴上加热煮沸 5~10min,观察有无沉淀生成。然后向试管中加水,观察产物是否发生变化。

2. 蛋白质的颜色反应

(1) 茚三酮反应。取 4 支试管,分别加入 10g·L^{-1} 的甘氨酸溶液、酪氨酸溶液、色氨酸溶液和蛋白质溶液各 1mL,再分别滴加 2~3 滴 10g·L^{-1} 茚三酮水溶液,水浴加热煮沸 3min,观察有何现象发生。

(2)黄蛋白反应。向一支试管中加入2mL蛋白质溶液,再加入7~8滴浓硝酸,此时出现白色沉淀或浑浊,在灯焰上加热煮沸,溶液和沉淀均呈黄色。再滴加浓氨水,观察颜色有何改变。

(3)蛋白质的缩二脲反应。向一支试管中加入2~3mL蛋白质溶液和2mL 100 g·L^{-1}氢氧化钠溶液,混合均匀后,再加入3~5滴10g·L^{-1}硫酸铜溶液,边加边振摇,观察有什么颜色产生。

(4)蛋白质与硝酸汞试剂的反应。向1支试管中加入2mL蛋白质溶液,再加入2~3滴硝酸汞试剂,小心加热,观察现象。此时,观察原先析出的白色絮状物是否凝聚成块状,并显砖红色或红色。

3. 蛋白质的两性实验

向一支试管中加入2mL蛋白质溶液,边摇边滴加冰乙酸溶液,至液体呈白色浑浊状,继续滴加乙酸溶液至混浊消失,振摇,逐滴加入100g·L^{-1}氢氧化钠溶液,又可看到白色沉淀生成。如果碱过量,则沉淀又消失,试解释其原因。

注解:

[1]蛋白质溶液的配制:取约25mL鸡蛋清,加入100~120mL蒸馏水,搅匀后,用3~4层纱布过滤即得。

[2]茚三酮水溶液配制后应在2天内用完,放置过久后易变质失效。

[3]硝酸汞试剂的配制:将1g金属汞溶于2mL浓硝酸中,用2倍蒸馏水稀释,放置1 h,过滤即得。

五、思考题

(1)蛋白质的盐析和蛋白质的变性有何区别?
(2)为什么鸡蛋清可用作重金属中毒的解毒剂?
(3)写出氨基酸与茚三酮的反应式。

实验4-9 未知有机物鉴定

一、实验目的

(1)掌握鉴定有机化合物的一般方法。
(2)提高学生独立思考和解决问题的能力。

二、实验原理

随着近代波谱学的发展,有机化合物的定性鉴定方法发生了根本性的变化,经典的有机化合物系统鉴定方法使用范围有所减少。但通过使用经典的方法对未知有机物进行鉴定,不仅可以使学生掌握经典的有机化合物系统鉴定方法,提高实验操作技术和技能,而且可以培养和提高学生的思维能力、独立分析问题和解决问题的能力。

鉴定未知有机物一般需经过物理常数(如沸点、熔点、折光率、旋光度等)测定、元素定性定量分析、溶解度试验、官能团鉴定等步骤,然后查阅文献后才能确定其为何种化合物。多数情况下,实验中鉴定的未知物实际上是文献中已有报道且结构已知的化合物,但对鉴定者来说是未知的。如果是文献中没有报道的,则必须通过波谱学及X射线衍射技术测定才能确定其结构。

对于其他步骤的原理,本书在前面相关实验中已有叙述,这里只介绍溶解度试验的原理及应用。

将未知物先进行元素定性及定量分析,可确定其含有哪些元素,并写出其化学式,然后便可进行溶解度试验。根据溶解度分组试验,将有机化合物分为8组。溶解度分组系统方法如图4-1所示。

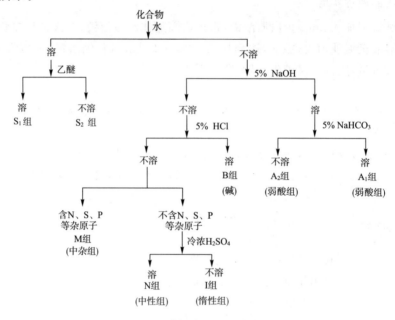

图 4-1 溶解度分组系统方法

从上图可以推知,溶解度不同的各个组可能含有的化合物见表 4-1。

表 4-1 各溶解度组可能含有的化合物

溶解度组	各组可能含有的化合物
S_1 组	低级醇、醚、醛、酮、羧酸、酸酐、胺等
S_2 组	多元醇、多元酸、羟基醛、羟基酮、羟基酸、氨基酸、磺酸、盐类等
A_1 组	不溶于水的羧酸、磺酸、硝基酚等
A_2 组	酚、酰亚胺、硫酚、伯磺酰胺等
B 组	胺类
M 组	酰胺、亚硝基化合物、偶氮化合物和硝基化合物及其还原中间产物等
N 组	不饱和烃、多烷基芳烃,不溶于水的醇、醚、醛、酮、酸酐等
I 组	烷烃、环烷烃、芳烃、卤代烃、二芳基醚等

利用表4-1,可以根据未知物的溶解度分组初步判断试样中可能含有的官能团,通过官能团的鉴定实验进一步证实官能团的结构。再根据测定的物理常数及查阅文献提供的信息确定未知物的结构。

三、仪器与试剂

仪器:试管,烧杯,酒精灯,微量沸点测定仪,熔点测定仪,折光仪,温度计。

试剂:乙醚,50g·L^{-1}氢氧化钠溶液,50g·L^{-1}碳酸氢钠溶液,1.5mol·L^{-1}盐酸溶液,浓硫酸,含氧未知有机物试样。

四、实验步骤

取一种含氧的未知有机物试样(已知其含有C、H、O三种元素),依次做下列试验。

1. 物理性质试验

该试验包括形状、颜色、气味、沸点、熔点、折光率等的测定。

2. 溶解度试验

取0.1g固体样品(约火柴头大小)或4滴液体样品装放于试管中,边摇边加入1.5mL蒸馏水。若全部溶解,则另取样品在乙醚中做溶解度试验,以确定其属于S_1组(可溶于乙醚)或S_2组(不溶于乙醚)。若样品不溶于水,则按溶解度分组系统中的方法加入氢氧化钠,可溶者再加碳酸氢钠,以确定其属于A_1组(可溶于碳酸氢钠)还是A_2组(不溶于碳酸氢钠)。依次类推,直到找出样品溶于何种溶剂为止。根据溶解度试验结果,查出试样可能属于哪类化合物。

溶解度试验的注意事项:

(1)固体样品必须研细,使溶解易于进行。

(2)使用的溶剂次序必须按溶解度分组系统的次序,不能颠倒。

(3)一般不应加热,以免挥发或发生化学变化。

3. 官能团试验

知道试样可能为哪几类化合物后,拟出需要确定的官能团试验方案。一般要进行两个以上的阳性反应,才能确定此官能团的存在。

为了进一步确定未知物的结构,还需进行衍生物制备实验。衍生物制备实验就是利用有机物的官能团反应,将可能的未知物转化为另一新化合物,再测定新化合物的物理常数。与从文献中查到的几种可能未知物进行比较,如数值很相近,便可确定未知物是该化合物了。如有条件,可将原未知物的纯品做X衍射实验,直接确定它的结构。

由于受时间和条件的限制,本实验不再介绍衍生物制备的内容。

五、思考题

(1)判断下列各未知物属于哪类化合物。

①某一S_1组的化合物,其水溶液对石蕊不呈酸性反应,能使高锰酸钾褪色,能起银镜反应。

②某一N组的化合物,能使溴的四氯化碳溶液和高锰酸钾褪色,与2,4-二硝基苯肼不反应。

(2)预测下列化合物属于按溶解度分组中的哪一组,并说明理由。

甘油,二苯胺,4-异丙基甲苯,磺胺,氯苯,硬脂酸钠,苯乙酮。

第五部分 综合性设计性实验

实验 5-1 水杨酸甲酯的制备

一、实验目的

(1) 学习酯化反应的基本原理和基本操作。
(2) 学习有机回流装置的原理。
(3) 学习有机分液的原理和蒸馏基本操作。

二、基本原理

水杨酸甲酯(methyl salicylate),学名为邻羟基苯甲酸甲酯,最早是从冬青树叶中提取得到的,所以又叫"冬青油"(gaultheria oil)。它具有特殊的香味和防腐止痛作用,可作为香料和防腐剂,医药上主要用于外擦止痛和治疗风湿症等。

水杨酸甲酯在自然界中广泛存在,是鹿蹄草、小当药油的主要成分,还存在于晚香玉、槲树、伊兰、丁香、茶等的精油中。工业上用水杨酸与甲醇在硫酸存在下酯化而得。

主要反应式:

反应机理:

水杨酸甲酯

三、仪器和试剂

仪器：100mL三口烧瓶，温度计，球形冷凝管，分液漏斗，磁力搅拌加热器，50mL单口烧瓶，蒸馏头，直形冷凝管，接引管，烧杯若干。

试剂：水杨酸，甲醇，浓硫酸，20%碳酸钠溶液，饱和食盐水，乙酸乙酯，无水硫酸镁。

四、实验步骤

准确称取4g水杨酸，加入100mL三口烧瓶中，再加入24mL甲醇。待水杨酸完全溶解后，在不断搅拌下小心滴加1.2mL浓硫酸，混合均匀，将反应瓶置于磁力搅拌加热器中，加热回流1h。

反应结束后，将盛有混合物的烧瓶浸入冷水浴中，使反应瓶内的溶液冷却，然后在不断振摇下加入16mL饱和食盐水，将反应混合物倾至分液漏斗中，将有机层分开。然后在搅拌下加入20%碳酸钠溶液至反应混合物呈弱碱性，加入8mL乙酸乙酯萃取，搅拌充分后转移至分液漏斗中，充分振荡，静止分层，弃去水层。将上面有机相转入小烧杯中，加入0.8g无水硫酸镁进行干燥，体系变澄清后，过滤到单口烧瓶中，蒸馏除去溶剂即得产品。称量质量，计算产率。

五、注意事项

(1) 反应用仪器一定要干燥，否则将降低水杨酸甲酯的产率。
(2) 反应过程中温度不能过高，否则生成的酯容易分解，影响产率。
(3) 用饱和碳酸氢钠洗涤的目的是除去杂质酸类（硫酸和水杨酸），注意排放二氧化碳。
(4) 加无水硫酸镁的目的是干燥水杨酸甲酯。

六、思考题

(1) 本反应为什么要加入浓硫酸？
(2) 甲醇和水杨酸的摩尔比是多少？为什么？
(3) 本实验从回流装置改成蒸馏装置这一过程的操作顺序及注意事项是什么？
(4) 产品为什么要用碱洗和水洗？

实验 5-2 香豆素-3-羧酸的制备

一、实验目的

(1) 学习利用 Knoevenagel 缩合反应制备香豆素的原理和实验方法。
(2) 了解酯水解法制羧酸。

二、实验原理

本实验以水杨醛和丙二酸二乙酯在六氢吡啶存在下发生 Knoevenagel 缩合反应制得香

豆素-3-羧酸酯,然后在碱性条件下水解制得目标产物。

反应式为:

$$\underset{\text{OH}}{\overset{\text{CHO}}{\bigcirc}} \xrightarrow[\text{CH}_2(\text{COOC}_2\text{H}_5)_2]{\text{HN}\bigcirc} \underset{\text{O}}{\overset{\text{COOC}_2\text{H}_5}{\bigcirc\bigcirc}} \xrightarrow{\text{KOH}} \underset{\text{O}}{\overset{\text{COOK}}{\bigcirc\bigcirc}}$$

$$\xrightarrow{\text{H}^+} \underset{\text{O}}{\overset{\text{COOH}}{\bigcirc\bigcirc}}$$

三、仪器和试剂

仪器:50mL 圆底烧瓶,干燥管,冷凝管,抽滤瓶,布氏漏斗,循环水式真空泵,电热套。

试剂:水杨醛,丙二酸二乙酯,无水乙醇,50%乙醇,25%乙醇,六氢吡啶,冰乙酸,浓盐酸,氢氧化钾,无水氯化钙。

四、实验步骤

1. 香豆素-3-羧酸酯的制备

向 50mL 圆底烧瓶中依次加入 1.7mL 水杨醛、2.8mL 丙二酸二乙酯、10mL 无水乙醇、0.2mL 六氢吡啶和 1 滴冰乙酸。装上配有无水氯化钙干燥管的球形冷凝管,在无水条件下回流加热 2h,待反应物稍冷后拿掉干燥管,从冷凝管顶端加入约 12mL 冷水。待结晶析出后,抽滤,并用 2～3mL 被冰水冷却过的 50%乙醇洗 2 次,可得粗品香豆素-3-羧酸酯。用 25%乙醇重结晶,干燥后可得纯品,熔点为 93℃。

2. 香豆素-3-羧酸的制备

向 50mL 圆底烧瓶中加入 2g 香豆素-3-羧酸乙酯、1.5g 氢氧化钾、10mL 乙醇和 5mL 水,装上冷凝管,水浴加热使酯溶解,继续加热回流约 15min。冷却后将反应产液倒入盛有 5mL 浓盐酸和 25mL 水的锥形瓶中,边倒边摇动,可观察到有白色结晶析出。冰浴冷却后过滤,用少量冰水洗涤,干燥后得粗品,可用水重结晶,得纯品,熔点为 190℃(分解)。

五、注意事项

(1)实验中除了加六氢吡啶外,还加入少量冰乙酸,反应过程很可能是水杨醛先与六氢吡啶在酸催化下形成亚胺化合物,然后再与丙二酸二乙酯的负离子反应。

(2)用冰过的 50%乙醇洗涤,可以减少酯在乙醇中的溶解。

六、思考题

(1)试写出用水杨醛制香豆素-3-羧酸的反应机理。

(2)在羧酸盐酸化得到羧酸沉淀并析出的操作中应如何避免酸的损失,提高酸的产量?

实验 5-3 引发剂过氧化环己酮的合成与应用

一、实验目的

(1) 了解过氧化物的性质。
(2) 掌握引发剂过氧化环己酮的制备原理和实验方法。
(3) 了解过氧化环己酮的应用。

二、反应原理

过氧化环己酮是白色或淡黄色的固体粉末,熔点为 77~79℃,不溶于水而易溶于许多有机溶剂。由于分子中含低键能的过氧键,受热易分解而产生反应活性极高的自由基,所以过氧化环己酮主要作为引发单体进行聚合的引发剂。它还是涂料和胶粘剂的常用固化剂,主要用于固化不饱和聚酯树脂,在玻璃钢制品、高级聚酯家具、不饱和聚酯胶粘剂和不饱和聚酯胶粘腻子(原子灰)等产品的制造中起重要的作用。

环己酮在无机酸(一般是硝酸或盐酸)的催化下,被过氧化氢氧化成过氧化环己酮。反应过程放热,为了防止产物过氧化环己酮和试剂过氧化氢受热分解,混合反应物时需在冷却下(在冰浴上或向反应混合物中直接加冰)进行,严格控制反应温度在 20℃以下。但要注意不可把温度降得过低,以免反应过于缓慢而导致反应不完全。

$$\text{环己酮} + HOOH \longrightarrow \text{2-过氧化环己酮}$$

三、仪器和试剂

仪器:100mL 三口烧瓶,滴液漏斗,电动搅拌器,温度计,抽滤瓶,布氏漏斗,循环水式真空泵,滤纸。

试剂:环己酮,30%过氧化氢,15%盐酸,邻苯二甲酸二丁酯。

四、实验步骤

在 100mL 三口烧瓶上安装滴液漏斗、电动搅拌器和温度计,不可密封。加入 10g 环己酮,用冰水浴冷却至 5~8℃。另外,在小烧杯中加入 13g 30%过氧化氢,用冰水冷却至 5~8℃。在搅拌下将预冷过的过氧化氢慢慢滴入环己酮中,在滴加过程中瓶内物料的温度上升,需注意用水进行有效的冷却,并控制滴加速度,使反应温度保持在 10~20℃。然后慢慢滴加预冷至约 5℃的 2g 15%盐酸,开始滴加盐酸时温度上升较快,亦需控制滴加速度和进行有效的冷却,使反应温度不高于 20℃。加酸完毕后,在温度为 10~20℃时继续搅拌反应 0.5h,在此期间逐渐有产物过氧化环己酮晶体析出。加入 20mL 温度为 10~20℃的去离子水以稀释反应液,继续反应 0.5h。

将反应液抽滤,用去离子水洗涤晶体至中性,再抽滤,晾干,得到过氧化环己酮晶体。干燥过的过氧化环己酮晶体与等质量的邻苯二甲酸二丁酯混合,搅拌成为悬浮状,装入瓶内并在低温下保存。

五、注意事项

(1)过氧化物易爆炸,其固体不能烘干、研磨、捣碎、撞击等。

(2)为了节省时间,当产品已经抽滤干时,可用适量邻苯二甲酸二丁酯洗涤产品,带走产品中的少量水,再加等量的邻苯二甲酸二丁酯,配成悬浮浆保存。

六、思考题

(1)过氧化环己酮作为引发剂的反应机理是什么?

(2)过氧化环己酮受热分解成什么产物?

(3)过氧化环己酮遇到过度金属离子发生什么反应?

实验 5-4 抗氧剂双酚 A 的合成

一、实验目的

(1)掌握抗氧化剂双酚 A 的合成原理和方法。

(2)掌握有机化合物的分离方法。

(3)了解抗氧化剂双酚 A 的化学特性和主要用途。

二、实验原理

双酚 A 的化学名为 2,2′-二对羟基苯基丙烷,为无色结晶粉末,熔点为 155~158℃,密度为 1.95(20℃),溶于甲醇、乙醇、异丙醇、丁醇、乙酸、丙酮及二乙醚,微溶于水,易被硝化、卤化和磺化等。双酚 A 是一种用途很广泛的化工原料,它是双酚 A 型环氧树脂及聚碳酸酯等化工产品的合成原料,还可以用作聚氯乙烯塑料的热稳定剂,电线防老剂,油漆、油墨等的抗氧剂和增塑剂。

双酚 A 的合成方法有很多种,但主要是通过苯酚和丙酮的缩合反应来制备,不同之处在于采用的催化剂有差别。本实验采用苯酚和丙酮作为主要原料,以硫酸作为催化剂合成抗氧剂双酚 A。

$$2 \langle \text{C}_6\text{H}_4 \rangle\text{OH} + \text{CH}_3\text{COCH}_3 \xrightarrow{\text{H}_2\text{SO}_4} \text{HO}\langle \text{C}_6\text{H}_4 \rangle\text{C}(\text{CH}_3)_2\langle \text{C}_6\text{H}_4 \rangle\text{OH} + \text{H}_2\text{O}$$

三、仪器与试剂

仪器:250mL 三口烧瓶,球形冷凝管,温度计,磁力加热搅拌器,抽滤瓶,布氏漏斗,循环水式真空泵,滤纸。

试剂:苯酚,丙酮,80%硫酸,巯基乙酸,甲苯。

四、实验步骤

取 250mL 三口烧瓶,配有温度计、球形冷凝管、滴液漏斗和磁力加热搅拌器。依次加入 19g 苯酚、45mL 甲苯,在 25℃ 搅拌下滴加 26g 80% 硫酸,并将温度维持在 28℃ 以下。在搅拌下加入助催化剂硫基乙酸 0.2g,然后搅拌下滴加 7g 丙酮,控制滴加速度,使反应温度控制在 30~35℃,不得超过 40℃,约在 0.5h 内滴加完,同温下反应 2.0~2.5h。

将物料移入分液漏斗,用 38~42℃ 热水洗涤 3 次,第一次用水量为 30mL,第二、三次用水量均为 50mL。静止分层,分出有机层并移至烧杯中,用冷水冷却,并不时搅拌,析出结晶,抽滤,用冷水洗涤滤饼,尽可能抽干,得粗双酚 A。

粗产品用甲苯重结晶。烘干、称重,计算产量与产率。纯双酚 A 为无色结晶粉末,熔点为 155~158℃,相对密度为 1.95(20℃)。

五、注意事项

(1)苯酚的凝固点很低,在取出使用之前可先将整个试剂瓶放在 70℃ 热水中熔融。
(2)通过控制浓硫酸滴加速度和冷水浴,控制反应温度。
(3)反应温度控制在 18~20℃,若反应温度过高,丙酮易被挥发掉;若反应温度过低,则不利于产物的生成。
(4)烘干双酚 A 产品时,应先在 50~60℃ 烘干 4h,再在 100~110℃ 烘干 4h。

六、思考题

(1)除了本实验中所用到的方法外,还有哪些制备双酚 A 的方法?
(2)本实验中为什么要加入硫酸?用其他酸代替行不行?若行,可以用什么酸代替?
(3)你认为本实验成功的关键是什么?

实验 5-5　Ⅱ号橙染料的合成及染色

一、实验目的

(1)通过实验,加深对重氮化和偶联反应的理解。
(2)掌握重氮盐制备时应严格控制的操作条件。
(3)了解纺织品的还原性染色、还原清洗、漂白等过程。

二、实验原理

Ⅱ号橙染料是一种偶氮类染料,结构如下图所示,其分子中的磺酸基是极性的,因而能与纤维上的极性位置紧密结合,广泛用于羊毛及丝织品的染色。

Ⅱ号橙染料合成的原理如下所述。

(1)对氨基苯磺酸的重氮化：

$$2H_2N-C_6H_4-SO_3H + 2Na_2CO_3 \longrightarrow 2H_2N-C_6H_4-SO_3Na$$

$$H_2N-C_6H_4-SO_3Na \xrightarrow{NaNO_2, HCl} NaO_3S-C_6H_4-N^+\equiv N$$

(2)2-萘酚的偶联：

$$NaO_3S-C_6H_4-N^+\equiv N + C_{10}H_7OH \xrightarrow{NaOH} \text{偶氮染料}$$

三、仪器和试剂

仪器：125mL锥形瓶，400mL烧杯，玻璃棒，抽滤瓶，布氏漏斗，循环水式真空泵，滤纸。

试剂：对氨基苯磺酸，2-萘酚，2.5%碳酸钠溶液，浓盐酸，10%氢氧化钠溶液，亚硝酸钠，保险粉(连二亚硫酸钠)，淀粉碘化钾试纸，饱和氯化钠溶液，硫酸钠，浓硫酸，尿素。

四、实验步骤

1. 对氨基苯磺酸的重氮化

在125mL锥形瓶里(瓶口小，小心爆沸)，将4.8g对氨基苯磺酸结晶(慢慢加入)溶解在沸腾的50mL 2.5%碳酸钠溶液中。将溶液冷却(必须冷却，否则得不到白色重氮盐)，再加入1.9g亚硝酸钠，搅拌使之溶解。将此溶液倒入装有约25g冰及5mL浓盐酸的烧瓶中，在1～2min内应有粉状白色的重氮盐沉淀析出。用淀粉－碘化钾试纸检验，保持溶液温度在0～5℃，放置15min，以保证反应完全。此物料会在后面使用，产物不用收集。

2. 2-萘酚的偶联

在400mL烧杯里，将3.6g 2-萘酚溶于20mL冷的10%氢氧化钠溶液中，并在搅拌下将重氮化了的对氨基苯磺酸的悬浮体倒入此溶液中(并冲洗之)。偶联反应发生得很快，由于存在着相当过量的钠离子(加入碳酸钠、亚硝酸钠和碱所产生的)，故染料很容易以钠盐形式从溶液中分离出来。将这种结晶浆彻底搅拌，使之很好混合，在5～10min后将此混合物加热至固体溶解，再加入10g氯化钠，进一步减小产物的溶解度。加热并在搅拌下使物料完全溶解，再将其静置，稍稍冷却后，用冰水浴冷却。减压抽滤，用饱和氯化钠溶液把物料从烧杯中洗出来，洗去滤饼上的暗色母液。

产物滤出后慢慢地干燥，它含有约20%氯化钠。粗产率是无足轻重的，所得物料在纯化前无需干燥。这一固体的偶氮染料在水中的溶解度太大而不能从水中结晶出来，可以将饱和氯化钠溶液加入已经滤过的热水中，再冷却，即得到满意的晶形。

最好的结晶是从乙醇水溶液中得到的。从乙醇水溶液中分离出来的Ⅱ号橙带有两分子结晶水。如果在120℃干燥时失去结晶水,则此产物变成火红色。

3. 染色实验

(1)用0.5gⅡ号橙染料(粗产品)、5mL硫酸钠溶液(1∶10)、300mL水及5滴浓硫酸一起配成染料浴,在接近沸点的温度下把一片试布放在染料浴中浸5min,然后将试布捞出并冷却。

(2)将这片染过色的布取一半重新放入染料浴中,加入碳酸钠使溶液变成碱性,再加保险粉(连二亚硫酸钠)至染料浴的颜色消除为止。

五、注意事项

(1)重氮化和偶联反应均需在0~5℃的低温下进行。

(2)偶联反应也要控制在较低的温度下进行,要不断搅拌,还要控制反应介质的pH。

(3)对氨基苯磺酸通常含有两个分子的结晶水。由于它是两性化合物,且酸性比碱性强,所以它以酸性内盐的形式存在。

(4)淀粉—碘化钾试纸若不显蓝色,可以补加少量亚硝酸钠,直到试纸刚显蓝色。若亚硝酸钠过量,会加速重氮盐分解,可用尿素使亚硝酸分解。

六、思考题

(1)什么叫重氮化反应?在本实验制备重氮盐时,为什么要把对氨基苯磺酸变成钠盐?如改成先将对氨基苯磺酸与盐酸混合,再滴加亚硝酸钠溶液进行重氮化反应,可以吗?为什么?

(2)什么叫偶联反应?试结合本实验讨论偶联反应的条件。

(3)将被Ⅱ号橙染料染过色的布重新放入浴中,加入碳酸钠使溶液变成碱性,再加保险粉至染料浴的颜色消除,这样做的原因是什么?

实验5-6 相转移催化法合成苯甲醇

一、实验目的

(1)了解相转移催化反应的原理,学习利用相转移催化反应制取苯甲醇的方法。
(2)复习搅拌、加热回流、萃取、干燥、常压蒸馏等实验方法。
(3)掌握苯甲醇的分离方法。

二、实验原理

苯甲醇(benzyl alcohol),别名"苄醇",为无色液体,具有微弱的花香,沸点为205℃,相对密度为1.041(20℃),折光率为1.539(20℃)。苯甲醇是一种极有用的定香剂,是茉莉、月下香等香型调制时不可缺少的香料,既可用于配制香皂、日用化妆香料,又可用于制药和合成化学工业品。由于苯甲醇能缓慢地自然氧化,生成苯甲醛和苄醚,故不宜久存。市售产品常带有杏仁香味,即一部分苯甲醇已氧化为苯甲醛。

苯甲醇的合成方法较多,本实验采用苯氯甲烷水解的方法制备苯甲醇。水解反应在碱性水溶液中进行。由于卤代烃均不溶于水,这个两相反应进行得很慢,并且需要强烈搅拌。如果加入相转移催化剂,如四乙基溴化铵,反应时间则可以大大缩短。

反应式如下:

主反应:

$$2 \; C_6H_5CH_2Cl + K_2CO_3 + H_2O \longrightarrow 2 \; C_6H_5CH_2OH + 2KCl + CO_2 \uparrow$$

副反应:

①苯氯甲烷中有二氯化物杂质存在,在水解时生成苯甲醛。

$$C_6H_5CHCl_2 + K_2CO_3 + H_2O \longrightarrow C_6H_5CHO + 2KCl + CO_2$$

②苯氯甲烷和苯甲醇在碱存在下相互作用生成二甲苯醚。

$$C_6H_5CH_2Cl + C_6H_5CH_2OH \xrightarrow{OH^-} C_6H_5CH_2-O-CH_2C_6H_5 + HCl$$

三、仪器和试剂

仪器:250mL 三口烧瓶,电动搅拌器,温度计(0~100℃、0~200℃),球形冷凝管,滴液漏斗,电热套,分液漏斗。

试剂:苯氯甲烷,碳酸钾,50%四乙基溴化铵水溶液,亚硫酸氢钠,乙醚。

四、实验步骤

向装有电动搅拌器的 250mL 三口烧瓶中加入 100mL 碳酸钾水溶液(11g 碳酸钾溶于100mL 去离子水中)和 2mL 50%四乙基溴化铵水溶液,再加几粒沸石。装上球形冷凝管和滴液漏斗,在滴液漏斗中装入 10.1g 苯氯甲烷。开动搅拌器,用电热套加热至回流,并将苯氯甲烷滴入三口烧瓶中。滴加完毕后,继续搅拌加热回流,直至油层不再沉到瓶底(暂停搅拌并观察)。此时苯氯甲烷的气味消失,则可认定反应已完成,反应时间为 1.5~2.0h,若不加相转移催化剂四乙基溴化铵,反应需 6~8h 完成。

停止加热,冷却到 30~40℃,将反应液转移到分液漏斗中,分出油层。将碱液层用30mL 乙醚分 3 次萃取。萃取液和粗苯甲醇溶液合并后,加入 0.7g 亚硫酸氢钠,稍加搅拌,并用去离子水洗涤数次至不呈碱性为止。分去水层,得到粗苯甲醇。再用无水硫酸镁或碳酸钾除去粗苯甲醇中混有的水分。

五、注意事项

(1)因苯氯甲烷可溶解橡胶,故水解装置各接口应为玻璃磨口。

(2)苯氯甲烷有腐蚀性,加料时要小心,不要弄到皮肤上。一旦洒到皮肤上,要立即用水冲洗,再用肥皂水洗。

(3)相转移催化剂四乙基溴化铵可用三乙基苄基氯化铵代替。

(4)虽然加入了相转移催化剂,但反应中仍然需要搅拌来加快相转移的速度。

(5)反应结束后,温度冷却到30~40℃为宜,过低的温度会有固体析出,影响下一步的分离操作。

六、思考题

(1)还有哪些合适的方法可用于制备苯甲醇?写出反应方程式。
(2)本实验用碳酸钾作为苯氯甲烷的碱性水解试剂,有何优点?
(3)粗苯甲醇中为什么要加亚硫酸氢钠?写出反应方程式。
(4)简述相转移催化剂的催化原理。

实验 5-7　丙交酯的制备及聚乳酸的合成

一、实验目的

(1)掌握丙交酯制备的原理和方法。
(2)掌握重结晶法纯化丙交酯的操作。
(3)掌握开环聚合法合成聚乳酸的原理和方法。

二、实验原理

聚乳酸是最重要的一类可降解聚合物,由于其单体来源广泛且具有环境友好性,故近年来在许多领域已部分代替了传统塑料。聚乳酸的合成方法主要有2种,一是乳酸直接缩聚法,二是丙交酯开环聚合法。

乳酸缩聚法得到的聚合物的分子量往往较小,而且分子量分布较宽。相对而言,丙交酯开环聚合法得到的聚合物的分子量、分子量分布都能通过引发体系得到很好的控制,所以近年来的研究中往往采用第二种方法。

$$\text{乳酸} \xrightarrow{-H_2O} \text{聚乳酸} \tag{1}$$

$$\text{丙交酯} \xrightarrow{catalyst/initator} \text{聚乳酸} \tag{2}$$

开环聚合需要高纯度的丙交酯,所以制备丙交酯是进行聚合的前提。一般采用乳酸寡聚物热解环化的方法来制备丙交酯,粗产品的纯度一般为70%~80%,更高纯度的丙交酯需要通过对粗产品进行重结晶来制备,溶剂一般采用乙酸乙酯。由于丙交酯分子内有两个酯键,且环张力较大,对水敏感,所以重结晶的溶剂需要进行无水处理。

三、仪器与试剂

仪器：油浴，250mL 圆底烧瓶，蒸馏头，直形冷凝管，空气冷凝管，多头接引管，100mL 圆底烧瓶，接引管，250mL 锥形瓶。

试剂：乳酸，辛酸亚锡，对甲基苯磺酸，苯甲酸，对苯二甲醇，甲醇。

四、实验步骤

1. 丙交酯的制备

取一定量的乳酸置于 250mL 圆底烧瓶中，在油泵减压下 130℃ 脱水至无液体产生。降温至 100℃，加入催化剂辛酸亚锡、对甲基苯磺酸各 1‰，控制真空度，逐渐升温至 180℃，在真空下继续反应 1h，然后升温至 200℃。在 200℃ 真空下继续反应，至无丙交酯（白色晶体）产生。粗产品为白色晶体，同时还有黄色液体。计算粗产品产率，用气相色谱表征产品纯度。

2. 丙交酯的纯化

将所得丙交酯粗产品加入 100mL 圆底烧瓶，向烧瓶中加入经过无水处理的乙酸乙酯，溶解丙交酯，然后搅拌回流，继续加热 10min，冷却至室温，过滤。重复上述步骤，直至产品无黄色。

3. 丙交酯开环聚合反应

称取 2g 丙交酯和 20mg 对苯二甲醇，经真空处理后，加入 6mL 经过无水处理的二氯甲烷，置于 40℃ 油浴中，加入辛酸亚锡催化剂进行聚合。反应完成后加入终止剂苯甲酸，冷却，将产物滴加至 50mL 甲醇中，沉淀并析出聚合物，抽滤。真空干燥后称量质量，计算聚合物产率。

五、注意事项

(1) 真空度是制备丙交酯的一个重要因素，只有足够高的真空度才能保证丙交酯的蒸出。

(2) 在产生丙交酯的过程中，部分产品可能凝结在冷凝管壁上，长时间可能引起冷凝管的堵塞，可以用吹风机加热使其脱落。

(3) 丙交酯的纯度是保证聚合正常进行的关键，不纯的丙交酯可能导致催化剂失活。

六、思考题

如何提高丙交酯合成反应的收率？

实验 5-8　聚乙烯醇缩甲醛胶水的制备

一、实验目的

(1) 了解聚合物官能团化学反应的基本特征。
(2) 掌握聚乙烯醇缩甲醛的制备方法。

二、实验原理

聚乙烯醇可以与醛类（如甲醛、乙醛、丁醛）进行特征反应——缩醛反应,生成六元环缩醛结构。聚乙烯醇缩甲醛是由聚乙烯醇相邻的羟基与甲醛作用,生成 1,3-二氧六环的环状物,其反应可表示为：

当然,醛的羰基也可能与两个聚乙烯醇大分子中的两个羟基进行缩醛反应,这样就会形成大分子之间交联的网形结构的聚合物。甲醛化反应可分为 2 种,一种是在聚乙烯醇的水溶液中进行；另一种是利用固体的聚乙烯醇进行反应。聚乙烯醇纤维在水溶液中反应时,醛基沿着聚乙烯醇的链不规则性地与羟基反应。但是在固体反应中情况就不同了,试剂进入聚乙烯醇的非结晶部分进行反应,结晶部分则不反应。低温下,聚乙烯醇若经 200℃ 热处理,结晶度可达 50% 以上。结晶度低的易溶于水,结晶度高的则不易溶于水,经 200℃ 热处理的聚乙烯醇固体,即使在 80℃ 热水中也不溶。维尼纶纤维的生产原理就是将聚乙烯醇纤维延伸并进行热处理,使结晶度提高之后再进行甲醛化反应。经适度的甲醛化后,有少量的交联发生,变成热水不溶也不收缩的纤维。

三、仪器和试剂

仪器：250mL 三口烧瓶,球形冷凝管,搅拌器,小型水浴,滴液漏斗,温度计。
试剂：聚乙烯醇(PVA),37% 甲醛水溶液,去离子水,1∶4 盐酸,8% NaOH 溶液。

四、实验步骤

向 250mL 三口烧瓶中加入 7g 聚乙烯醇及 70mL 去离子水,水浴加热至 95℃,搅拌,使聚乙烯醇全部溶解。溶解后将温度降至 85℃,加入约 0.5mL 1∶4 盐酸,调节反应体系的 pH 为 1～3。再加入 3mL 甲醛(37%),在 90℃ 下搅拌反应 40～60min,体系逐渐变稠,可取少许产品用纸试验其粘接性。当有满意的粘接性后,立即加入 1.5mL 8% NaOH 溶液,调节反应体系的 pH 为 8~9。冷却后将无色透明黏稠的液体从三口烧瓶中倒出,即得聚乙烯醇缩甲醛胶水。

五、注意事项

(1) 整个反应过程中搅拌要充分均匀,当体系变黏稠,出现气泡或有絮状物产生时,应马上加入 NaOH 溶液,终止反应。

(2) 工业上生产胶水时,为了降低游离甲醛的含量,常在 pH 调整至 7~8 后加入少量尿素,发生脲醛化反应。

六、思考题

(1) 如何加速聚乙烯醇的溶解?
(2) 最后加入 NaOH 溶液的作用是什么?

实验 5-9 水溶性酚醛树脂胶粘剂的制备

一、实验目的

(1) 学习胶粘剂的基本知识。
(2) 掌握水溶性酚醛树脂的制备方法和实验技术。

二、实验原理

酚醛树脂是最早用于胶粘剂工业的合成树脂,至今仍大量用于木材加工工业中。酚醛树脂是由酚类(苯酚、甲基苯酚和间苯二酚等)与醛类(主要是甲醛,也可以用糠醛)缩合得到的产物。工业用的酚醛树脂分为线型酚醛树脂和热固型酚醛树脂两类,它们在结构、制法、性能和应用等方面大不相同。

使用最普遍的酚醛树脂是以苯酚和甲醛为原料,在酸或碱的催化下进行缩合反应而制成的树脂。在酸性介质中,苯酚与甲醛反应,生成线型结构的化合物,其结构可示意如下:

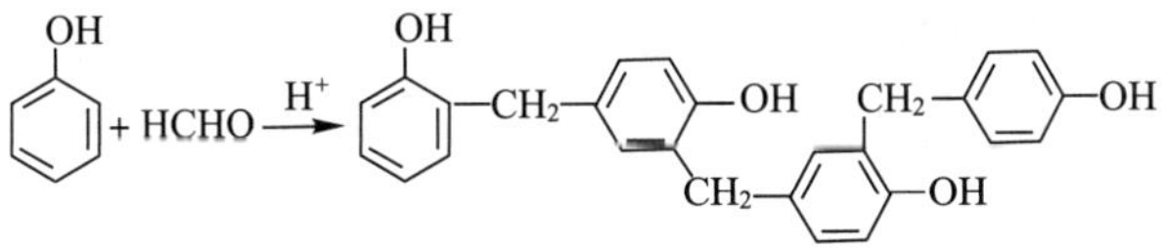

由于甲醛和苯酚加成反应的速度远低于缩合生成的羟甲基进一步缩合的速度,所以在线型酚醛树脂中基本上不存在羟甲基。甲醛的加成及羟甲基的缩合可在苯环上酚羟基的邻位或对位上发生,反应产物的结构极为复杂。分子中未被取代的酚羟基的邻位和对位都是活性点,在固化时将与固化剂作用,发生主链的增长和交联。

在碱性介质中,羟甲基的缩合反应比甲醛与苯酚的加成反应要慢,因此,在反应初期生成大量的羟甲基取代酚。

羟甲基苯酚进一步缩合,转变为高度支化的低聚物,可溶于水及有机溶剂的产物称为第一阶段(A阶,甲阶)酚醛树脂或可溶性酚醛树脂。随着反应进程的深入,产物分子量不断增大,生成不溶于水的第二阶段(B阶,乙阶)可凝性酚醛树脂。B阶树脂进一步缩合,转化为不溶不熔的第三阶段(C阶,丙阶)酚醛树脂。用作胶粘剂的酚醛树脂都是A阶树脂,涂敷之后经过热处理,经B阶最后转化为不溶不熔的体型C阶树脂。

本实验以氢氧化钠为催化剂,用苯酚和过量的甲醛为原料,得到相对分子量较低(400~1000)的、水溶性的(A阶)、未经改性的酚醛树脂胶粘剂。各种原料的摩尔比是苯酚∶甲醛∶氢氧化钠∶水＝1∶1.5∶0.25∶7.5。其中加水量是添加的水量、甲醛含水量及碱液含水量之和。

三、仪器与试剂

仪器:250mL三口烧瓶,温度计,量筒,烧杯,水浴锅或电热套,电动搅拌器,球形冷凝管,滴液漏中,电子天平。

试剂:37%甲醛溶液,40%氢氧化钠溶液,苯酚。

四、实验步骤

在250mL三口烧瓶上安装电动搅拌器、回流冷凝器、温度计和滴液漏斗(温度计可放在冷凝管内),加入20g苯酚,开动搅拌器,加入5.3g 40%氢氧化钠溶液和5mL水,加热到40~50℃并保持20min,然后在该温度下滴加22g 37%甲醛溶液,0.5h加完。然后控制温度为45~50℃,搅拌0.5h后,逐渐升高温度,在95℃保持30min,冷却至80℃,再滴加4g 37%甲醛溶液和4mL水,再升温至95℃左右搅拌30min,冷却至室温,即得酚醛树脂胶粘剂。

五、注意事项

(1)注意控制温度和反应时间。
(2)实际加水量应包括甲醛和氢氧化钠溶液中的含水量。

六、思考题

(1)整个反应过程中,为什么要控制升降温度?
(2)热固性酚醛树脂和热塑性酚醛树脂在甲醛和苯酚的配比上有何不同?各用什么作催化剂?

实验 5-10　高吸水性树脂的制备

一、实验目的

(1) 了解高吸水性树脂的基本功能及其用途。
(2) 了解合成聚合物类高吸水性树脂制备的基本方法。
(3) 了解逆向悬浮聚合制备亲水性聚合物的方法。

二、实验原理

高吸水性树脂的吸水原理:高吸水性树脂一般为含有亲水基团和交联结构的高分子电解质。吸水前,高分子链相互靠拢绕缠在一起,彼此交联成网状结构,从而达到整体上的紧固。与水接触时,因为吸水树脂上含有多个亲水基团,故首先进行水润湿,然后水分子通过毛细作用及扩散作用渗透到树脂中,链上的电离基团在水中电离。链上同离子之间的静电斥力使高分子链伸展溶胀。由于电中性要求,反离子不能迁移到树脂外部,故树脂内外部溶液间的离子浓度差形成反渗透压。水在反渗透压的作用下进一步进入树脂中,形成水凝胶。同时,树脂本身的交联网状结构及氢键作用又限制了凝胶的无限膨胀。

高吸水性树脂的吸水性受多种因素的制约,归纳起来主要有结构因素、形态因素和外界因素 3 个方面。结构因素包括亲水基的性质、数量、交联剂种类和交联密度,树脂分子主链的性质等。形态因素主要指高吸水性树脂的产品形态,增大树脂的表面有利于在较短时间内吸收较多的水,达到较高吸水率,因而将树脂制成多孔状或鳞片,可保证其吸水性。外界因素主要包括吸收时间和吸收液的性质。

本实验以丙烯酸为聚合单体,N,N'-亚甲基双丙烯酰胺为交联剂,过硫酸钾为引发剂,Span 80 和 OP-10 为分散剂,在有机溶剂环己烷中进行逆向悬浮聚合。

三、试剂与试剂

仪器:四口烧瓶,球形冷凝管,100℃温度计,烧杯,布氏漏斗,抽滤瓶,恒温水浴槽,电动搅拌器,滴液漏斗,干燥器,滤纸。

试剂:丙烯酸,N,N'-亚甲基双丙烯酰胺,过硫酸钾,Span 80,OP-10,环己烷,氢氧化钠,亚硫酸钠,乙醇,0.9%盐水。

四、实验步骤

1. 吸水树脂的制备

在装有电动搅拌器、滴液漏斗、回流冷凝管、温度计、氮气导管的四口烧瓶中,加入 60mL 环己烷和适量的 Span 80 和 OP-10(单体质量的 0.2%~0.3%),分散剂 Span 80∶OP-10＝1∶1。搅拌使其溶解,同时将 30mL 丙烯酸加于锥形瓶内,在冰水冷却的条件下,缓慢滴入一定浓度的氢氧化钠溶液,中和至较合适的中和度(75%)。然后加入 0.01g N,N'-亚甲基双丙烯酰胺和 0.05～0.06g 过硫酸钾,搅拌至均匀,制备出混合溶液,然后将混合溶液加入四口烧瓶中。在氮气保护下,水浴加热至 50℃,在一定搅拌速度下,于 1h 内将 0.05g 亚硫酸钠水溶液用滴液漏斗匀速滴入四口烧瓶中,进行聚合反应。滴加完毕后,继续反应 3h,搅拌,待温度降至室温后过滤,得白色微珠状共聚树脂。120～140℃ 干燥,粉碎,测定其吸水量和吸水速率。

2. 吸水率测定

称取 3 份粉碎后的树脂(每份 1.0g),分别加入 1000mL 去离子水、自来水和 0.9% 食盐水,静置 2h 后用 100 目尼龙网过滤,在布氏漏斗上静置 30min。然后称量吸水后的树脂质量,求出吸液率。

五、注意事项

逆向悬浮聚合的分散稳定性往往不够好,因此,在聚合过程中,搅拌要平稳,千万不要中途停下。

六、思考题

(1) 讨论高吸水性树脂的吸水机理。
(2) 比较高吸水性树脂对自来水与去离子水的吸水率,讨论引起两者差别的原因。
(3) 试举几个你所知道的高吸水性树脂应用的例子(如卫生及医用材料、农业园艺、土木建设、食品加工和日常用品等方面)。

实验 5-11　2,3-二甲基吲哚的合成与表征

一、实验目的

(1) 了解杂环化合物合成的概念,掌握吲哚类合成原理及方法。
(2) 了解在不同的酸度催化下得到的产物不同,即 2-乙基吲哚或 2,3-二甲基吲哚。
(3) 用红外表征合成的是 2-乙基吲哚还是 2,3-二甲基吲哚。
(4) 用元素分析仪测定各元素的比例,了解元素分析仪的操作方法及原理。

二、实验原理

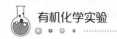

三、仪器和试剂

仪器:100mL 三口烧瓶,电动搅拌器,球形冷凝管,滴液漏斗,红外光谱仪,核磁共振仪,元素测定仪。

试剂:浓硫酸,苯肼,甲乙酮,碳酸钠,石油醚,乙醇。

四、实验步骤

1. 2,3-二甲基吲哚的合成

向装有搅拌器、冷凝管和滴液漏斗的 100mL 三口烧瓶中加入 39mL 水、10g 浓硫酸,搅拌下加 5.4g 苯肼,生成的白色固体肼盐浮于液面,待稍升温后肼盐溶解。当温度升到 75℃时,开始滴加 3.63g 甲乙酮。滴加过程中,温度不超过 85℃,滴加完毕后升温,90~95℃下保温反应 2h。移去热源,冷却到 50℃以下,用碳酸钠中和至中性,然后抽滤,干燥,得粗产品。用石油醚或乙醇重结晶得到粒状或片状晶体,颜色近白色。称重,计算产率。

2. 产品表征

(1) 用熔点仪测定产品的熔点。
(2) 用红外光谱仪和核磁共振仪鉴定产品。
(3) 用元素分析仪分析产品的 C、H、N 含量。

五、注意事项

本反应的重排和闭环的方向受酸度影响很大,实验表明:随着硫酸的增加,2-乙基吲哚也增加。产品发黏,硫酸的浓度在 30% 以下为好。如果想得到较纯的标准品,可减压蒸馏提纯,在实验室里很容易达到。

六、思考题

(1) 固体的减压蒸馏操作规范是什么?
(2) 硫酸的浓度对反应有什么影响?

实验 5-12　消炎镇痛药奥沙普秦的合成与表征

一、实验目的

1. 掌握药物合成(多步有机合成过程)的操作技术。
2. 掌握产品提纯(结晶、洗涤、重结晶等)的操作技术。
3. 掌握有机药物的红外、核磁等表征。
4. 用元素分析仪测定各元素的比例,了解元素分析仪的操作及原理。

二、实验原理

奥沙普秦(oxaprozin)是一种消炎镇痛药,其化学名为 4,5-二苯基噁唑-2-丙酸,化学分子式为 $C_{18}H_{15}NO_3$,结构式如下图所示。它是一种无臭、无味的白色结晶性粉末,熔点为 164~165℃,溶于苯、热甲醇,不溶于水、乙酸。

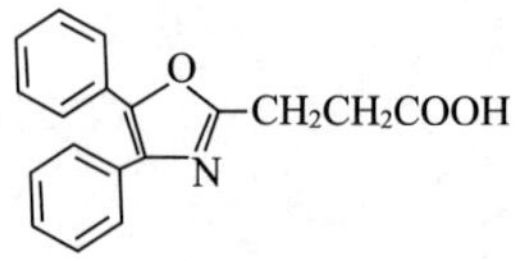

奥沙普秦

奥沙普秦是新型、长效、非甾体抗炎、解热镇痛药,属国家二类新药,临床上主治风湿、类风湿性关节炎、痛风等。其主要特点为疗效确切,副作用小,安全性、耐受性好;在抗炎、镇痛方面产生同等疗效时,所需用药量远远低于舒林酸、布洛芬、阿司匹林、保泰松等;药效持续长久,半衰期为50~60h,在同类药物中最长;一天仅需服用一次,十分便利。奥沙普秦的合成路线为:

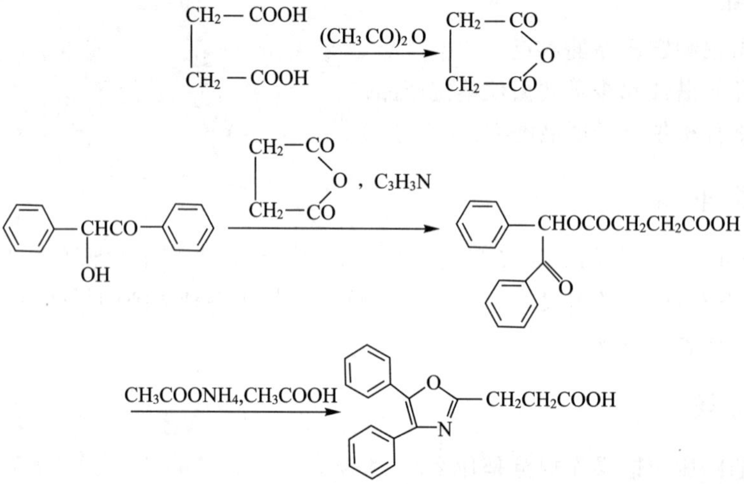

该合成路线具有反应步骤少、操作简单、设备无特殊要求、生产工艺稳定、收率高等优点。本实验以二苯乙醇酮、丁二酸、乙酸酐等为原料,按上述合成路线,分三步合成消炎镇痛药奥沙普秦,中间产物和产品分别经过滤、洗涤、干燥、结晶等操作进行提纯,所得产品分别用熔点仪、IR、^{1}H-NMR 和元素分析仪表征。

三、仪器和试剂

仪器:250mL 三口烧瓶,磁力搅拌器,球形冷凝管,温度计,250mL 烧杯,电热恒温鼓风干燥箱,数字熔点仪,红外光谱,核磁共振仪,元素分析仪。

试剂:丁二酸,乙酸酐,乙醚,二苯乙醇酮,吡啶,乙酸铵,冰乙酸,甲醇。

四、实验步骤

1. 丁二酸酐的制备

向干燥的250mL 三口烧瓶中加入36g 丁二酸、60mL 乙酸酐,在磁力搅拌的油浴上加热回流1h。反应完毕后,倒入经干燥的250mL 烧杯中,放置0.5h。经冷冻结晶、过滤、干燥后得粗品,用乙醚洗涤得白色结晶丁二酸酐(mp.119~120℃)。

2. 奥沙普秦的合成

称取由步骤1合成的丁二酸酐20g,加入经干燥的250mL 三口烧瓶中,同时加入32g 二苯乙醇酮和 18g 吡啶,在氮气保护下,在带磁力搅拌的油浴上于 90～95℃搅拌反应 1.5h 后,一次性加入 22g 乙酸铵和 75g 冰乙酸。继续保温搅拌反应 2～2.5h,再加水 40mL,同温度下保温搅拌 1h。反应完毕后,冷却至室温时析出结晶,经过滤、水洗、干燥得粗品。用甲醇重结晶得白色奥沙普秦结晶(mp.164～165℃)。

3. 产品表征

(1)用熔点仪测定产品的熔点。
(2)用红外光谱仪和核磁共振仪鉴定产品。
(3)用元素分析仪分析产品的 C、H、N 含量。

4. 对比实验

改变实验步骤 2 中的投料量、反应温度或反应时间,做对比实验(略)。

五、注意事项

(1)整个实验过程中注意仪器的干燥,不要人为地引入水分。
(2)用甲醇重结晶时注意毒性防护。

六、思考题

(1)指出奥沙普秦的 IR、^{1}H-NMR 谱图主要谱峰的归属。
(2)将奥沙普秦的理论 C、H、N 含量与元素分析结果比较,并讨论。
(3)试分析影响产率的因素。
(4)试写出合成奥沙普秦的反应机理。

实验 5-13 咪唑类离子液体的微波合成与表征

一、实验目的

(1)掌握微波合成仪的使用方法。
(2)了解和掌握咪唑类离子液体的微波合成原理和表征方法。

二、实验原理

离子液体是在室温或近于室温下呈液态的由离子构成的物质,又称"室温熔融盐"。离子液体按阳离子可分为烷基季铵离子$[NR_xH_{4-x}]^+$、烷基季磷离子$[PR_xH_{4-x}]^+$、烷基咪唑类$[R_1R_2R_3Im]^+$和烷基吡啶类$[RPy]^+$等;按阴离子可分为金属类(如$AlCl_4^-$、$CuCl_2^-$等)和非金属类(如BF_4^-、PF_6^-、NO_3^-、SbF_6^-、ClO_4^-、$CF_3SO_3^-$、$C_3F_7COO^-$、$C_4F_9SO_3^-$、CF_3COO^-等);按 Lewis 酸性可分为可调酸碱性的离子液体(如$AlCl_4^-$)和中性离子液体(如BF_4^-、PF_6^-、NO_3^-、SbF_6^-、ClO_4^-等)。几种离子液体的结构如下图所示。

$$\left[R_1-N\overset{+}{\underset{}{\bigcirc}}N-R_2 \right]\left[PF_6^-\right] \qquad \left[\overset{+}{\underset{R}{\bigcirc}}N\right]\left[PF_6^-\right]$$

$R_1:CH_3$

$R_2:C_4H_9,C_3H_7,C_2H_5$,etc. $R:C_4H_9,C_3H_7,C_2H_5,CH_3$,etc.

（烷基咪唑类）   （烷基吡啶类）

$[R_4N][MCl_3]$ $[R_4P][MCl_3]$

$R:C_4H_9,C_3H_7,C_2H_5$,etc. $R:C_4H_9,C_3H_7,C_2H_5$,etc.

季铵盐类   季铵盐类

  离子液体通常具有很多独特的性能，如较低的熔点、可调节的 Lewis 酸度、良好的导电性、较宽的电化学窗口、可以忽略的蒸气压、较宽的使用温度及特殊的溶解性等，并且其物理化学性质可因阳离子的取代基和阴离子的不同而改变，因此，可以设计、合成多种符合实际需要的离子液体。例如[BMIM]BF_4（四氟硼酸 1-丁基-3-甲基咪唑）可与水混溶，而含有阴离子 PF_6^- 的(BMIM)PF_6（六氟磷酸 1-丁基-3-甲基咪唑）则不能与水混溶。

  咪唑类离子液体是首先由烷基咪唑与卤代烷合成咪唑盐，即咪唑类离子液体中间体（如[BMIM]Cl），再由中间体与含有目标阴离子的盐或酸（如 $NaBF_4$、KPF_6 或 HBF_4、HPF_6），经过复分解法或酸碱中和而得到的离子液体。

  N-烷基咪唑与氯代正丁烷合成反应的实质是 N-烷基咪唑中的三级氮原子上生成四级胺盐的季铵化反应。由于 N-烷基咪唑环上的三级氮原子有一对孤对电子，所以其本身就是亲核体，因此合成反应又可看作亲核体（N-烷基咪唑）与中性极化分子 C_4H_9Cl 之间的反应。

  C_4H_9Cl 的 C—Cl 键可以发生均裂和异裂，分别生成自由基 $H_7C_3H_2C\cdot$ 或碳阳离子 $H_7C_3H_2C^+$，它们都能马上受到亲核体 N-烷基咪唑的进攻，生成稳定的产物氯化 1-丁基-3-甲基咪唑盐。由于反应体系的极性较大，随着反应产物[BMIM]Cl 的生成，反应体系极性增加，使自由基 $H_7C_3H_2C\cdot$ 发生反应的可能性迅速减少。因此，合成反应主要以碳阳离子 $H_7C_3H_2C^+$ 与亲核体反应生成产物为主。由此，反应的速率应与碳阳离子和亲核体 N-烷基咪唑浓度成正比。

  微波是一种强电磁波，比传统加热方式具有快速升温、立体加热、加快反应速率、提高反应选择性和产率、节省能源等优点，因而可以采用微波辐射的方法进行合成反应。在微波照射下能产生热力学方法得不到的高能态原子、分子和离子，可以迅速增加反应体系中自由基 $H_7C_3H_2C\cdot$ 或碳阳离子 $H_7C_3H_2C^+$ 的浓度，从而使[BMIM]Cl 的合成反应速率大大加快。

三、仪器和试剂

  仪器：循环水多用真空泵，微波催化合成/萃取仪，红外光谱仪，核磁共振仪，电子天平，真空干燥箱，电热恒温鼓风干燥箱，旋转蒸发仪，ZSD-2 型自动水分滴定仪，冰箱，磁力搅拌器，圆底烧瓶，100mL 三口烧瓶，球形冷凝管，温度计，锥形瓶，烧杯，布氏漏斗，抽滤瓶，药匙，胶头滴管，量筒，磁子等。

  试剂：N-甲基咪唑（蒸馏处理），氯代正丁烷，乙腈，[BMIC]（本实验室自制），丙酮，$NaBF_4$。

四、实验步骤

1. 氯化 1-丁基-3-甲基咪唑([BMIM]Cl)的微波合成

准确称取 12.330g N-甲基咪唑、13.790g 氯代正丁烷和 2g [BMIC]并加入 100mL 三口烧瓶中,将三口烧瓶放入微波合成仪中,安装好冷凝管。在微波功率 800W、反应温度 95℃下反应 1.5h,直至没有回流液,反应混合液变为澄清的均一相。向反应混合液中加入少许晶种([BMIM]Cl),放入冰箱中使其充分结晶。抽滤,滤饼用 3mL 乙腈洗涤 1 次,再用 2mL 乙腈洗涤 1 次,所得固体在室温下真空干燥 24h,得白色晶体,进行红外表征,计算产率。反应方程式如下:

$$\text{N-methylimidazole} + C_4H_9Cl \xrightarrow{microwave} [\text{CH}_3\text{-N(+)=N-C}_4H_9]^+ [Cl^-]$$

2. 四氟硼酸 1-丁基-3 甲基咪唑([BMIM]BF4)离子液体的合成

称取等摩尔(0.08mol)[BMIM]Cl 和 250mL 四氟硼酸钠并加入锥形瓶中,加入 60mL 丙酮,在室温下搅拌反应 24h。将反应混合物过滤,滤液经旋转蒸发得到淡黄色黏稠液体。液体在 50℃真空中干燥,然后进行红外光谱测试,确认产物。反应方程式如下:

$$[\text{CH}_3\text{-N(+)=N-C}_4H_9]^+[Cl^-] + NaBF_4 \xrightarrow{RT}_{24h} [\text{CH}_3\text{-N(+)=N-C}_4H_9]^+[BF_4^-] + NaCl\downarrow$$

3. 离子液体的鉴定

通过水分测定确认合成的离子液体中的含水量,利用红外光谱、^{1}H-NMR 等进行结构表征。

五、思考题

(1)称量 N-甲基咪唑和氯代正丁烷时应注意哪些事项?
(2)在微波合成[BMIM]Cl 时为什么要放少量的[BMIM]Cl?
(3)为什么要确认离子液体中的含水量?

实验 5-14 十二烷基硫酸钠的合成与性能测定(设计)

一、实验目的

(1)了解表面活性剂的基本性质及应用。
(2)学习表面活性剂的分离纯化技术。
(3)学习表面活性剂性质的测试方法。

二、实验原理

十二烷基硫酸钠,别名"月桂醇硫酸钠",是阴离子硫酸酯类表面活性剂的典型代表。它具有良好的乳化性、起泡性,可生物降解,耐碱及耐硬水等特点,广泛应用于化工、纺织、印染、制药、造纸、石油、化妆品和洗涤用品制造等各种工业部门。表面活性剂的开发与应用已成为一个非常重要的行业。通过本综合实验让学生掌握表面活性剂研究的最基本实验技术和知识。

三、仪器与试剂

实验前根据拟定的实验方案,列出详细的实验仪器名称,熟悉所涉及的仪器设备的使用原理,列出所用药品的规格、种类及用量。

四、实验内容

本实验为设计性实验,涉及十二烷基硫酸钠的合成、分离纯化、性能测试等知识点。具体要求如下:

(1)查阅文献。

(2)拟定实验方案(包括实验原理,实验所用的仪器和药品种类及用量,操作步骤,产物鉴定方法,表面张力和临界胶束浓度的测定方法,实验相关理化数据,安全注意事项等)。

(3)提交实验方案,教师审查其可行性。

(4)审查通过后进入实验室进行实验。

(5)以论文形式提交完整实验报告。

五、实验简介

表面活性剂是精细化工的重要产品,素有"工业味精"之称,它几乎渗透到一切技术经济部门。当今表面活性剂的世界产量已超过百万吨,品种在百万种以上。表面活性剂是这样一类物质,在溶剂中加入少量时即能显著降低其表面张力,改变体系的界面状态,从而产生润湿、乳化、分散、增溶、起泡、渗透、洗涤、抗静电、润滑、杀菌、医疗等一系列作用,以满足工业、农业、卫生、科技等部门的需要。表面活性剂的应用可起到改进生产工艺、降低消耗、增加产量、提高品质和附加值等作用。表面活性剂用来作为工业和民用洗涤剂,收到了很好的社会效益和巨大的经济效益。

表面活性剂可分为阴离子表面活性剂,如高级脂肪酸盐、烷基苯磺酸盐、硫酸酯盐等;阳离子表面活性剂,如胺盐型、季铵盐型等;两性离子表面活性剂,如氨基酸型、咪唑啉型等;非离子表面活性剂,如长链脂肪醇聚氧乙烯醚、烷基酚聚氧乙烯醚、烷醇酰胺等;特殊类型表面活性剂,如氟表面活性剂、硅表面活性剂等。

实验 5-15　菠菜中色素的提取与分离(设计)

一、实验目的

(1) 了解菠菜中主要色素的基本性质,通过菠菜色素的提取和分离,了解天然物质分离提纯方法及原理。

(2) 掌握有机物色谱分析的原理及化合物 R_f 值的测定方法。

(3) 从菠菜中提取出叶绿素、胡萝卜素、叶黄素等色素,并加以分离。

二、实验原理

菠菜的叶片中含有叶绿素(包括叶绿素 a 和叶绿素 b)、胡萝卜素及叶黄素等天然色素。叶绿素存在两种结构相似的形式,即叶绿素 a($C_{55}H_{72}O_5N_4Mg$) 和叶绿素 b($C_{55}H_{70}O_6N_4Mg$),二者的差别仅是叶绿素 a 中一个甲基被叶绿素 b 中的甲酰基所取代。它们都是吡咯衍生物与金属镁的络合物,是植物进行光合作用所必需的催化剂。植物中叶绿素 a 的含量通常是叶绿素 b 的 3 倍。尽管叶绿素分子中含有一些极性基团,但分子中大的烷基结构使它易溶于丙酮、乙醇、乙醚、石油醚等有机溶剂。

胡萝卜素($C_{40}H_{56}$)是具有长链结构的共轭多烯。它有 3 种异构体,即 α-胡萝卜素、β-胡萝卜素和 γ-胡萝卜素,其中 β-异构体含量最多,也最重要。在生物体内,β-异构体被酶催化氧化即形成维生素 A。目前 β-胡萝卜素已可进行工业生产,可作为维生素 A 使用,也可作为食品工业中的色素。

叶黄素($C_{40}H_{56}O_2$)是胡萝卜素的羟基衍生物,它在绿叶中的含量通常是胡萝卜素的 2 倍。与 β-胡萝卜素相比,叶黄素较易溶于醇,而在石油醚中溶解度较小。

叶绿素 a 和叶绿素 b 的结构(叶绿素 a:R=CH₃,叶绿素 b:R=CHO)

β-胡萝卜素和叶黄素的结构(β-胡萝卜素:R=H,叶黄素:R=OH)

色谱法是一种物理分离方法,其原理是利用混合物中各组分在某一物质中的吸附或溶解性能的不同,或和其他亲和作用性能的差异,使混合物的溶液流经该物质,进行反复的吸附或分配,从而将各组分分开。分离效果的好坏取决于条件的选择。

薄层层析是一种微量、快速和简便的色谱方法。由于各种化合物的极性不同,吸附能力也不同,在展开剂上移动时,进行不同程度的解析,根据原点至斑点中心及展开剂前沿的距离,可计算比移值(R_f)。

$$R_f = \frac{溶质的最高浓度中心至原点中心的距离}{溶剂前沿至原点中心的距离}$$

化合物的吸附能力与它们的极性成正比,具有较大极性的化合物吸附能力较强,R_f值较小。在给定的条件下(如吸附剂、展开剂、板层厚度等),化合物移动的距离和展开剂移动的距离之比是一定的,即R_f值是化合物的物理常数,其大小只与化合物本身的结构有关,因此,可以根据R_f值鉴别化合物。

本实验利用有机溶剂将菠菜中的色素浸提出来,利用薄层层析法将色素分离开来,根据各色素的颜色、分子极性与R_f值的关系对分离出的色素进行鉴定,并讨论结构对R_f值的影响。

三、仪器与试剂

实验前根据拟定的实验方案,列出详细的实验仪器名称,熟悉所涉及的仪器设备的使用原理,列出所用药品的规格、种类及用量。

四、实验内容

本实验为设计性实验,涉及天然物的提取技术、萃取技术和薄层色谱分离技术3个知识点。

1. 内容

(1)菠菜色素的提取(提取液的选择、提取方法的选择)。
(2)展开剂的选择。
(3)薄层层析分析及化合物R_f值的测定。

2. 要求

(1)查阅文献,撰写实验设计方案(每个同学独立完成),包括实验目的、原理、仪器与试剂、实验操作(菠菜色素的提取、化合物R_f值的测定、展开剂的选择)、参考文献等。
(2)按设计方案完成实验。
(3)撰写实验报告。

五、说明

(1)时间:6个实验学时。
(2)实验安排:2人/组(其中菠菜色素的提取部分可以两组合作)。

实验 5-16　复方止痛药片成分的分离与鉴定(设计)

一、实验目的

通过设计分离、测定复方对乙酰氨基酚药片或复方阿司匹林(镇痛片)药片的活性组分的实验,掌握复方止痛药片成分的分离与鉴定的方法。

二、实验原理

阿司匹林、非那西汀、醋氨酚等都是常见的非处方止痛药。除了单独成方制成药片外,在非处方止痛药商品中还常见到复方止痛药,即它们中的两种或三种复配。有的还加入咖啡因或其他活性组分进行复配,满足不同人群和不同疼痛症状的需要。常见的非处方止痛药活性组分见表 5-1。

表 5-1　非处方止痛药活性组分表

商品名	止痛药活性组分			
	阿司匹林	非那西汀	醋氨酚	咖啡因
阿司匹林肠溶片	√			
扑热息痛(醋氨酚)			√	
非那西汀		√		
酚咖片			√	√
复方对乙酰氨基酚	√		√	√
复方阿司匹林(镇痛片)	√	√		√
紫外吸收 $\lambda_{\max}/\text{nm}$	276	249	250	273
化合物的熔点/℃	135～138	134～136	169～170	234～237

三、仪器与试剂

实验前根据拟定的实验方案,列出详细的实验仪器名称,熟悉所涉及的仪器设备的使用原理,列出所用药品的规格、种类及用量。

四、实验内容

测定方法可用 TLC 分离、分析法,也可用高效液相色谱法,甚至可用分离出的纯活性组分进行测定。下面就 TLC 法提供一些设计参考内容。

(1)非处方止痛药片包括两大成分:非活性成分,主要是淀粉等辅料;活性组分,即表 5-1 中的化合物,各种药片中活性组分的种类不同、含量不等。

(2)可用二氯甲烷与甲醇的 1∶1 混合物萃取,把药片的活性组分与非活性组分分开。

(3)根据显色方式选择吸附剂硅胶的种类。按相应要求制板,或采用市售的商品层析板。

(4) 展开剂可用乙酸乙酯,也可以采用混合展开剂。
(5) 显色可用碘蒸气熏蒸法,也可以在紫外灯下观察斑点。
(6) 要用标样确定各组分的 R_f 值(怎样得到标样?)。
(7) 如果要分离出各种纯的活性组分,制板时吸附剂涂层要厚,点样品呈条状。

五、说明

指导教师可根据当地药店供应止痛药片的情况,选用其他止痛药片供学生实验用。

实验 5-17 多步合成实验——以苯胺为原料合成对溴苯胺(设计)

一、实验目的

(1) 掌握氨基的保护、去保护与芳烃卤化方法。
(2) 掌握重结晶和熔点测定的技术。
(3) 初步掌握有机化合物全合成的概念。

二、实验原理

对溴苯胺($BrC_6H_4NH_2$)又被称为"4-溴苯胺"或"对氨基溴化苯",是非常重要的有机化工原料,广泛应用于医药、染料、颜料等精细化工产品的合成,在精细化工生产中处于不可替代的地位。对溴苯胺可作为抗癌药和香豆素类荧光染料的中间体,也可用于制备草酰替苯胺类药物、抗污剂、抗氧剂、稳定剂、石油添加剂等。

对溴苯胺为无色斜方结晶或粉末,熔点为 66.4℃,常压沸点分解,相对密度为 1.4970,溶于乙醇和乙醚,不溶于水。对溴苯胺的传统工业制法是以对硝基苯胺为原料,在硫酸中与亚硝酸钠反应,生成重氮盐,再在溴化亚铜的作用下,与氢溴酸反应,生成硝基溴苯,进一步在氢溴酸中用铁粉还原而得。该方法虽然成本较低,但是严重污染环境,不符合绿色化学的宗旨,不利于可持续发展。该方法的反应如下:

目前常用的合成方法是以苯胺为起始原料,用冰乙酸加热对其进行酰化,得到中间体乙酰苯胺;乙酰苯胺和溴在冰乙酸溶剂中发生亲电取代反应,得到对溴乙酰苯胺,保护了氨基;对溴乙酰苯胺在酸性条件下去保护,最终得到乙酰苯胺。

这种合成方法虽然毒性大,对环境污染大,实验过程较复杂,需要多步反应,耗费时间较

长,产率较低,但实验成本低,可控性强。进行这种方法的探究有利于我们理解传统工业制备对溴苯胺的方法。

三、仪器与试剂

实验前根据拟定的实验方案,列出详细的实验仪器名称,熟悉所涉及的仪器设备的使用原理,列出所用药品的规格、种类及用量。

四、实验内容

本实验为设计性实验,用于对多步合成的训练。由学生自行拟定实验方案。其步骤为:
(1)查阅文献。
(2)拟定实验方案,主要包括:
①合成路线:按苯胺→乙酰苯胺→对溴乙酰苯胺→对溴苯胺的顺序进行。
②写出各步反应式。
③列出仪器药品,画出每步的装置图。
④写出实验步骤及各步注意事项。
⑤制定检验和鉴定方法。
(3)提交实验方案,教师审查其可行性。
(4)审查通过后进入实验室进行实验。
(5)以论文形式提交完整的实验报告。

五、实验说明

(1)这个设计实验是对多步合成的训练,鉴于多步合成的产品越来越少,制定方案时可以先做常量实验,然后做半微量实验,最后做微型实验。
(2)在制定完整的多步合成设计实验方案之后,原则上应按方案进行实验。
(3)如果由于主客观原因,自制的产品(或得不到产品)不可能继续进行下一步实验,允许用实验室提供的原料(如果可能的话)继续进行实验。但实验室提供的不得多于两步合成的原料(含初始原料)。
(4)各步合成的产品均应由老师验收。
(5)最终产品产量不少于0.5g,并应有质量检测数据。

实验 5-18　用官能团反应鉴别未知有机化合物(设计)

一、实验目的

通过设计一个实验,鉴别来自 4-甲基-1-戊醇、4-甲基-2-戊醇、2-甲基-2-戊醇、3,5-二甲基苯酚、4-甲氧基苯甲酸、3-甲氧基苯胺、N-甲基苯胺和 N,N-二甲基苯胺中的一个未知物。未知物是 4mL 液体或是 400mg 固体。掌握用官能团反应鉴别未知化合物的方法。

二、实验原理

官能团之间的特征反应。

三、仪器与试剂

实验前根据拟定的实验方案,列出详细的实验仪器名称,熟悉所涉及的仪器设备的使用原理,列出所用药品的规格、种类及用量。

四、实验内容

(1)确定所用的仪器、试剂(浓度和溶剂等),预测可能观察到的现象等。

(2)水、10%氢氧化钠溶液、10%碳酸氢钠溶液和10%盐酸能区别醛、酮、醇、酚、羧酸和胺。能溶于水的化合物,都能溶于10%氢氧化钠溶液、10%碳酸氢钠溶液和10%盐酸中。

(3)高锰酸钾溶液可氧化醇、醛化合物;2,4-二硝基苯肼可鉴别醛酮;三氯化铁溶液可鉴别烯醇、酚类化合物;碘试剂可鉴别甲基酮、2-羟基烃等;卢卡斯试剂能区别可溶于水的伯、仲、叔醇;托伦试剂可鉴别醛化合物;兴斯堡试剂可以区别伯、仲、叔胺。这些试剂所用的溶剂必须是纯品,否则可能出现干扰现象。

(4)设计实验时最好设计成一个表格,列出可能的未知化合物、选用的鉴定反应和预期出现的现象。

(5)在用反应速率区别化合物(如卢卡斯反应)时,可用已知结构物做对照实验。

(6)实验所用仪器必须是干净的,试剂最好是新配制的,试剂用量要合理,鉴定实验最好一次完成,否则预期的现象可能不明显或不出现,需要重做。

五、实验说明

(1)指导老师可根据实验室条件和课程要求,改变未知化合物的种类和数量。

(2)配制好可能使用的各种鉴定试剂。

(3)如有需要,可向学生提供具体的操作说明等。

附 录

附录1 常用元素的相对原子质量表

元素	元素符号	相对原子质量	原子序数	元素	元素符号	相对原子质量	原子序数
氢	H	1.008	1	氯	Cl	35.45	17
锂	Li	6.941	3	钾	K	39.10	19
铍	Be	9.012	4	钙	Ca	40.08	20
硼	B	10.81	5	铬	Cr	52.00	24
碳	C	12.01	6	锰	Mn	54.94	25
氮	N	14.01	7	铁	Fe	55.83	26
氧	O	16.00	8	钴	Co	58.93	27
氟	F	19.00	9	镍	Ni	58.69	28
钠	Na	22.99	11	铜	Cu	63.55	29
镁	Mg	24.31	12	锌	Zn	65.39	30
铝	Al	26.98	13	砷	As	74.92	33
硅	Si	28.09	14	硒	Se	78.96	34
磷	P	30.97	15	溴	Br	79.904	35
硫	S	32.07	16	碘	I	126.90	53

附录2 常用酸碱溶液的密度和浓度表

试剂名称	密度 g·cm^{-3}	质量分数 ω %	物质的量浓度 mol·L^{-1}	试剂名称	密度 g·cm^{-3}	质量分数 ω %	物质的量浓度 mol·L^{-1}
浓盐酸	1.19	37	12	氢溴酸	1.38	40	7
稀盐酸	—	7	2	氢碘酸	1.70	57	7.5
浓硫酸	1.84	98	18	冰乙酸	1.05	99	17.5
稀硫酸	—	9	2	稀乙酸	—	12	2
浓硝酸	1.41	68	16	浓氢氧化钠	1.43	40	14.3
稀硝酸	—	12	2	稀氢氧化钠	—	8	2
浓磷酸	1.7	85	14.7	浓氨水	0.91	24	14.2
稀磷酸	1.05	9	1	稀氨水	—	3.5	2

附录3　水的饱和蒸气压表

温度 t ℃	绝对压强 P kPa	水蒸气的密度 ρ kg·m⁻³	焓 H/kJ·kg⁻¹ 液体	焓 H/kJ·kg⁻¹ 水蒸气	汽化热 R kJ·kg⁻¹
0	0.6082	0.00484	0	2491.1	2491.1
5	0.8730	0.00680	20.94	2500.8	2479.86
10	1.2262	0.00940	41.87	2510.4	2468.53
15	1.7068	0.01283	62.80	2520.5	2457.7
20	2.3346	0.01719	83.74	2530.1	2446.3
25	3.1684	0.02304	104.67	2539.7	2435.0
30	4.2474	0.03036	125.60	2549.3	2423.7
35	5.6207	0.03960	146.54	2559.0	2412.1
40	7.3766	0.05114	167.47	2568.6	2401.1
45	9.5837	0.06543	188.41	2577.8	2389.4
50	12.340	0.0830	209.34	2587.4	2378.1
55	15.743	0.1043	230.27	2596.7	2366.4
60	19.923	0.1301	251.21	2606.3	2355.1
65	25.014	0.1611	272.14	2615.5	2343.1
70	31.164	0.1979	293.08	2624.3	2331.2
75	38.551	0.2416	314.01	2633.5	2319.5
80	47.379	0.2929	334.94	2642.3	2307.8
85	57.875	0.3531	355.88	2651.1	2295.2
90	70.136	0.4229	376.81	2659.9	2283.1
95	84.556	0.5039	397.75	2668.7	2270.5
100	101.33	0.5970	418.68	2677.0	2258.4
105	120.85	0.7036	440.03	2685.0	2245.4
110	143.31	0.8254	460.97	2693.4	2232.0
115	169.11	0.9635	482.32	2701.3	2219.0
120	198.64	1.1199	503.67	2708.9	2205.2
125	232.19	1.296	525.02	2716.4	2191.8
130	270.25	1.494	546.38	2723.9	2177.6
135	313.11	1.715	567.73	2731.0	2163.3
140	361.47	1.962	589.08	2737.7	2148.7

续表

温度 t ℃	绝对压强 P kPa	水蒸气的密度 ρ kg·m^{-3}	焓 H/kJ·kg^{-1} 液体	焓 H/kJ·kg^{-1} 水蒸气	汽化热 R kJ·kg^{-1}
145	415.72	2.238	610.85	2744.4	2134.0
150	476.24	2.543	632.21	2750.7	2118.5
160	618.28	3.252	675.75	2762.9	2037.1
170	792.59	4.113	719.29	2773.3	2054.0
180	1003.5	5.145	763.25	2782.5	2019.3
190	1255.6	6.378	807.64	2790.1	1982.4
200	1554.77	7.840	852.01	2795.5	1943.5
210	1917.72	9.567	897.23	2799.3	1902.5
220	2320.88	11.60	942.45	2801.0	1858.5
230	2798.59	13.98	988.50	2800.1	1811.6
240	3347.91	16.76	1034.56	2796.8	1761.8
250	3977.67	20.01	1081.45	2790.1	1708.6
260	4693.75	23.82	1128.76	2780.9	1651.7
270	5503.99	28.27	1176.91	2768.3	1591.4
280	6417.24	33.47	1225.48	2752.0	1526.5
290	7443.29	39.60	1274.46	2732.3	1457.4
300	8592.94	46.93	1325.54	2708.0	1382.5
310	9877.96	55.59	1378.71	2680.0	1301.3
320	11300.3	65.95	1436.07	2648.2	1212.1
330	12879.6	78.53	1446.78	2610.5	1116.2
340	14615.8	93.98	1562.93	2568.6	1005.7
350	16538.5	113.2	1636.20	2516.7	880.5
360	18667.1	139.6	1729.15	2442.6	713.0
370	21040.9	171.0	1888.25	2301.9	411.1
374	22070.9	322.6	2098.0	2098.0	0

附录4 常用有机溶剂的沸点及相对密度表

试剂名称	沸点 ℃	相对密度 d_4^{20} g·cm^{-3}	试剂名称	沸点 ℃	相对密度 d_4^{20} g·cm^{-3}
甲醇	64.96	0.7914	二硫化碳	46.25	1.2661
乙醇	78.5	0.7893	环己烷	80.74	0.7786
正丙醇	97.4	0.8035	三氯甲烷	61.7	1.4832
正丁醇	117.7	0.8098	四氯化碳	76.54	1.5940
2-丁醇	99.5	0.8063	苯	80.1	0.8765
环己醇	161.1	0.9624	甲苯	110.63	0.8669
丙酮	56.2	0.7899	混二甲苯	140	—
乙醚	34.51	0.7138	硝基苯	210.8	1.2037
乙酸乙酯	77.06	0.9003	二甲亚砜	189	1.0954
四氢呋喃	67.1	0.8891	吡啶	115.5	0.9819
二氧六环	101.1	1.0337	乙腈	81.6	0.7857

附录5 常用洗液的配制及其使用

洗液名称	配制方法	洗液特点	使用注意事项
铬酸洗液	一般浓度为5%～12%。取20g工业品重铬酸钾(或重铬酸钠)溶于40mL水中,慢慢加入360mL浓硫酸,即得5%洗液。洗液为红褐色	强酸性,具有很强的氧化力。用于去除油污	(1)使用时要特别小心,防止腐蚀皮肤和衣服; (2)废液不可以随便排放,要进行处理*; (3)洗液若呈绿色,则表示已失效
碱性高锰酸钾洗液	取4g KMnO$_4$溶于少量水中,加入100mL 10% NaOH溶液	作用缓慢。适应于洗涤油腻及有机物	洗后玻璃器皿上留有MnO$_2$沉淀物,可用浓盐酸或Na$_2$SO$_3$溶液处理
碱性乙醇洗液	取1L 95%乙醇溶液,加入157mL NaOH或KOH饱和溶液	遇水分解能力很强,适应于洗涤油脂、焦油和树脂等	(1)具有易燃性和挥发性,使用时注意防挥发和防火; (2)久放失效; (3)对磨口瓶塞有腐蚀作用
磷酸钠洗液	向470mL水中加入57g Na$_3$PO$_4$和28.5g油酸钠(C$_{17}$H$_{33}$COONa)	洗涤碳的残留物	在洗液中浸泡几分钟,再刷洗

续表

洗液名称	配制方法	洗液特点	使用注意事项
纯酸或纯碱洗液	纯酸溶液:浓盐酸、浓硫酸和浓硝酸。 纯碱溶液:10%以上的NaOH、KOH或Na_2CO_3溶液	根据器皿上污垢的性质选择使用	用洗液浸泡或浸煮器皿,但用酸洗时温度不宜太高,防止酸挥发
硝酸—过氧化氢洗液	取15%~20%硝酸加入5%过氧化氢	洗涤特别顽固的化学污物	(1)久存易分解,现用现配; (2)储存于棕色瓶中

*:简便的处理方法是在酸液中加入$FeSO_4$,使六价铬还原成三价铬(无毒),再排放。

附录6 常见的共沸混合物

表6-1 与水形成的二元共沸物(水沸点100℃)

溶剂	沸点 ℃	共沸点 ℃	含水量 %	溶剂	沸点 ℃	共沸点 ℃	含水量 %
氯仿	61.2	56.1	2.5	甲苯	110.5	85.0	20
四氯化碳	77.0	66.0	4.0	正丙醇	97.2	87.7	28.8
苯	80.4	69.2	8.8	异丁醇	108.4	89.9	88.2
丙烯腈	78.0	70.0	13.0	二甲苯	137~140.5	92.0	37.5
二氯乙烷	83.7	72.0	19.5	正丁醇	117.7	92.2	37.5
乙腈	82.0	76.0	16.0	吡啶	115.5	94.0	42
乙醇	78.3	78.1	4.4	异戊醇	131.0	95.1	49.6
乙酸乙酯	77.1	70.4	8.0	正戊醇	138.3	95.4	44.7
异丙醇	82.4	80.4	12.1	氯乙醇	129.0	97.8	59
乙醚	35	34	1.0	二硫化碳	46	44	2.0
甲酸	101	107	26				

表6-2 常见有机溶剂间的共沸混合物

共沸混合物	组分的沸点/℃	共沸物的组成(质量)/%	共沸物的沸点/℃
乙醇—乙酸乙酯	78.3,78.0	30:70	72.0
乙醇—苯	78.3,80.6	32:68	68.2
乙醇—氯仿	78.3,61.2	7:93	59.4
乙醇—四氯化碳	78.3,77.0	16:84	64.9
乙酸乙酯—四氯化碳	78.0,77.0	43:57	75.0
甲醇—四氯化碳	64.7,77.0	21:79	55.7
甲醇—苯	64.7,80.4	39:61	48.3
氯仿—丙酮	61.2,56.4	80:20	64.7
甲苯—乙酸	101.5,118.5	72:28	105.4
乙醇—苯—水	78.3,80.6,100	19:74:7	64.9

附录7 有机化学文献和手册中常见的中英文对照

acetic acid 乙酸	diluted 稀释、稀的	insoluble 水溶(解)的	rhombic 正交(晶)的
absolute 绝对的	dioxane 二氧六环	iso- 异	rhomboic 菱形的
acid 酸	deliquescent 潮解的	iso-propyl 异丙基	soluble 可溶解的
acetyl 乙酰基	distillable 可蒸馏的	liquid 液体、液态的	secondary 仲、第二的
acetone 丙酮	dark 暗(颜色)	light 轻的	silvery 银的、银色的
alcohol 乙醇	DMF 二甲基甲酰胺	meta 间位、偏(无机酸)	solid 固体
alkali 碱	ethane 乙烷	methane 甲烷	solution 溶液、溶解
amine 胺	ethanediol 乙二醇	methyl 甲基	solvent 溶剂、有溶解力的
amyl(pentyl) 戊基	ethenyl 乙烯基	melting 熔化	sphenoidal 半面晶形的
amorphous 无定形的	ether 醚、乙醚	microscopic 显微的	stable 稳定的
anhydrous 无水的	ethyl 乙基	monoclinic 单斜(晶)的	sublimes 升华
aqueous 水的,含水的	ethyl acetate 乙酸乙酯	mutarotation 变旋光(作用)	supercooled 过冷的
asymmetric 不对称的	ethylene 乙烯	needles 针状结晶	sulfuric acid 硫酸
atmosphere 大气,大气压	explodes 爆炸	normal chain 正链	symmetrical 对称的
benzene 苯	flakes 絮片体	nonane 壬烷	tertiary 叔、第三的
bipyramidal 双锥体的	fluorescent 荧光的	ortho- 正、邻(位)	tablets 平片体
boiling 沸腾	freeze 冻、冻结	octahedral 八面的	triclinic 三斜(晶)的
bright 浅(色)	freezing point 凝固点	orange 橙色的	tetrahedron 四面体
brown 棕(色),褐(色)	fuming 发烟的	ordinary 普通的	tetragonal 四方(晶)的
butane 丁烷	gelatinous 凝胶的	organic 有机的	tetrahydrofuran 四氢呋喃
butyl 丁基	glacial 冰的	orthorhombic 斜方(晶)的	toluene 甲苯
butyl alcohol 正丁醇	glycerin 甘油	organic solvents 有机溶剂	transparent 透明的
carbon disulfide 二硫化碳	golden 金的、金色的	para- 对(位)	undiluted 未稀释的
cold 冷的,无光(彩)	green 绿的、新鲜的	petroleum ether 石油醚	unsymmetrical 不对称的
chloroform 氯仿	granular 粒状	phenyl(ph) 苯基	unstable 不稳定的
columns 柱、塔、列	gray 灰(色)的	phenol 苯酚	vacuum 真空
colorless 无色的	heptane 庚烷	powder 粉末、火药	viscous 黏(滞)的
compound 化合物	hexagonal 六方形的	propyl 丙基	volatile 挥发(性)的
concentrated 浓的	hexane 己烷	purple 红紫(色)	violet 紫色
crystals 结晶、晶体	hydrate 水合物	pyramids 棱锥形、角锥	warm 温热的、加(温)
cyclohexane 环己烷	inflammable 易燃的	racemic 外消旋的	waxy 蜡状的
decane 癸烷	infusible 不熔化的	rectangular 长方(形)的	xylene 二甲苯
decompose 分解	ignite 点火、着火	refractive index 折光率	yellow 黄(色)的

附录8 常用有机试剂的配制

1. 2,4-二硝基苯肼溶液

Ⅰ. 在15mL浓硫酸中溶解3g 2,4-二硝基苯肼。另在70mL 95%乙醇里加20mL水，然后把硫酸苯肼倒入稀乙醇溶液中，搅动混合均匀，即成橙红色溶液（若有沉淀，应过滤）。

Ⅱ. 将1.2g 2,4-二硝基苯肼溶于50mL 30%高氯酸中，配好后储于棕色瓶中，不易变质。

Ⅰ法配制的试剂中，2,4-二硝基苯肼浓度较大，反应时沉淀多，便于观察。Ⅱ法配制的试剂由于高氯酸盐在水中溶解度很大，因此便于检验水中的醛且较稳定，长期贮存不易变质。

2. 卢卡斯(Lucas)试剂

将34g无水氯化锌在蒸发皿中强热熔融，稍冷后放在干燥器中冷至室温。取出捣碎，溶于23mL浓盐酸中（比重为1.187）。配制时须加以搅动，并把容器放在冰水浴中冷却，以防氯化氢逸出。此试剂一般是临用时配制。

3. 托伦(Tollens)试剂

Ⅰ. 取0.5mL 10%硝酸银溶液加入试管里，滴加氨水，开始出现黑色沉淀，再继续滴加氨水，边滴边摇动试管，滴到沉淀刚好溶解为止，得澄清的硝酸银氨水溶液，即托伦试剂。

Ⅱ. 取一支干净的试管，加入1mL 5%硝酸银溶液，滴加2滴5%氢氧化钠溶液，产生沉淀，然后滴加5%氨水，边摇边滴加，直到沉淀消失为止，此为托伦试剂。

无论Ⅰ法或Ⅱ法，氨的量不宜多，否则会影响试剂的灵敏度。Ⅰ法配制的托伦试剂较Ⅱ法的碱性弱，在进行糖类实验时，用Ⅰ法配制的试剂较好。

4. 西里瓦诺夫(Seliwanoff)试剂

将0.05g间苯二酚溶于50mL浓盐酸中，再用蒸馏水稀释至100mL。

5. 希夫(Schiff)试剂

在100mL热水中溶解0.2g品红盐酸盐，放置冷却后，加入2g亚硫酸氢钠和2mL浓盐酸，再用蒸馏水稀释至200mL。或先配制10mL二氧化硫的饱和水溶液，冷却后加入0.2g品红盐酸盐，溶解后放置数小时，使溶液变成无色或淡黄色，用蒸馏水稀释至200mL。此外，也可将0.5g品红盐酸盐溶于100mL热水中，冷却后用二氧化硫气体饱和至粉红色消失，加入0.5g活性炭，振荡后过滤，再用蒸馏水稀释至500mL。

本试剂所用的品红是假洋红（para-rosaniline或para-fuchsin），此物与洋红（rosaniline或fuchsin）不同。希夫试剂应密封贮存在暗冷处，倘若受热或见光，或露置空气中过久，试剂中的二氧化硫易失去，结果又显桃红色。如遇此情况，应再通入二氧化硫，使颜色消失后使用。应指出，试剂中过量的二氧化硫越少，反应就越灵敏。

6. 0.1%茚三酮溶液

将0.1g茚三酮溶于124.9mL 95%乙醇中，用时新配。

7. 饱和亚硫酸氢钠溶液

先配制40%亚硫酸氢钠水溶液，然后在100mL的40%亚硫酸氢钠水溶液中加不含醛的无水乙醇 25mL,溶液透明清亮。

由于亚硫酸氢钠久置后易失去二氧化硫而变质,所以上述溶液也可按下法配制:将研细的碳酸钠晶体($Na_2CO_3 \cdot 10H_2O$)与水混合,水的用量以粉末上只覆盖一薄层水为宜。然后在混合物中通入二氧化硫气体,至碳酸钠近乎完全溶解。或将二氧化硫通入 1 份碳酸钠与 3 份水的混合物中,至碳酸钠全部溶解为止。配制好后密封放置,但不可放置太久,最好是用时新配。

8. 饱和溴水

将 15g 溴化钾溶解于 100mL 水中,加入 10g 溴,振荡即成。

9. 莫利许(Molisch)试剂

将 2g α-萘酚溶于 20mL 95%乙醇中,用 95%乙醇稀释至 100mL,贮于棕色瓶中,一般用前配制。

10. 盐酸苯肼—乙酸钠溶液

将 5g 盐酸苯肼溶于 100mL 水中,必要时可加微热助溶,如果溶液呈深色,加活性炭共热,过滤后加 9g 乙酸钠晶体或用相同量的无水乙酸钠,搅拌使之溶解,贮于棕色瓶中。

11. 班乃德(Benedict)试剂

把 4.3g 研细的硫酸铜溶于 25mL 热水中,待冷却后用水稀释至 40mL。另把 43g 柠檬酸钠及 25g 无水碳酸钠(若用有结晶水的碳酸钠,则应按比例计算实际称量质量)溶于 150mL 水中,加热溶解。待溶液冷却后,再加入上面所配的硫酸铜溶液,加水稀释至 250mL,将试剂贮于试剂瓶中,瓶口用橡皮塞塞紧。

12. 淀粉碘化钾试纸

取 3g 可溶性淀粉,加入 25mL 水,搅匀,倾入 225mL 沸水中,再加入 1g 碘化钾及 1g 结晶硫酸钠,用水稀释到 500mL,将滤纸片(条)浸渍,取出晾干,密封备用。

13. 蛋白质溶液

取新鲜鸡蛋清 50mL,加蒸馏水至 100mL,搅拌使之溶解。如果液体浑浊,加入 5%氢氧化钠溶液至刚好清亮为止。

14. 10%淀粉溶液

将 1g 可溶性淀粉溶于 5mL 冷蒸馏水中,用力搅成稀浆状,然后倒入 94mL 沸水中,即得近于透明的胶体溶液,放冷使用。

15. β-萘酚碱溶液

取 4g β-萘酚,溶于 40mL 5%氢氧化钠溶液中。

16. 斐林(Fehling)试剂

斐林试剂由斐林试剂 A 和斐林试剂 B 组成,使用时将两者等体积混合,其配法分别是:

斐林 A:将 3.5g 含有五个结晶水的硫酸铜溶于 100mL 水中,即得淡蓝色的斐林 A 试剂。

斐林 B:将 17g 五结晶水的酒石酸钾钠溶于 20mL 热水中,然后加入含有 5g 氢氧化钠的水溶液 20mL,稀释至 100mL,即得无色清亮的斐林 B 试剂。

17. 碘溶液

Ⅰ. 将 20g 碘化钾溶于 100mL 蒸馏水中,然后加入 10g 研细的碘粉,搅动使其全溶,溶液呈深红色。

Ⅱ. 将 1g 碘化钾溶于 100mL 蒸馏水中,然后加入 0.5g 碘,加热使其溶解,即得红色清亮溶液。

附录 9　一些化学药品的毒性知识

1. 致癌物质

黄曲霉素 B_1,亚硝胺,3,4-苯并芘等(以上为强致癌物质);2-乙酰氨基芴,4-氨基联苯,联苯胺及其盐类,3,3-二氯联苯胺,4-二甲氨基偶氮苯,1-萘胺,2-萘胺,4-氨基联苯,N-亚硝基邻甲胺,β-丙内酯,4,4-甲叉(双)-2-氯苯胺,乙撑亚胺,氯甲基甲醚,二硝基苯,羰基镍,氯乙烯,间苯二酚,二氯甲醚等。

2. 剧毒品

六氯苯,羰基铁,氰化钠,氢氟酸,氢氰酸,氯化氰,氰化汞,砷酸汞,汞蒸气,砷化氢,光气,氟光气,磷化氢,三氧化二砷,有机砷化物,有机磷化物,有机氟化物,有机硼化物,铍及其化合物,丙烯腈,乙腈等。

3. 高毒品

氟化钠,对二氯苯,甲基丙烯腈,丙酮氰醇,二氯乙烷,三氯乙烷,偶氮二异丁腈,黄磷,三氯氧磷,五氯化磷,三氯化磷,五氧化二磷,三氯甲烷,溴甲烷,二乙烯酮,氧化亚氮,铊化合物,四乙基铅,四乙基锡,三氯化锑,溴水,氯气,五氧化二钒,二氧化锰,二氯硅烷,三氯甲硅烷,苯胺,硫化氢,硼烷,氯化氢,氟乙酸,丙烯醛,乙烯酮,氟乙酰胺,碘乙酸乙酯,溴乙酸乙酯,氯乙酸乙酯,有机氰化物,芳香胺,叠氮钠,砷化钠等。

4. 中毒品

苯,四氯化碳,三氯硝基甲烷,乙烯吡啶,三硝基甲苯,五氯酰钠,硫酸,砷化镓,丙烯酰胺,环氧乙烷,环氧氯丙烷,烯丙醇,二氯丙醇,糖醛,三氟化硼,四氯化硅,硫酸镉,氯化镉,硝酸,甲醛,甲醇,肼,二硫化碳,甲苯,二甲苯,一氧化碳,氧化亚氮等。

5. 低毒品

三氯化铝,钼酸铵,间苯二胺,正丁醇,叔丁醇,乙二醇,丙烯酸,甲基丙烯酸,顺丁烯二酸酐,二甲基甲酰胺,己内酰胺,亚铁氰化钾,铁氰化钾,氨及氢氧化胺,四氯化锡,氯化锗,对氯苯氨,硝基苯,三硝基甲苯,对硝基氯苯,二苯甲烷,苯乙烯,二乙烯苯,邻苯二甲酸,四氢呋喃,吡啶,三苯基膦,烷基铝,苯酚,三硝基酚,对苯二酚,丁二烯,异戊二烯,氢氧化钾,盐酸,氯磺甲,乙醚,丙酮等。

主要参考文献

[1] 兰州大学编. 有机化学实验(第三版)[M]. 北京:高等教育出版社,2010.6.

[2] 高占先. 有机化学实验(第四版)[M]. 北京:高等教育出版社,2004.6.

[3] 武汉大学化学与分子科学学院编. 有机化学实验(第一版)[M]. 武汉:武汉大学出版社,2004.8.

[4] 李明等编. 有机化学实验(第三版)[M]. 北京:科学出版社,2010.6.

[5] 北京大学化学院有机化学研究所编. 有机化学实验(第二版)[M]. 北京:北京大学出版社,2002.11.

[6] 朱靖等编. 有机化学实验[M]. 北京:化学出版社,2011.2.

[7] 黄涛. 有机化学实验(第二版)[M]. 北京:高等教育出版社,1996.11.

[8] 孙世清. 有机化学实验[M]. 北京:化学工业出版社,2010.1.

[9] 汪秋安. 有机化学实验室技术手册[M]. 北京:化学工业出版社,2012.2.

[10] 曹健. 有机化学实验(第二版)[M]. 南京:南京大学出版社,2012.6.

[11] 张昌军. 有机化学实验[M]. 北京:化学工业出版社,2013.3.

[12] 刘湘. 有机化学实验(第二版)[M]. 北京:化学工业出版社,2013.3.

[13] 任玉杰. 绿色有机化学实验[M]. 北京:化学工业出版社,2008.1.

[14] 李珺. 综合化学实验[M]. 北京:科学出版社,2011.9.

[15] 强亮生. 精细化工综合化学实验(第五版)[M]. 哈尔滨:哈尔滨工业大学出版社,2009.10.